普通高等教育"十二五"重点规划教材

焊接工程综合试验教程

主编 王宗杰
参编 国旭明 路 林
主审 徐国建

机械工业出版社

焊接工程综合试验是焊接工程中合理选材、正确进行产品设计、正确制订焊接工艺的有力手段，同时，也是加强质量管理、保证产品质量的重要基石。

本书系统地介绍了焊接工艺过程中的一些比较典型的综合试验，包括：金属焊接性综合试验、焊接工艺评定综合试验、焊接材料质量检验综合试验、弧焊机器人软硬件配置及预施工综合试验、焊接失效分析综合试验、焊接产品质量检验综合试验等，分别介绍了这些试验的目的、内容和试验方法等，并列举了一些比较典型的工程应用实例。

本书可作为高等学校焊接技术与工程专业、材料成形及控制工程专业焊接方向的教材或教学参考书，也可作为其他专业师生和从事焊接行业的工程技术人员的参考读物。

图书在版编目（CIP）数据

焊接工程综合试验教程/王宗杰主编．—北京：机械工业出版社，2012.7
普通高等教育“十二五”重点规划教材
ISBN 978-7-111-38960-6

Ⅰ.①焊…　Ⅱ.①王…　Ⅲ.①焊接工艺—高等学校—教材　Ⅳ.①TG44

中国版本图书馆 CIP 数据核字（2012）第 138147 号

机械工业出版社（北京市百万庄大街 22 号　邮政编码 100037）
策划编辑：冯春生　责任编辑：冯春生　程足芬
版式设计：霍永明　责任校对：张　薇
封面设计：张　静　责任印制：乔　宇
三河市国英印务有限公司印刷
2012 年 8 月第 1 版第 1 次印刷
184mm×260mm・14.75 印张・365 千字
标准书号：ISBN 978-7-111-38960-6
定价：29.00 元

凡购本书，如有缺页、倒页、脱页，由本社发行部调换

电话服务
社服务中心：（010）88361066
销售一部：（010）68326294
销售二部：（010）88379649
读者购书热线：（010）88379203

网络服务
教材网：http://www.cmpedu.com
机工官网：http://www.cmpbook.com
机工官博：http://weibo.com/cmp1952
封面无防伪标均为盗版

前　言

“焊接工程综合试验”课程是为了满足高等学校焊接技术与工程专业和材料成形及控制工程专业焊接方向实施高等工程教育、培养学生的工程实践能力和创新能力的需要而设置的一门专业课，同时也是根据教育部颁布的《普通高等学校本科专业目录和专业介绍》中对材料成形及控制工程专业的实验提出的要求而设置的一门专业实验课。该课程无论是在教学内容上，还是在教学方法上都与传统的专业实验课有很大不同。它的特点是：以工程为背景，以焊接工艺过程为主线，紧密围绕和联系实际工程组织实验教学，以实现专业试验课的工程化；将原实验内容按照工程实际有机地整合和补充，形成若干个综合性实验，以实现专业实验课的综合化；增加探索性和障碍性实验内容，调动学生的主动性，以增强学生的创新意识和创新能力。

本书在编写的过程中，注意理论密切联系工程实际，紧紧围绕工程组织内容，努力使学生在掌握实验技能的同时，能够熟悉实际工程应用，学到分析问题和解决问题的方法。书中比较详细地介绍了焊接产品和结构生产中的一些比较典型的综合试验，包括金属焊接性综合试验、焊接工艺评定综合试验、焊接材料质量检验综合试验、弧焊机器人软硬件配置及预施工综合试验、焊接失效分析综合试验、焊接产品质量检验综合试验等，分别介绍了这些试验的目的、内容和试验方法等，并列举了一些比较典型的工程应用实例。

本书共7章，其中，第1章导论，主要介绍焊接工程综合试验的概念、特点，以及焊接工程综合试验在焊接产品和结构生产中所处的位置和作用；第2章金属焊接性综合试验，介绍该试验的目的、内容、方法和工程应用实例；第3章焊接工艺评定综合试验，介绍焊接工艺评定的目的、分类、规则，以及综合试验的内容、方法和工程应用实例；第4章焊接材料质量检验综合试验，分别介绍焊条、焊剂和焊丝质量检验综合试验的目的、内容、方法和工程应用实例；第5章弧焊机器人软硬件配置及预施工综合试验，介绍该试验的目的和内容、机器人的发展和分类、弧焊机器人系统的硬件配置、弧焊机器人系统的程序编制以及工程应用实例；第6章焊接失效分析综合试验，介绍该试验的目的、内容、方法和工程应用实例；第7章焊接产品质量检验综合试验，以压力容器为例，介绍该试验的目的、内容、方法和工程应用实例。

本书由沈阳工业大学王宗杰教授主编。其中，第1章、第2章、第3章、第6章和第4章部分内容由王宗杰教授编写，并负责全书统稿；第7章由沈阳航空航天大学国旭明教授编写；第5章和第4章部分内容由沈阳工业大学路林讲师编写。全书由沈阳工业大学徐国建教授主审。

在本书的编写过程中，得到了全国焊接标准化技术委员会秘书长朴东光研究员、沈阳新松机器人自动化股份公司吕鸿涛工程师的大力支持和帮助，他们审阅了部分内容，提出了许多宝贵的建议，并提供了许多重要参考资料；沈阳工业大学材料科学与工程学院和有关部门也给予了很大帮助，在此一并表示衷心的感谢。同时，向本书所引用文献的作者们深表谢意。

由于编者水平有限，书中难免有疏漏和不当之处，恳请读者批评指正。

编　者

目　录

第1章 导 论

焊接作为材料成形工艺之一，其应用遍及机械制造、能源、交通、建筑、航空航天、海洋工程、核动力工程等各个工业部门，已经成为现代工业生产中不可缺少的材料成形工艺。为了保证焊接产品和结构的质量，作为焊接产品和结构的生产企业，除了要精心设计、精心施工和加强管理外，还必须重视和加强试验工作。焊接产品和结构生产中的各种综合试验是合理选材、正确进行产品设计、正确制订焊接工艺的有力手段，同时，也是加强质量管理、保证产品质量的重要基石。作为一名焊接工程技术人员掌握这些工程综合试验，无疑是十分重要的。

1.1 焊接工程综合试验的概念和特点

1.1.1 焊接工程综合试验的概念

焊接试验有许多种分类方法，例如，按照试验目的，可以分为探索性试验和验证性试验；按照量与质的关系，可以分为定性试验和定量试验；按照试验者与研究对象的关系，可以分为直接试验和间接试验等。除此以外，还有一种分类方法，就是按照试验的规模和内涵进行分类。按照试验的规模和内涵，焊接试验可以分为焊接基础试验和焊接综合试验。

在焊接生产和焊接研究中进行的各种试验都不是孤立的，而是互相联系的，而且这些试验都是为了某个特定的目的，按照一定的规律有机地组合在一起，形成一个个试验群体。这些试验群体，也就是我们所说的“焊接综合试验”。显然，它与组成它的简单的试验是不同的。对于组成焊接综合试验的比较简单的、最基本的试验，通常称为“焊接基础试验”；而对于为了焊接生产或焊接研究的某个特定目的，由若干个基础试验有机地组合在一起而形成的试验群体，称之为“焊接综合试验”。为了与焊接研究工作中的综合试验相区别，对于焊接结构生产过程中进行的综合试验，通常称为“焊接工程综合试验”。

1.1.2 焊接工程综合试验的特点

与焊接基础试验和焊接研究工作中的综合试验相比，焊接工程综合试验有以下特点：

1. 规模比较大、内容复杂

每一个焊接工程综合试验通常都包含几项、十几项，甚至更多的基础试验。因此，与焊接基础试验相比，它的规模比较大，内容比较复杂，同时，其涉及的试验设备、仪器、人员比较多，试验周期也比较长。

2. 具有“系统”特征

根据“系统论”的观点，系统是由若干部分（或要素）以一定的结构相互联系而形成的有机整体。这个整体可以分解为若干部分（或要素），具有不同于各组成部分的新功能。焊接工程综合试验也是这样一个整体：它是由若干个基础试验组成的，而组成它的基础试验并不是机械地堆砌在一起，而是根据其试验目的，按照一定的结构有机地组合在一起；其试验结果既依赖于每个基础试验的结果，又不完全取决于某个基础试验的结果，也就是说，它具有不同于每个基础试验的功能。由于焊接工程综合试验具有系统特征，因此可以用系统方法来设计试验方案和分析试验结果，以期达到最佳化。一般来说，已列入技术标准或规范的焊接工程综合试验都是经过长期实践形成的比较好的试验方案。

3. 许多综合试验实现了规范化

与焊接研究工作中的综合试验相比，许多焊接工程综合试验实现了规范化、标准化。焊接研究中的综合试验虽然也具有系统特征，但是为了深入研究某一问题的需要，各个基础试验的选择和组合是很灵活的，试验方案没有特别固定的模式，而已经被制定成标准或规范的焊接工程综合试验则不同，在工程中必须按照有关技术标准或规范中规定的方法和程序进行。

4. 与实际生产关系非常密切

与焊接研究工作中的综合试验相比，焊接工程综合试验与实际生产的关系更为密切。焊接研究工作中的综合试验更侧重于认识尚未被认识或未被充分认识的内在规律，以便发现新理论，发明新材料、新工艺和新设备。在焊接研究工作的综合试验中，为了揭示新的规律，常常需要强化试验对象，使其处于某种极限状态，有时还需要创造条件使试验具有简化或纯化作用，以便排除某些因素的干扰，使我们需要认识的某种属性或联系以比较纯粹的形式呈现出来，这些条件显然与实际生产有较大距离。而焊接工程综合试验则不同，它与实际生产的关系十分密切，它直接为制造焊接结构服务。

许多综合试验与产品的制造过程融为一体，成为其中不可缺少的组成部分，例如，金属焊接性综合试验、焊接工艺评定综合试验、焊接产品验收中的综合试验等本身就是焊接产品和结构制造过程中的重要环节，直接为制造焊接结构服务，如图 1-1 所示。

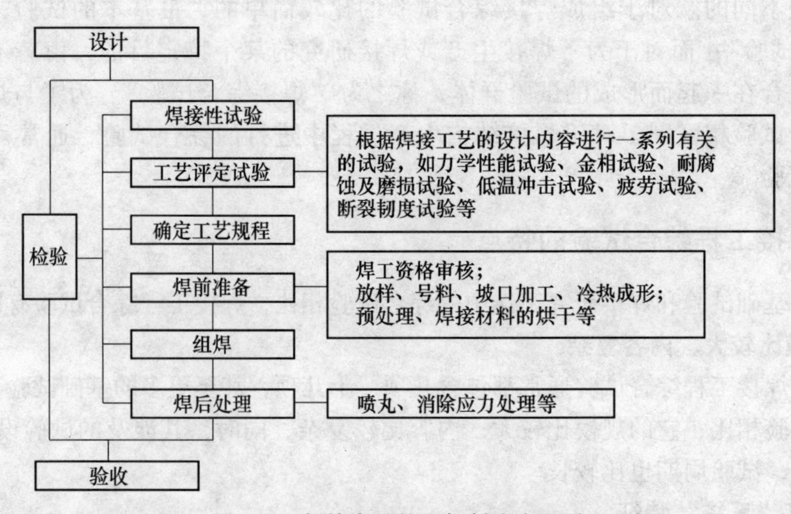

图 1-1　焊接产品的一般制造流程图

1.2 焊接工程综合试验在焊接结构生产中的作用

焊接工程综合试验在焊接结构生产中的作用主要表现在以下三个方面：

(1) 焊接工程综合试验可以增加焊接结构生产的科学性，避免发生事故 大量案例说明，在生产中增加科学性，避免盲目性是非常重要的。在工业生产的初期，由于人们认识上的局限性，从产品设计、选择材料、制订工艺到施工，大多靠经验，而不是依靠科学试验提供的数据，因而生产出来的产品或零部件质量低劣，导致事故频出。

例如，在第二次世界大战期间，美国将制造轮船的方法由采用铆接改为焊接，但没有考虑到焊接结构整体性强、对应力集中特别敏感的特点，仍然因袭了旧结构的形式，结果造成了大量破坏性事故。经统计，第二次世界大战期间美国一共制造了 4694 艘“自由轮”，有 970 艘产生了裂纹，其中有 24 艘的甲板全部横向断裂，一艘的船底完全断裂，7 艘从中腰断为两截（图 1-2），有 4 艘轮船沉没。后来，对船体结构进行了改进，例如将甲板舱口部位的拐角由尖角改为圆滑过渡（图 1-3）等，使应力集中得到了缓和，才制止了裂纹的产生。

图 1-2 断裂的“自由轮”

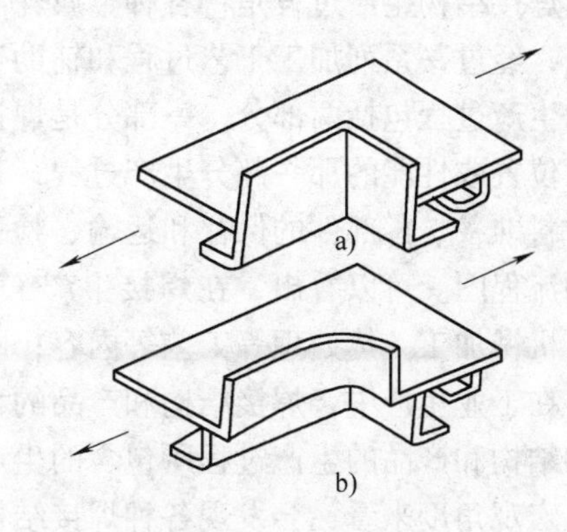

图 1-3 美国“自由轮”甲板舱口设计对比
a) 原始设计 b) 改进后设计

又如，1943 年美国纽约州斯克塔迪有一台储存氢气的球罐，直径为 10.7m，壁厚为 16.8mm，材质为半镇静钢，工作压力为 0.342MPa。由于焊接工艺制订不当，制造时没有选用抗裂性好的低氢焊条，而是选用高氢的纤维素焊条，致使焊接接头含氢量很高，加之在人孔附近加强板处产生了很大的焊接内应力，引发了焊接延迟裂纹，因而，在使用后不到三个月就发生了爆炸，有 20 块碎片飞出，造成了很大损失。国内这样的例子也不胜枚举。

在焊接结构生产的各个环节设置了焊接工程综合试验以后情况就不同了，它能避免盲目性，能使焊接结构生产建立在科学的基础上，使设计更合理，选材更正确，工艺制订更科学，施工更规范，因此就能有效地保证生产过程正常运转，避免事故的发生。

(2) 焊接工程综合试验能有效地保证产品质量 焊接工程综合试验能有效地保证产品质量，一方面在于能有效地控制投入生产的技术、材料、人员、设备等因素，使生产过程正常运转；另一方面在于一些综合试验能起到监控的作用，随时发现问题，随时纠正，防止对后续工序及产品质量有恶劣影响的缺陷流入后续工序。特别是当产品生产出来以后，通过焊接产品质量检验综合试验，能够有效地把住产品质量的最后关口，防止不合格的产品出厂。

（3）焊接工程综合试验能促进焊接技术不断提高 焊接技术的提高与在生产中不断发现问题和解决问题是分不开的。生产中每一个问题的发现和解决都使我们的认识提高一步，同时也使焊接技术提高一步。借助于焊接工程综合试验，可以使我们不断地发现产品生产过程中存在的问题和隐患，促使我们进行研究，寻找解决问题的办法，因而就能提高我们对客观事物规律的认识，并促进焊接技术的不断提高。

1.3 焊接结构生产过程与焊接工艺过程中的综合试验

焊接工艺过程是焊接结构生产过程中的一个重要过程，要了解焊接工艺过程，首先需要了解焊接结构生产过程。

1.3.1 焊接结构生产过程

焊接结构生产过程是将各种金属轧制的型材或其他金属坯料，以焊接成形为主要加工工艺，经过一系列加工工艺过程和辅助生产过程，最终制成焊接结构或产品的过程。焊接结构生产过程包括两部分，一部分是焊接生产工艺过程，即改变生产对象的形状、尺寸、相对位置或性能的那一部分生产过程，是其主要组成部分；另一部分是辅助生产过程，例如材料准备、零部件的保存和运输、检验等。图 1 - 4 所示为加氢反应器焊接生产工艺过程的流程图。可以看出，在焊接生产工艺过程中既有焊接工艺内容，也有裁料、变形加工、机械加工、热处理等工艺等内容；既有热加工内容，也有冷加工内容。

在工业生产中，焊接结构和产品的种类繁多，其结构形式、用途和要求各异，因而不同的结构和产品的生产过程所包含的生产工艺过程和辅助生产过程也不尽相同。但是，如果从宏观角度来看，会发现各种焊接结构和产品的生产过程也有共同点，即所有的焊接结构和产品的生产过程都可以概括地用图 1 - 5 表示，即焊接结构和产品的生产过程是由零件加工、装配、焊接、热处理、修整和涂饰等工艺过程和材料入库、入中间仓库、成品总检、入成品库等辅助生产过程组成的。其中，焊接工艺过程是焊接结构生产过程中的一个至关重要的过程。

1. 材料入库

材料入库主要指的是根据生产任务和技术要求，购进原材料（如板材、型材、管材等）、焊接材料（如焊条、焊剂、焊丝等）及其他辅助材料（如燃料、油漆等），并对材料进行验收和妥善地保存。其中以原材料和焊接材料最为重要，它们直接关系到焊接产品的质量和安全，因此需要进行严格的验收，包括检查材质证明书、材料的几何尺寸和表面质量等，如有必要，还要对原材料和焊接材料的化学成分、力学性能、内部缺欠等进行检验，当确认材料符合要求后才能入库。

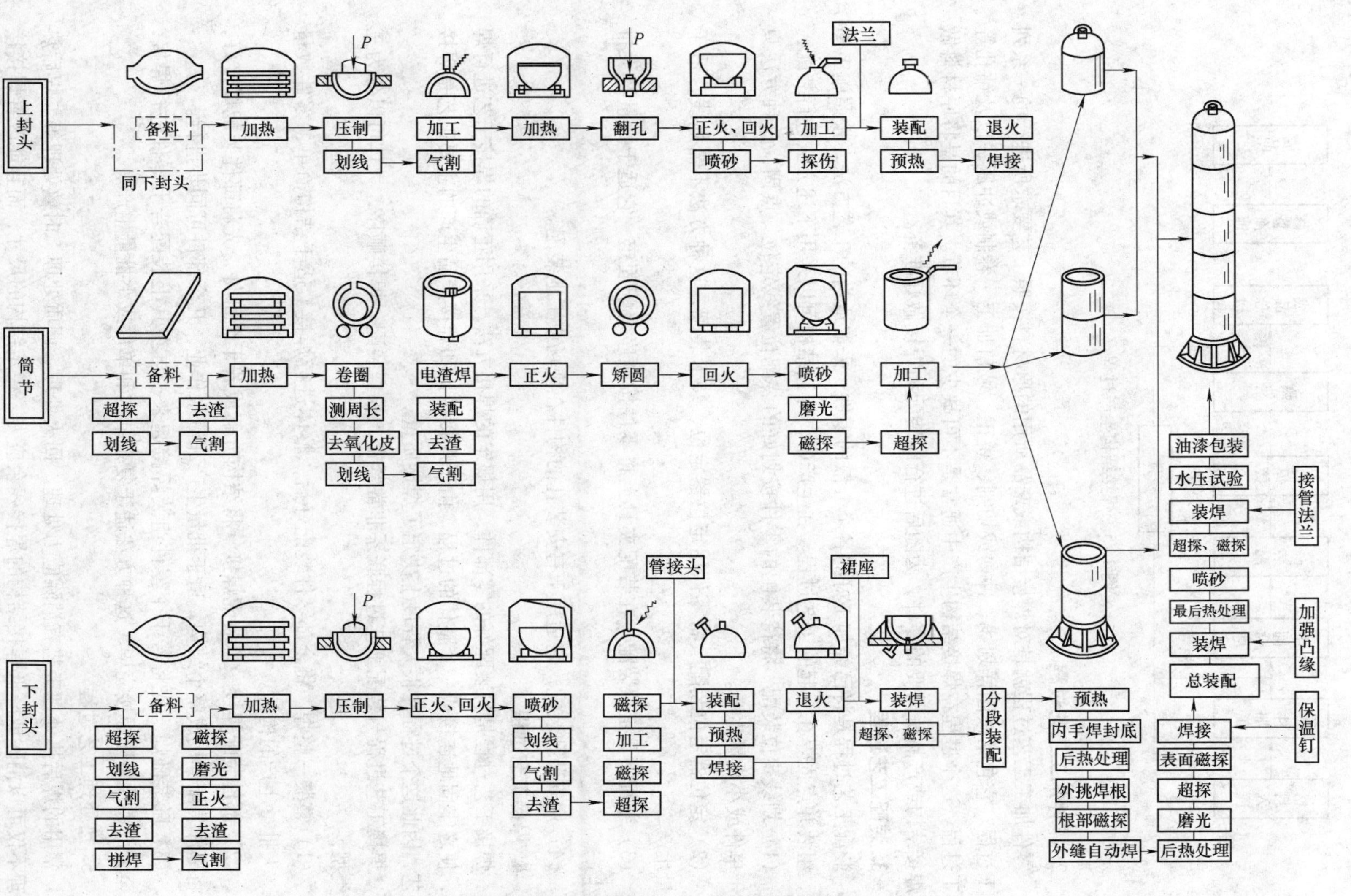

图 1-4 加氢反应器焊接生产工艺过程的流程图

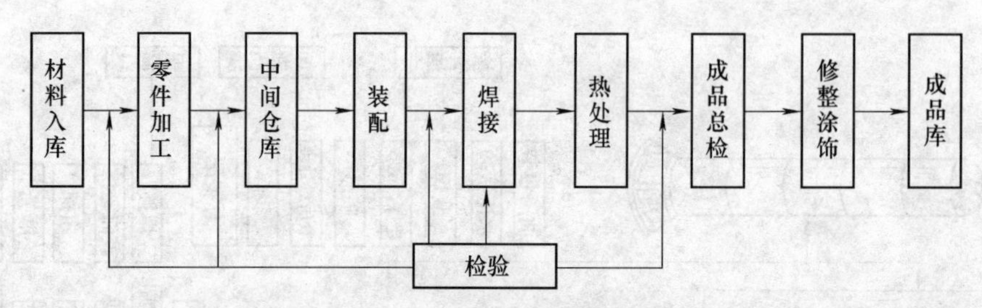

图1-5　焊接结构生产过程

2. 零件加工工艺过程

零件加工工艺过程就是对焊接结构或产品所用的原材料按照工艺要求所进行的一系列加工过程。它包括按图样划线、冲剪或切割、矫正、坡口加工、卷制或冲压，以及钻孔等加工过程。这个过程在焊接结构生产中通常是不可缺少的一个环节。其目的是将原材料做成焊接结构或产品所需要的零件，为随后进行的装配和焊接做好准备。

3. 装配工艺过程

装配工艺过程是将已经加工好的各个分散的零件，采取适当的工艺方法，按照施工图样，组装并点固焊在一起的工艺过程。在生产中，焊接结构可以采用下述方法进行装配：

（1）划线定位装配　将待装配的零件按划好的装配位置线定位、点固，这种方法只适于单件或小批量生产。

（2）定位器定位装配　将零件用定位器定位、装卡装配，这种方法不需划线，适于批量生产。

（3）装配夹具定位装配　在装配夹具上将零件按顺序装配固定，它适于批量及大批量生产。

（4）用安装孔装配　它适用于有安装孔的构件在现场或工地装配。

4. 焊接工艺过程

焊接工艺过程是将装配好的零部件，用规定的焊接方法，采用正确的焊接工艺进行焊接，使之牢固地连接成一个整体的过程。由于焊接结构和焊接产品生产的主要工艺是焊接工艺，因此这个过程在很大程度上决定了焊接质量。

焊接工艺过程与装配工艺过程联系非常紧密，根据装配—焊接顺序，大体可以分为三种类型：

（1）整装—整焊　将全部零件装配好后，整体进行焊接，适于结构简单、零件数量少、大批量生产的构件。

（2）部件装配焊接—总装配焊接　将结构分解成若干个部件，先将部件装配焊接好，再将部件装配焊接成整个结构，适于批量生产和流水作业，几个部件可同步进行。

（3）随装随焊　先将若干个零件组装焊接起来，再在其上装配若干零件进行焊接，直至全部零件装配焊接完毕，这种方法适于复杂结构和单件或小批量生产。

5. 热处理工艺过程

常用的焊后热处理工艺有消除应力处理、回火处理、调质处理、时效处理等。焊后热处理不仅可以消除或降低焊接结构的焊接残余应力、稳定结构的尺寸，而且能改善焊接接头的金相组织，提高接头的各项性能。热处理工艺的选择与焊接结构母材的种类、板厚、所选用的焊接工艺以及对焊接接头性能的要求有关。

6. 成品总检

在整个生产过程的各个阶段都贯穿有检验工作（包括质量检查和资料检查）。在生产的每个工序之后进行的检验称为工序检验；在产品焊成以后进行的检验称为成品总检。成品总检包括产品检验和资料检验两部分，其中，产品检验大部分在焊接以后和热处理之前进行，例如外观检查、焊接接头无损检测等；一部分则在热处理之后进行，例如耐压试验和气密性试验等。资料检验主要是核实所有的技术资料和试验报告是否齐全。

7. 成品修整和涂饰工艺过程

这个阶段主要是对成品总检中发现的质量问题进行补充加工，以及在产品质量全面达到要求以后，进行涂饰和包装，以便出厂。

在制成的焊接结构中，许多是最终的产品，如大型球罐、热风炉、浇包、煤气柜等，更多的是最终产品的主要部件或零件，如焊接船壳、压力容器承压壳、工业锅炉的炉体、龙门起重机的钢桥架、核电站压力壳以及水轮机的主轴、转轮和座环等。

1.3.2 焊接工艺过程中的综合试验

为了保证焊接结构和产品的质量，在焊接结构生产的每一个工艺过程中都有综合试验。例如，在零件加工工艺过程中，每个加工工序（如切割、卷制、机械加工、冲压等）都有加工质量检验综合试验；在装配工艺过程中，有装配质量检验综合试验；在焊后热处理工艺过程中有热处理质量检验综合试验等。但是，在所有的工艺过程中，最重要的是焊接工艺过程，它是整个焊接结构生产过程的核心，是决定焊接结构和产品质量的关键环节，因此，了解和掌握焊接工艺过程中的综合试验具有特别重要的意义。

焊接工艺过程按照时间顺序可以分为焊前准备、焊接施工和焊后检验三个阶段，每个阶段都有其相应内容的焊接工程综合试验，如图1-6所示。

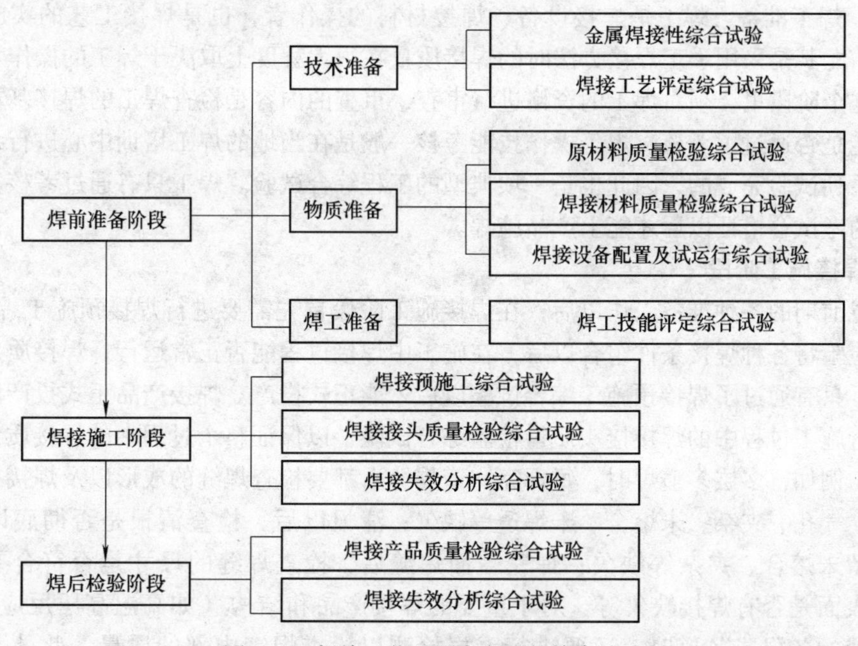

图1-6 焊接工艺过程中主要的综合试验

1. 焊前准备阶段

焊前准备主要包括以下三个方面的内容：

（1）技术准备　技术准备主要包括对焊接结构和产品进行工艺性分析，了解和掌握技术要求，找出生产中的关键，并以此确定生产方案和技术措施，制订焊接工艺。其中最重要的准备是在全面审查焊接结构工艺性和试验的基础上制订焊接工艺，即确定拟采用的焊接方法、焊接材料、焊接参数和必要的工艺措施（如预热、缓冷、后热、焊后热处理）等。对于焊接工艺成熟的常用钢材（如 Q235A），一般可以通过查阅有关的技术资料或借鉴成熟的经验来拟定焊接工艺，但当被焊材料是新钢种或虽非新钢种但设计上特别提出要求时，则应进行金属焊接性综合试验来拟定焊接工艺。焊接工艺拟定好以后，为了保证工艺可靠，还需要进行验证，验证的办法是进行焊接工艺评定。在诸多焊接工艺评定的方法里，最基本的方法是进行焊接工艺评定综合试验。金属焊接性综合试验和焊接工艺评定综合试验中都含有许多焊接基础试验，因此都是很典型的焊接工程综合试验。

（2）物质准备　物质准备包括原材料准备、焊接材料准备、辅助材料准备以及焊接设备（包括焊机、工艺装备等）准备。为了确保材料和设备满足生产要求，生产中需要对材料的质量和设备的合理配置进行认定工作。对原材料质量进行认定，需要进行原材料质量检验综合试验；对焊接材料质量进行认定，需要进行焊接材料质量检验综合试验；对焊接设备的配置认定，需要进行焊接设备配置及试运行综合试验。这些检验工作都是通过大量的试验完成的，因此也都是焊接工程综合试验。

一般情况下，焊接材料质量的检验工作在焊接材料生产厂进行，用户主要是根据产品合格证，检查外观和通过实际施焊予以认定。但是，当焊接重要的结构（如三类及三类以上的压力容器）或对焊接材料质量有疑问（如焊接材料放置的时间过长，药皮变色等）时，用户也需要按照有关技术标准对焊接材料的质量进行复验。

（3）焊工准备　焊工是焊接设备、焊接材料的操作者，也是焊接工艺的实施者。焊接质量，尤其是采用手工焊接方法时的焊接质量在很大程度上取决于焊工的操作水平，因此，在这个阶段里，须对焊工的资格进行审查，审查的内容是检查焊工的焊接基本知识和操作技能是否通过了考核。焊工操作技能考核一般是在当地的焊工培训中心进行，它也是通过一系列试验完成的，因此也是一项典型的工程综合试验。焊工只有通过考核并取得相应项目的考试合格证以后才能上产品施焊。

2. 焊接施工阶段

完成前期的各种准备工作以后，在焊接施工阶段首先需要进行焊接预施工综合试验，主要是检验将各种焊接条件组合以后，在施工中焊接过程能否正常运行，焊接质量能否得到保证。只有通过了焊接预施工综合试验以后才能正式投产。焊接产品正式投产以后，则需要进行施工过程中的焊接接头质量检验综合试验，以保证整个过程中的焊接质量处于监控之下。例如，多层多道焊时，每焊完一道焊缝后都要检查焊缝的成形以及焊接接头是否有裂纹、气孔、夹杂、未熔合、未焊透等缺欠；清根以后，检查清根是否彻底以及焊缝是否遗留未熔合、夹杂等缺欠；焊完盖面焊缝后，检查焊缝的尺寸是否符合要求，以及焊缝表面是否有焊接缺欠等。对于重要的焊接产品和结构（如高温高压反应器），在焊完焊缝的各层或各道时，还要进行无损检测以检查焊缝内部的质量。此外，当焊接过程中发现焊接接头出现严重质量问题时，还需要进行焊接失效分析综合试验，以便及时找出原因，采取措施。焊接失效分析综合试验包括化学成分分析试验、宏观分析试验、微观分析试验、材料性能试验以及模拟试验等，因此也是比较典型的焊接工程综合试验。

3. 焊后检验阶段

焊后检验是焊接以后对焊接结构或产品的焊接质量进行的全面检验，因此对保证产品质量具有决定意义。焊后检验包括的内容比较多，有外观检查、无损检测、焊接接头力学性能试验、焊接接头金相试验、焊接接头断口试验以及耐压试验、泄漏试验等，因此是一个比较大型的焊接工程综合试验。不同的焊接结构和产品有不同的试验内容，应根据该结构和产品的技术标准或规程进行试验。

需要说明的是，虽然焊接结构和产品质量检验大量地集中在焊后检验阶段进行，实际上，有的项目在焊接施工阶段就已经开始了，有的项目则需要在焊后热处理以后进行。例如，用于测定焊接接头力学性能的产品焊接试件是在产品的焊接过程中焊接的，焊接时，用和产品相同的材料、工艺、焊接环境以及相同的焊工，与产品焊接同步进行。而耐压试验和泄漏试验则是在焊后热处理后进行。

在焊后检验阶段除了要进行上述试验外，如果在检验过程中发现了严重的质量问题，也需要进行焊接失效分析综合试验。通过焊接失效分析综合试验，查清质量事故的原因，采取措施，以避免事故重演。

焊接工艺过程中的各种工程综合试验在保证焊接产品质量方面都发挥着巨大的作用。在焊前准备阶段，只有进行金属焊接性综合试验和焊接工艺评定综合试验，才能使所制订的焊接工艺建立在科学的基础上；只有进行原材料质量检验综合试验、焊接材料质量检验综合试验、焊接设备配置及试运行综合试验以及焊工技能评定综合试验才能使焊接结构和产品的制造在物和人这两方面都具有可靠的生产条件；在施工过程中，只有加强过程中的焊接质量检验综合试验，才能避免大的质量事故出现；结构或产品制造出来以后，只有进行全面的质量检验综合试验，才能保证出厂的产品合格。当焊接结构或产品在制造过程中发生质量事故时，只有对焊件或产品及时进行焊接失效分析试验，查明原因，采取相应的措施，才能防止类似的事故再次发生。

在上述所有的综合试验中，金属焊接性综合试验、焊接工艺评定综合试验、焊接材料质量检验综合试验、焊接设备配置及试运行综合试验、焊接失效分析综合试验和焊接产品质量检验综合试验都是比较典型、比较重要的焊接工程综合试验，因此，以下各章将重点介绍这些综合试验。

1.4 焊接工程综合试验的依据及有关标准

1.4.1 焊接工程综合试验的依据

焊接产品和结构的种类繁多，各种产品和结构的综合试验内容和评定标准均有差异。那么，在生产中是依据什么来进行综合试验的呢？概括地讲，主要是依据以下几方面：

（1）有关的技术标准或规范　有关的技术标准或规范是进行各种工程综合试验的法规性文件。在这些标准或规范中规定了试验的内容、试验方法和应达到的要求。

（2）施工图样　在施工图样中，一般都对焊缝质量的要求、产品几何特性（如尺寸、形状等）的要求以及对加工精度的要求等作出具体规定。

（3）产品制造的工艺文件　这些文件是对焊接产品进行制造的指导性文件，例如产品检验的工艺文件中具体地规定了对产品质量检验的方法及实施过程等。

（4）订货合同　在订货合同中有时对产品质量提出附加要求，它作为图样和技术文件的补充规定，同样也是进行质量检验的依据。

在上述四个方面中，技术标准或规范是进行焊接工程综合试验的基础依据。

1.4.2　与焊接工程综合试验有关的技术标准

关于焊接工程综合试验，目前已制定了许多国家标准或行业标准。现举例如下：

1. 焊接工艺评定综合试验

例如，GB/T 19869.1—2005《钢、镍及镍合金的焊接工艺评定试验》、GB/T 19868.1—2005《基于试验焊接材料的工艺评定》、GB/T 19868.2—2005《基于焊接经验的工艺评定》、GB/T 19868.3—2005《基于标准焊接规程的工艺评定》、GB/T 19868.4—2005《基于预生产焊接试验的工艺评定》等。

2. 焊接材料质量检验综合试验

例如，GB/T 25776—2010《焊接材料焊接工艺性能评定方法》、GB/T 5117—1995《碳钢焊条》、GB/T 5118—1995《低合金钢焊条》、GB/T 983—1995《不锈钢焊条》、GB/T 5293—1999《埋弧焊用碳钢焊丝和焊剂》、GB/T 12470—2003《埋弧焊用低合金钢焊丝和焊剂》、GB/T 8110—2008《气体保护电弧焊用碳钢、低合金钢焊丝》、GB/T 10045—2001《碳钢药芯焊丝》、GB/T 17493—2008《低合金钢药芯焊丝》等。

3. 原材料质量检验综合试验

例如，GB 713—2008《锅炉和压力容器用钢板》、GB/T 3280—2007《不锈钢冷轧钢板和钢带》、GB 912—2008《碳素结构钢和低合金结构钢热轧薄钢板及钢带》、GB 3531—2008《低温压力容器用低合金钢板》等。

4. 焊工技能评定综合试验

例如，GB/T 15169—2003《钢熔化焊焊工技能评定》、GB/T 19805—2005《焊接操作工 技能评定》、劳动部《锅炉压力容器焊工考试规则》、DL/T 679—2011《焊工技术考核规程》、船检局《焊工考试规则》等。

5. 焊接产品质量检验综合试验

例如，劳动部《压力容器安全技术监察规程》、劳动部《蒸汽锅炉安全技术监察规程》、劳动部《热水锅炉安全技术监察规程》、GB 50205—2001《钢结构工程施工验收规范》、GB 50128—2005《立式圆筒形钢制焊接储罐施工及验收规范》等。

焊接工程综合试验所包含的焊接基础试验也应执行相应的技术标准。部分焊接基础试验的国家标准和行业标准名称见表1-1。

表1-1 部分焊接基础试验技术标准名称

标准编号	标准名称
GB/T 10233—2005	低压成套开关设备和电控设备基本试验方法
GB 2649—1989	焊接接头机械性能试验取样方法
GB/T 2650—2008	焊接接头冲击试验方法
GB/T 2651—2008	焊接接头拉伸试验方法
GB/T 2652—2008	焊缝及熔敷金属拉伸试验方法
GB/T 2653—2008	焊接接头弯曲试验方法
GB/T 2654—2008	焊接接头硬度试验方法
GB/T 3323—2005	金属熔化焊焊接接头射线照相
GB/T 12605—2008	无损检测 金属管道熔化焊环向对接接头射线照相检测方法
GB/T 11345—1989	钢焊缝手工超声波探伤方法和探伤结果分级
GB/T 15830—2008	无损检测 钢制管道环向焊缝对接接头超声检测方法
JB/T 8931—1999	堆焊层超声波探伤方法
JB/T 6061—2007	无损检测 焊缝磁粉检测
JB/T 6062—2007	无损检测 焊缝渗透检测
GB/T 1954—2008	铬镍奥氏体不锈钢焊缝铁素体含量测量方法
GB/T 3965—1995	熔敷金属中扩散氢测定方法
GB/T 25777—2010	焊接材料熔敷金属化学成分分析试样制备方法
JB/T 7948.1—1999	熔焊焊剂化学分析方法 重量法测量二氧化硅量
JB/T 7948.2—1999	熔焊焊剂化学分析方法 电位滴定法测量氧化锰量
JB/T 7948.3—1999	熔焊焊剂化学分析方法 高锰酸盐光度法测量氧化锰量
JB/T 7948.4—1999	熔焊焊剂化学分析方法 EDTA 容量法测定氧铝钙、氧化镁量
JB/T 7948.5—1999	熔焊焊剂化学分析方法 黄基水杨酸光度法测定氧化铁量
JB/T 7948.6—1999	熔焊焊剂化学分析方法 热解法测定氟化钙量
JB/T 7948.7—1999	熔焊焊剂化学分析方法 氟氯化铅-EDTA 容量法测定氧化钙量
JB/T 7948.8—1999	熔焊焊剂化学分析方法 钼蓝光度法测定磷量
JB/T 7948.9—1999	熔焊焊剂化学分析方法 火焰光度法测定氧化纳、氧化钾量
JB/T 7948.10—1999	熔焊焊剂化学分析方法 燃烧-库仑法测定碳量
JB/T 7948.11—1999	熔焊焊剂化学分析方法 燃烧-碘量法测定硫量
JB/T 7948.12—1999	熔焊焊剂化学分析方法 EDTA 容量法测定氧化纳、氧化镁量

1.5 “焊接工程综合试验”课程的任务、内容和教学基本思路

1.5.1 “焊接工程综合试验”课程的任务

“焊接工程综合试验”课程是焊接技术与工程专业和材料成形及控制工程专业焊接方向的一门以实验为主，理论教学与试验教学密切配合的专业课。其任务是通过对该课程的学习，增强学生的工程意识和培养学生的工程实验技能，提高学生的工程实践能力和创新能力。

本课程分为理论教学和实验教学两部分，通过理论教学，使学生了解焊接产品和结构生产过程中的一些比较典型的综合试验，了解其试验目的、试验原理、试验内容和试验方法等；通过实验教学，使学生在实践中掌握这些焊接工程综合试验的技能，从而提高分析问题和解决问题的能力。

1.5.2 “焊接工程综合试验”课程的内容

本课程包括以下几部分内容：

（1）导论　介绍焊接工程综合试验的概念、特点、在焊接生产中的作用、焊接工艺过程中的工程综合试验，以及“焊接工程综合试验”课的任务、内容和教学基本思路。

（2）金属焊接性综合试验　介绍金属焊接性综合试验的目的、内容和方法，并列举其工程应用实例。

（3）焊接工艺评定综合试验　介绍焊接工艺评定的目的、分类、规则、程序，以及综合试验的内容和方法，并列举其工程应用实例。

（4）焊接材料质量检验综合试验　介绍焊条、焊剂和焊丝质量检验综合试验的目的、内容和方法，并列举其工程应用实例。

（5）弧焊机器人软硬件配置及预施工综合试验　介绍机器人的发展与分类、弧焊机器人软硬件配置及预施工综合试验的目的和内容、弧焊机器人系统的硬件配置、弧焊机器人系统的程序编制以及工程应用实例。

（6）焊接失效分析综合试验　介绍其试验目的、内容和方法，并列举其应用实例。

（7）焊接产品质量检验综合试验　介绍其试验目的、内容和方法，并列举其应用实例。

1.5.3 “焊接工程综合试验”课程的教学基本思路

“焊接工程综合试验”课程的教学基本思路是：理论教学和实验教学均以工程为背景，实行课程的工程化和综合化，以增强学生的工程意识，提高学生的工程实践能力和创新能力；实验中，严格遵循有关的技术标准或法规，使学生在提高工程实践能力和创新能力的同时，增强标准化意识。

为了实现上述目标，在实验教学中建议采用以下做法：

1. 以工程为背景，紧紧围绕和联系典型产品或结构的制造组织实验教学

在学生做实验之前，首先选择一个典型的焊接产品或结构作为实验对象。根据该产品

或结构生产的需要，选取所要进行的综合实验项目，并用该产品或结构的焊接工艺过程作为主线，将所选的综合实验串联起来，使其形成一个有机的整体，如图1-7所示。通过试验，学生能学到解决工程实际问题的思路和一般方法，达到举一反三、触类旁通的目的。

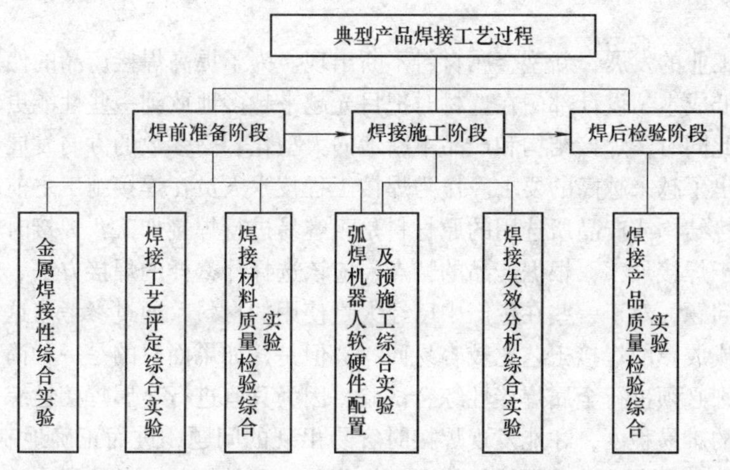

图1-7 以典型产品的焊接工艺过程为主线的实验教学体系

2. 开设探索性或障碍性实验

设计实验方案时，可以考虑将有的综合实验项目设计成探索性或障碍性实验，以增强学生参与的主动性。例如，对于焊接失效分析综合试验可以设计成：事先由教师人为地制作有焊接缺欠的试件，标上流水号，交给学生，由学生根据所学到的理论知识和教师提供的产生失效的背景资料，自己分析可能的失效原因，自己设计实验方案，自己动手实验，从而确定失效的种类和失效的原因。这样，可以调动学生的积极性和培养他们探索进取的精神。

3. 将仿真、虚拟、数据库等技术引入实验教学

在综合实验之间，难免有一些重复性的实验内容（例如，焊接接头力学性能实验等），为了避免重复做实验，同时又能保证综合实验的完整性，可以采取实与虚相结合的做法，即对重复性的内容只实做一次实验，其他的实验利用仿真、虚拟、数据库等技术在计算机上营造可以替代实际操作的环境，由学生利用计算机完成实验。然后将取得的所有实验数据汇总在一起，进行全面的综合分析。

思 考 题

1. 什么是焊接工程综合试验？有何特点？
2. 焊接工程综合试验在生产中有何作用？
3. 在焊接工艺过程中有哪些综合试验？
4. 焊接工程综合试验的依据有哪些？

第 2 章　金属焊接性综合试验

随着冶金工业的发展，新型金属材料不断出现。为了提高焊接产品的使用性能、节省金属材料、降低成本，设计部门在选材时把目光越来越多地放到一些性能更优良的新型金属材料上。与此同时，焊接结构和产品不断地向大型化、高参数的方向发展，这也对选材和焊接工作提出了越来越高的要求。作为焊接工程技术人员在焊接施工之前应能回答这样一些问题：焊接结构或产品所选用的原材料是否容易进行焊接加工？焊接时容易出现什么问题？如果适于焊接加工，根据产品的特点，应该选择什么样的焊接方法、焊接材料和焊接参数？这些问题，对于一些在生产中已经大量使用的材料，通过参考与这些材料有关的焊接性能数据或成熟的焊接工艺比较容易回答。但是，如果面对的是一种尚未被使用的新型金属材料，则必须进行金属焊接性综合试验，因为只有进行金属焊接性综合试验，才能了解材料焊接的难易程度，才能发现焊接时容易出现的问题，进而正确地制订焊接工艺。因此，金属焊接性综合试验是焊接结构和产品制造过程的焊前准备阶段中比较重要的一项综合性试验。

本章将介绍金属焊接性的概念，金属焊接性综合试验的目的、内容和方法，以及在工程中的应用实例。

2.1　金属焊接性的概念及其影响因素

2.1.1　金属焊接性的概念

关于焊接性（Weldability），国际标准化组织（ISO）的定义是：“当采用一种适当的焊接方法可以获得金属的连续性，从而使接头的局部性能及其对所形成的结构的影响两方面都符合规定要求时，这种金属材料便被认为在规定的等级上，对于一种给定的方法及给定的用途是具有焊接性的。”

我国国家标准 GB/T 3375—1994《焊接术语》中焊接性的定义是：“焊接性是指材料在限定的焊接施工条件下焊接成按规定设计要求的构件，并满足预定服役要求的能力。”

虽然在词句的表达上有所不同，但在对金属焊接性的理解上基本上是一致的，即金属焊接性包含两方面内容：①结合性能，它是指材料在经受焊接加工时对焊接缺欠（如裂纹、气孔等）的敏感性；②使用性能，它是指所焊成的接头在指定的使用条件下可靠运行的能力。只有上述两方面性能都能满足要求时，才能说该材料在限定的焊接施工条件下具有焊接性，只是难易程度不同而已。一般来说，如果在简单的焊接施工条件下就能满足这两方面性能要求的，就认为该种材料的焊接性优良；反之，如果必须采取复杂的焊接工艺措施才能满足要求的，则认为焊接性较差。

2.1.2　影响金属焊接性的因素

过去，有人将金属焊接性单纯地理解为金属材料本身所固有的性能，这是不完全的，金属焊接性不仅取决于金属材料本身的性能，而且取决于制造因素（即工艺因素）和结构因素（包括服役条件）。德国标准 DIN8258B1 中形象地给出了这三者与焊接性的关系，如图2-1所示，可以看出，无论改变哪一个因素都将改变金属焊接性。

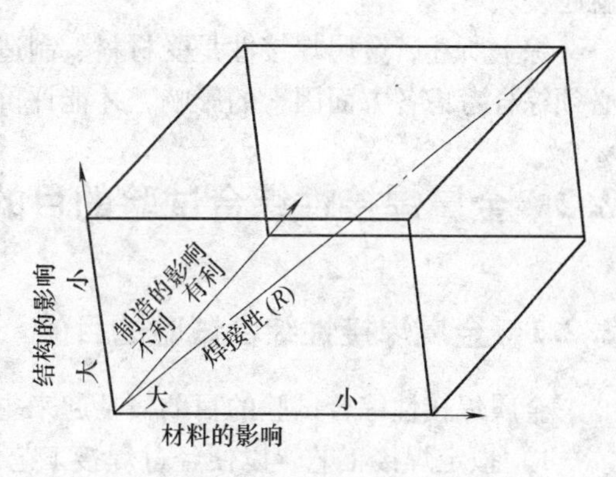

图2-1　焊接性与材料因素、制造因素和结构因素的关系

1. 材料因素的影响

材料在这里指的是用于制造焊接结构和产品的原材料。材料不同，其化学成分、制造方法及物理性能均不相同，这些不仅会对焊接热影响区的性能产生直接影响，而且能影响焊缝金属的性能。

母材中的化学成分能决定热影响区的淬硬倾向、脆化倾向和产生裂纹的敏感性，同时由于参与熔池的冶金反应，也会影响焊缝的化学成分。一些有害的成分如硫、磷、氧、氮等若进入熔池，将使焊缝的力学性能降低，而且还能导致焊缝产生裂纹或焊缝脆化。

母材的制造方法包括冶炼方式、浇注方式、成形方式和热处理方式等，这些因素都会对金属焊接性产生影响。例如，浇注的方式不同，母材中成分的偏析程度也不相同，沸腾钢要比镇静钢的偏析程度大，这对于防止焊接接头产生裂纹和脆化是很不利的。

母材的力学性能和物理性能包括强度、塑性、韧性、导热性、线膨胀系数等。这些性能不同，焊接时形成的温度场、应力场不同，在其他条件相同的情况下，接头产生裂纹和热应变脆化的倾向均不相同。因此，材料因素是影响金属焊接性的一个很重要的因素。

2. 制造因素的影响

制造因素包括焊接方法的选择、焊接材料的选用、焊接参数和焊接顺序的确定、焊前是否预热、焊后是否缓冷或热处理，以及是否采取其他的工艺措施等。

对于同一种金属材料，当采用不同的焊接方法和焊接参数时，会产生截然不同的效果。例如钛及钛合金，如果采用气焊或焊条电弧焊，由于氧、氮、氢的影响，金属容易变脆，焊接起来很困难，但是如果改用钨极氩弧焊或等离子弧焊，则变得比较容易。对于中碳钢，如果不采取预热措施，焊接接头很容易产生裂纹，而如果焊前进行适当的预热，在焊接过程中就能有效地防止裂纹的产生。

3. 结构因素的影响

结构因素既包括焊接结构形式（如结构形状、工件厚度、接头的断面是否突然变化等），也包括其服役条件（如工作温度是高温还是低温，工作载荷是静载还是冲击载荷或者交变载荷，工作介质有无腐蚀性等）。

其中，结构形式能决定焊接接头的拘束度。一般来说，工件厚度越大，结构形状越封闭、越复杂，焊接接头的拘束度越大，越易于产生裂纹和脆性破坏。服役条件决定了焊成的焊接接头应该满足的性能要求。服役条件越苛刻，要达到这些要求越困难，因而焊接性就越差。

综上所述，金属焊接性是受材料、制造、结构和使用等多方面因素制约的一种性能，必须综合考虑各方面因素的影响，才能评价金属焊接性。

2.2 金属焊接性综合试验的目的和内容

2.2.1 金属焊接性综合试验的目的

金属焊接性综合试验的目的概括起来主要有以下三个方面：

1）拟定焊接工艺，以便经过焊接工艺评定合格后应用于焊接产品制造。

焊接结构和产品生产中，对于一些大量使用并且工艺上成熟的材料（如Q235钢），可以不进行金属焊接性综合试验，而是根据资料和经验直接拟定焊接工艺，只要能通过焊接工艺评定综合试验就可以采用。但是对于尚未掌握其焊接性能的新材料，则必须通过金属焊接性综合试验拟定焊接工艺。

2）评定某种金属材料的焊接性，揭示其在焊接过程中容易产生的问题，为改进或选用该材料提供依据。

冶金部门在研制一种新型金属材料时，通常都要进行金属焊接性综合试验，这是因为材料焊接性的好坏在很大程度上能影响材料的推广使用，冶金工作者需要通过金属焊接性综合试验及时发现问题，不断改进。不仅如此，冶金部门在新型金属材料正式投产前，往往还需要通过金属焊接性综合试验，提供出一整套反映这种金属材料焊接性能的试验数据，其目的是为了便于用户选用该材料。

3）研制和开发新型的焊接材料。焊接材料在焊接时参与焊接区的化学冶金反应，对焊缝最终的化学成分产生举足轻重的作用，进而影响焊接接头的结合性能和使用性能。因此，在研制和开发新型的焊接材料时也需要进行金属焊接性综合试验，以便发现问题，改进焊接材料。

上述三种情况，对试件尺寸和试验条件的要求有所不同。对于后两种情况，一般是按照有关标准规定的试件尺寸和焊接参数进行试验，试验结果具有可比性；对于第一种情况，则需要根据产品结构和接头的特点选择试件的厚度，而焊接条件（包括焊接参数、工艺措施等）则是需要调整的对象。必须指出，抗裂性试件的厚度应满足与实际结构焊接接头拘束度相对应的要求。抗裂性试验的试件可以不与实际结构等厚，但当实际结构的拘束度未知时，所采用的试件厚度与实际结构等厚较为安全。

2.2.2 金属焊接性综合试验的内容

金属焊接性综合试验主要包括工艺焊接性试验和使用焊接性试验。

1. 工艺焊接性试验

工艺焊接性试验的目的是考察材料的结合性能，即在一定的焊接工艺条件下焊接接头产生缺欠的倾向。由于在各种缺欠（如裂纹、气孔、夹杂等）中裂纹的危害最大，因此考察的重点是材料产生焊接裂纹的敏感性。此外，为了分析影响材料产生裂纹倾向的因素，还需要进行各种理化试验。归纳起来，工艺焊接性试验主要包括以下两方面内容：

（1）焊接裂纹敏感性试验　包括焊接冷裂纹敏感性试验、焊接热裂纹敏感性试验、再热裂纹敏感性试验、层状撕裂敏感性试验等。

（2）析因理化试验　包括熔敷金属扩散氢测定试验、焊接金相分析试验、焊接接头硬度试验、焊缝和母材化学成分分析试验等。

2. 使用焊接性试验

使用焊接性试验的目的是考察焊接接头的使用性能，即在给定的焊接工艺条件下得到的焊接接头是否能满足使用条件的要求，包括强度、塑性、韧性、疲劳强度、耐蚀性等。此外，也需要进行各种理化试验，以分析性能变化的原因。归纳起来，主要包括以下内容：

1）焊接接头力学性能试验。

2）其他性能试验，例如焊接接头抗脆断性能试验、耐蚀性试验、高温强度试验等。

3）析因理化试验，包括焊接金相分析试验、焊接接头断口分析试验等。

上述各项试验需要根据材料的冶金特点和使用性能要求选做。不同的金属材料进行焊接性试验时应重点考虑的问题见表2-1。

表2-1　不同金属材料进行焊接性试验时应重点考虑的问题

<table>
<tr><th colspan="2">金属材料</th><th>焊接性重点分析内容</th></tr>
<tr><td colspan="2">低碳钢</td><td>厚板的刚性拘束裂纹，硫致热裂纹</td></tr>
<tr><td colspan="2">中、高碳钢</td><td>冷裂纹，焊接HAZ淬硬</td></tr>
<tr><td rowspan="5">低合金钢</td><td>热轧及正火钢</td><td>冷裂纹，热裂纹，再热裂纹，层状撕裂（厚大件），HAZ脆化（正火钢）</td></tr>
<tr><td>低碳调质钢</td><td>冷裂纹，热裂纹（含Ni钢），HAZ脆化，HAZ软化</td></tr>
<tr><td>中碳调质钢</td><td>热裂纹，冷裂纹，HAZ脆化，HAZ回火软化</td></tr>
<tr><td>珠光体耐热钢</td><td>冷裂纹，HAZ硬化，再热裂纹，持久强度</td></tr>
<tr><td>低温钢</td><td>低温缺口韧性，冷裂纹</td></tr>
<tr><td rowspan="3">不锈钢</td><td>奥氏体不锈钢</td><td>晶间腐蚀，应力腐蚀开裂，热裂纹</td></tr>
<tr><td>铁素体不锈钢</td><td>475℃脆化，σ相脆化，HAZ粗晶脆化</td></tr>
<tr><td>马氏体不锈钢</td><td>冷裂纹，HAZ硬化</td></tr>
<tr><td colspan="2">P－A异种钢</td><td>焊缝成分的控制（稀释率），熔合区过渡层，熔合区扩散层，残余应力</td></tr>
<tr><td colspan="2">铸铁</td><td>焊缝及熔合区“白口”，热裂纹，热应力裂纹，冷裂纹</td></tr>
<tr><td colspan="2">铝及其合金</td><td>氧化，气孔，热裂纹，HAZ软化</td></tr>
</table>

注：HAZ为热影响区。

2.3 金属焊接性综合试验的基础试验方法分类及选用原则

2.3.1 金属焊接性综合试验的基础试验方法分类

金属焊接性综合试验所涉及的基础试验方法数量很多，到目前已超过百种，主要分类方法如图2-2所示。

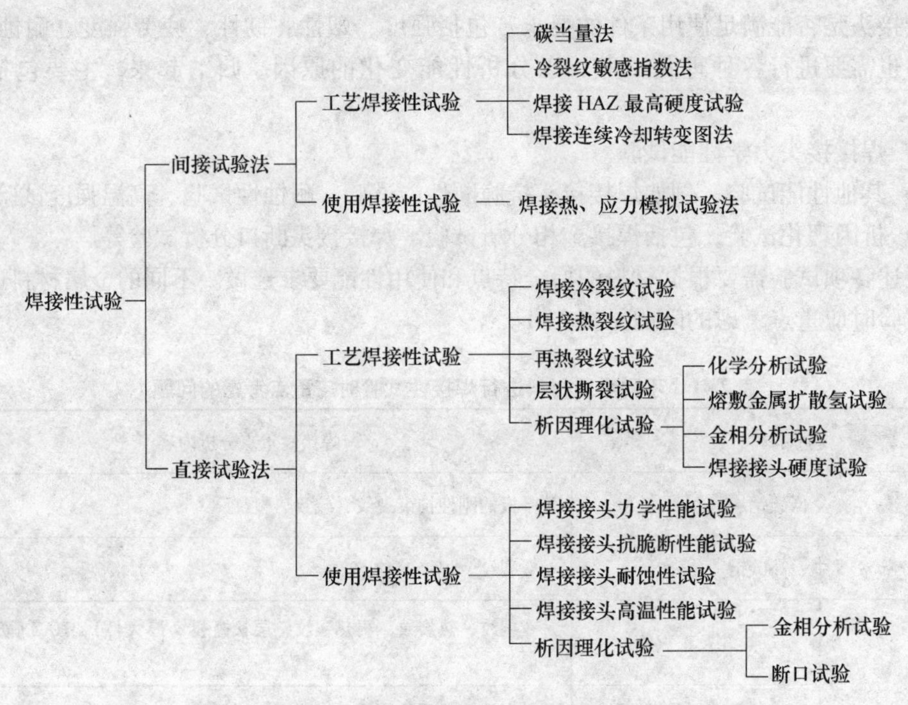

图2-2 金属焊接性综合试验方法分类

1. 按照试验者与研究对象的关系分类

按照试验者与研究对象的关系，可以分为间接试验和直接试验。其中，间接试验是以推理或模拟为主要特征的试验，例如碳当量法、冷裂纹敏感指数法、焊接连续冷却转变图法（焊接 CCT 图法）等；直接试验是以焊接试件为主要特征的试验，例如焊接冷裂纹敏感性试验、焊接热裂纹敏感性试验、焊接接头力学性能试验等。目前，单凭间接试验还不足以对焊接性进行十分准确可靠的评价，但它能提供对焊接性很中肯的补充资料，有助于在较短的时间内以较小的代价，了解复杂的冶金因素和焊接因素对焊接性所起的作用，因此它在焊接性分析工作中有重要的指导意义和参考价值。在实际工作中，间接试验通常都是作为直接试验的一种辅助试验方法使用。

2. 按照焊接性的内涵分类

按照焊接性的内涵，可以分为工艺焊接性试验和使用焊接性试验。每一种试验中既有直接试验方法，也有间接试验方法。

2.3.2 金属焊接性综合试验的基础试验方法的选用原则

1. 尽可能地接近产品的结构条件和使用条件

应该说，最能反映产品结构条件和使用条件的试验方法，是利用实际产品或与产品实际形状和尺寸相近的试件进行试验。但是这种方法很不经济，而且在许多情况下（例如产品结构很大或者单件生产）是无法做到的，因此大量使用的还是小型试件的试验。但是，在选用小型试件的试验方法时，应尽量接近产品接头的实际情况。例如，在选用裂纹敏感性试验方法时，如果焊件是对接接头，应选择斜 Y 形坡口对接裂纹试验或压板对接（FISCO）焊接裂纹试验等。如果是搭接接头，应选择搭接接头（CTS）焊接裂纹试验。如果是 T 形接头，应选用 T 形接头焊接裂纹试验。当产品的刚性一般时，可选用具有普通拘束度的裂纹敏感性试验方法；如果产品的刚性较大时，则应选用具有较高拘束度的试验方法。近些年来，已测定了一些裂纹敏感性试验所用试件的拉伸拘束度 R 或拘束系数 K_1（拉伸拘束度 R 与拘束系数 K_1 的关系是：$R=K_1\delta$，式中 δ 为板厚）。例如测定了斜 Y 形坡口焊接裂纹试件、对接接头刚性拘束裂纹试件、里海拘束裂纹试件、VRC 裂纹试件、可变拘束角焊缝裂纹试件等的拉伸拘束度 R 或拘束系数 K_1。几种裂纹试件实测的拘束系数数据见表 2-2。与此同时，还测定了一些实际结构如船体、桥梁、球形容器等的拉伸拘束度 R 和拘束系数 K_1，见表 2-3。这无疑是向合理选择裂纹敏感性试验方法迈出的一大步。这样，可根据实际结构的拘束度，选择拘束度比其略大的试验方法就能得到比较可靠的结果，从而增加合理性，避免盲目性。

表 2-2 几种拘束裂纹试件的实测拘束系数

序号	试板形式	试板尺寸/mm×mm×mm	焊缝长度/mm	拘束系数/[N/(mm^2·mm)]
1	斜 Y 形坡口焊接裂纹试验	200×150×24	80	700
2	斜 Y 形坡口焊接裂纹试验（坡口两端带圆孔）	200×150×24	80	590
3	里海裂纹试验	300×200×24	75	x=40mm 时，340 x=50mm 时，540 x=70mm 时，600 x=80mm 时，660 x=90mm 时，680
4	里海裂纹试验	300×200×24	125	x=40mm 时，110 x=50mm 时，210 x=70mm 时，270 x=80mm 时，340 x=90mm 时，360
5	对接接头刚性拘束裂纹试验	底板 400×400×65，试板 250×250×24 底板 400×400×40，试板 250×250×24 底板 400×400×40，试板 250×250×12	250 250 250	690 390 670

注：x 为里海试板槽线末端到坡口的距离。

表 2-3　实际结构焊接接头拘束度的有关数据

接头位置	板厚/mm		拘束系数/[N/(mm²·mm)]	拘束度/[N/(mm·mm)]	备　注
船体结构	横隔板	16	1000	16072	断续定位焊
	纵隔板	13.5	911	12348	
	船侧外板	20	431	8624	$l=80$mm
	船底板	28	274	7644	
	上甲板	32	392	12544	
	下甲板	32	372	11956	
船体结构	甲板	30	284	8624	连续焊
	纵桁	30	176	5390	
	横桁	30	127	3724	
桥梁		50~75	157	8820	断续焊
箱形梁角缝		50~75	676	33732	
		50~75	666	33516	$l=100$mm
		50~75	392	19404	
球形容器	赤道带纵缝	32	392	12740	断续定位焊
	赤道带环缝	32	304	9800	$l=80$mm
	两极带环缝	32	794	25480	
	极板	32	647	20580	连续焊

2. 具有较好的再现性和试验精度

好的再现性是保证试验结果准确、可靠的前提条件，它一方面与试验条件稳定、无意外因素干扰有关，另一方面也与试验方法对所反映的问题的敏感程度有关，因此应选择敏感性比较强的试验方法。定量的试验方法与定性的或半定量的试验方法相比，前者的试验精度高，故在可能的情况下应尽量选择定量的试验方法。

3. 经济简便

在保证获得可靠结果的前提下，应尽量选择设备仪器相对简单、试件加工比较方便、操作比较容易、试验周期比较短的试验方法，因为这样的试验方法经济简便。

总之，在选择试验方法时应对上述几个方面作综合考虑。此外，由于每一种试验方法都有其针对性和局限性，往往需要同时选择几种方法互相配合、互相补充才能得到可靠的结果。

2.4　利用金属焊接性综合试验拟定焊接工艺的基本思路

2.4.1　焊接工艺的概念

在国家标准 GB/T 3375—1994《焊接术语》中，焊接工艺（Welding Procedure）的定义是：制造焊件所有关的加工方法和实施要求。其主要包括以下内容：

1）焊接准备，包括焊前清理焊件表面，检查装配间隙、坡口角度，以及审查焊工资格等。

2）选择焊接方法，即根据产品结构的特点和被焊材料的焊接性能选择适宜的焊接方法，如焊条电弧焊、埋弧焊、CO_2气体保护焊、钨极氩弧焊等。

3）选择焊接材料，即根据所确定的焊接方法和产品性能的要求选择适合的焊接材料，如焊条、焊剂、焊丝和保护气体等。

4）选择焊接参数，包括选择焊接电流、电弧电压、焊接速度、焊接热输入等。

5）确定焊接工艺措施，即确定是否采用焊前预热、焊后缓冷或后热、焊后热处理、焊后除氢处理等工艺措施，并确定各种工艺措施的工艺参数。

6）确定操作要求，例如，是否采用焊条摆动、层间如何清理等。

由以上可以看出，拟定焊接工艺是焊接产品制造过程中的一项非常重要的技术工作。

2.4.2　拟定焊接工艺的基本思路

拟定焊接工艺总的原则是：①能得到质量良好的焊接接头和产品，包括没有焊接缺欠，性能满足要求，变形小等；②生产效率高；③生产成本低。拟定焊接工艺的基本思路如下：

1. 选择焊接方法

选择焊接方法主要考虑以下三个方面：

（1）被焊材料　不同的被焊材料，其化学成分、力学性能、物理性能各不相同，因而对各种焊接方法的适应性也不同，因此，需要根据被焊材料的特点选择焊接方法。例如，低碳钢和低合金结构钢采用一般的电弧焊方法都可以焊接，而铝、镁等化学性质活泼的金属材料则不宜选用CO_2气体保护焊、埋弧焊等，而适于选用钨极氩弧焊、熔化极惰性气体保护焊等。铜、铝等导热系数较大的金属材料宜选择热输入强度大、具有较高焊透能力的焊接方法。

（2）产品结构的特点　不同的产品，其形状、厚度、焊缝的长度、焊缝的位置各不相同，因而适用的焊接方法也不相同。例如，当产品的焊缝很规则而且比较长时，宜采用自动化程度高的焊接方法（如埋弧焊），而打底焊和短焊缝适于用手工的焊接方法进行焊接。当钢板比较厚时，适于选用埋弧焊和电渣焊等热输入强度较大的方法焊接。如果焊件是多品种且小批量，由于机器人能实现柔性化生产，则很适宜采用焊接机器人。

（3）生产效率和生产成本　不同的焊接方法，其机械化、自动化程度和热效率不同，因而生产效率不同，因此应尽量选择机械化、自动化程度和热效率高的焊接方法进行焊接。但是从另一方面来看，机械化、自动化程度越高和热效率越高，其设备成本也越高。因此在选择焊接方法时，也需要根据工厂具备的条件，权衡其利弊进行选择。

2. 选择焊接材料

焊接新型金属材料时，需要通过理论分析和金属焊接性综合试验来选择焊接材料。首先根据理论分析预选焊接材料，然后通过金属焊接性综合试验进行考核。只有通过了试验，才能将其确定为施工时采用的焊接材料。

在预选焊接材料时，主要考虑以下五个方面：

（1）被焊材料的力学性能或化学成分　不同的材料考虑的侧重点不同。对于碳素结构钢和低合金高强度结构钢，主要考虑被焊材料的力学性能，应按照等强原则来选择焊接材料，即应使焊接材料熔敷金属的抗拉强度与被焊材料相等或略高；对于具有高温性能或耐蚀性能的合金结构钢，则要求焊缝金属的主要化学成分与被焊材料相同或相近。另外，如果被焊材料中碳、硫、磷等杂质含量较高，则应选用抗裂性好的焊接材料。

（2）产品的工作条件和使用性能　承受动载荷或冲击载荷的焊件，不仅应保证强度，还应保证塑性和韧性，因此应选用冶金性能好的焊接材料；接触腐蚀介质的焊件，应选择不锈钢焊条或其他具有耐蚀性的焊接材料；在高温下工作的焊件应选用耐热钢焊接材料；在低温下工作的焊件则应选用低温钢焊接材料。

（3）焊件的刚性大小，几何形状的复杂程度　刚性大或几何形状复杂的焊件，焊接时容易产生比较大的焊接应力，并导致产生裂纹，因此要求选用抗裂性好的焊接材料，例如低氢焊条、碱性焊剂等。

（4）焊接施工条件　在焊接容器内部通风条件差的情况下，尽量采用无毒或毒性小的焊接材料。当施工现场没有直流焊机而要求必须使用低氢型焊条时，应选用交、直流两用的低氢型焊条。

（5）劳动生产率和经济合理性　在酸性焊条和碱性焊条都可以满足要求的情况下，应尽量选用价格较低的酸性焊条。在酸性焊条中，又以钛型、钛钙型价高，根据我国矿藏资源情况，应大力推广钛铁矿型焊条。

3. 选择焊接参数

焊接参数能影响焊接接头各点经历的焊接热循环过程，例如能影响加热速度、高温停留时间、冷却速度等，因而对焊接接头的组织、性能和产生焊接缺欠的倾向产生很大影响。确定焊接参数的原则是既要保证焊接接头不产生裂纹等缺欠，也要保证焊接接头的使用性能满足要求。

对于尚未掌握其焊接性能的新型金属材料，通常都采用金属焊接性综合试验来确定焊接参数。以碳素结构钢和低合金高强度结构钢为例，试验的基本思路如下：

1）利用间接的焊接性试验方法，如碳当量法、冷裂纹敏感指数法、焊接连续冷却转变图法等初步分析材料的焊接性和拟定焊接参数（如焊接电流、电弧电压、焊接速度等），以及工艺措施的参数（如预热温度、后热温度等）。

2）利用直接的焊接性试验方法对初步拟定的焊接参数进行检验和调整。

从防止焊接接头产生冷裂纹出发，希望焊接热输入大一些，冷却速度慢一些；而从防止焊接接头产生粗晶脆化或减小软化出发，则希望焊接热输入小一些。因此，应通过金属焊接性综合试验确定合理的焊接热输入范围，具体方法如下：

① 利用工艺焊接性试验方法确定焊接热输入的下限。具体来讲，就是利用冷裂纹敏感性试验确定不产生冷裂纹的热输入的下限。

② 利用使用焊接性试验方法确定焊接热输入的上限。具体来讲，就是利用焊接接头夏比 V 型缺口冲击试验或焊接接头抗脆性断裂性能试验确定防止接头产生粗晶脆化的热输入的上限。

4. 焊接工艺措施的确定

当为防止产生冷裂纹测出的热输入下限高于为防止接头脆化测出的热输入上限时，应考虑采取预热、焊后缓冷、焊后后热或焊后热处理等工艺措施。

焊前预热、焊后后热、焊后缓冷等工艺措施对于降低冷却速度，从而防止冷裂纹具有重要作用，但对改善接头的韧性作用不大。因此，当决定采用这些措施时，应尽量采用较小的热输入，以保证焊接接头在防止产生冷裂纹的同时，能避免产生脆化现象和减小软化现象。

焊后热处理对于改善接头的组织、消除残余应力和加速焊缝中氢的扩散逸出都有重要作用，因此，当采用了焊前预热、焊后后热、焊后缓冷等工艺措施后仍不能防止焊接冷裂纹时，可采取焊后及时热处理的方法来消除裂纹。另外，当焊接接头性能不能满足要求时，也可以通过焊后热处理予以改善。但是，对于易回火脆化的钢和再热裂敏感的钢，需要注意热处理的温度应避开材料的回火脆性敏感温度和产生再热裂纹的敏感温度。

焊前预热温度、焊后后热温度和焊后热处理参数也都需要通过抗裂性试验、焊接接头力学性能试验等焊接性试验方法来确定。

如果焊接产品对焊接接头还有其他方面的特殊要求时，如耐蚀性、耐高温性、抗层状撕裂、抗再热裂纹等，在试验中还应增加相应的试验内容。通过综合各方面的性能要求，最后提出合理的焊接工艺。

2.5　常用的金属焊接性综合试验的基础试验方法

2.5.1　金属焊接性间接试验方法

1. 碳当量法

碳当量法是把钢中包括碳在内的各种化学成分对钢的淬硬、冷裂的影响折算成碳的影响来进行分析的方法。目前，碳当量的计算公式很多，应用比较多的有以下几个：

（1）国际焊接学会（IIW）推荐的碳当量 $CE_{(IIW)}$

$$CE_{(IIW)} = C + Mn/6 + (Cr + Mo + V)/5 + (Cu + Ni)/15(\%)^{\ominus} \tag{2-1}$$

式（2-1）主要用于中、高强度的非调质低合金高强度钢（$R_m = 500 \sim 900\text{MPa}$）。当 $CE_{(IIW)} \leqslant 0.45\%$ 时，焊接厚度小于25mm的板可以不预热；当 $CE_{(IIW)} < 0.41\%$，且 $w_C < 0.207\%$ 时，焊接厚度小于37mm的板可以不预热。

（2）日本工业标准（JIS）推荐的碳当量 $CE_{(JIS)}$

$$CE_{(JIS)} = C + Mn/6 + Si/24 + Ni/40 + Cr/5 + Mo/4 + V/14(\%) \tag{2-2}$$

式（2-2）适于低合金调质钢（$R_m = 500 \sim 1000\text{MPa}$）。其化学成分范围：$w_C \leqslant 0.2\%$、$w_{Si} \leqslant 0.55\%$、$w_{Mn} \leqslant 1.5\%$、$w_{Cu} \leqslant 0.5\%$、$w_{Ni} \leqslant 2.5\%$、$w_{Cr} \leqslant 1.25\%$、$w_{Mo} \leqslant 0.7\%$、$w_V \leqslant 0.1\%$、$w_B \leqslant 0.006\%$。当板厚 <25mm，焊条电弧焊热输入为17kJ/cm时，预热温度范围大致如下：

钢材 $R_m = 500\text{MPa}$，$CE_{(JIS)} \approx 0.46\%$ 时，可不预热。

钢材 $R_m = 600\text{MPa}$，$CE_{(JIS)} \approx 0.52\%$ 时，预热至75℃。

钢材 $R_m = 700\text{MPa}$，$CE_{(JIS)} \approx 0.52\%$ 时，预热至100℃。

钢材 $R_m = 800\text{MPa}$，$CE_{(JIS)} \approx 0.62\%$ 时，预热至150℃。

⊖ 公式中的元素符号为该元素的质量分数，后同。

(3) 美国焊接学会（AWS）推荐的碳当量 CE

$$CE = C + Mn/6 + Si/24 + Ni/15 + Cr/5 + Mo/4 + (Cu/13 + P/2)(\%) \quad (2-3)$$

式（2-3）可用于具有下列化学成分的碳钢和低合金高强度钢：$w_C \leq 0.6\%$、$w_{Mn} \leq 1.6\%$、$w_{Ni} \leq 3.3\%$、$w_{Cr} \leq 1.0\%$、$w_{Mo} \leq 0.6\%$、$w_{Cu} = 0.5\% \sim 1.0\%$、$w_P = 0.05\% \sim 0.15\%$。当 $w_{Cu} < 0.5\%$ 或 $w_P < 0.05\%$ 时，可不计入。试验结果经整理如图2-3所示，从表2-4中可以查出最佳的施焊条件。

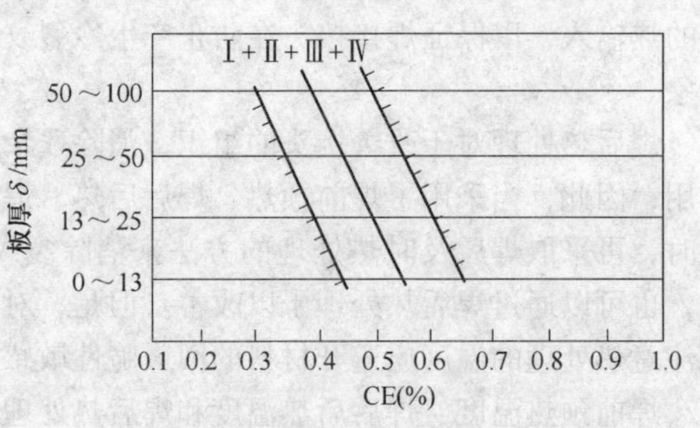

图2-3 施焊条件和碳当量

表2-4 施焊条件

焊接性分类	普通酸性焊条	低氢型焊条	消除应力	敲击处理
(Ⅰ) 优良	不需预热	不需预热	不需	不需
(Ⅱ) 较好	预热至40～100℃	-10℃以上不需预热	任意	任意
(Ⅲ) 尚好	预热至150℃	预热至40～100℃	希望	希望
(Ⅳ) 可以	预热至150～200℃	预热至100℃	必要	希望

2. 冷裂纹敏感指数法

冷裂纹敏感指数 P_C、P_W、P_H 是由化学成分冷裂敏感指数 P_{CM}、熔敷金属含氢量 [H] 和板厚 δ 或拘束度 R 共同确定的焊接性评定指标，其中

$$P_C = P_{CM} + [H]/60 + \delta/600 \quad (2-4)$$

$$P_W = P_{CM} + [H]/60 + R/400000 \quad (2-5)$$

$$P_H = P_{CM} + 0.075\lg[H] + R/400000 \quad (2-6)$$

式中 [H]——熔敷金属中扩散氢含量（mL/100g）（日本JIS甘油法，我国GB/T 3965—1995与其等效）；

P_{CM}——化学成分冷裂敏感指数，$P_{CM} = C + Si/30 + (Mn + Cu + Cr)/20 + Ni/60 + Mo/15 + V/10 + 5B$；

δ——被焊金属的板厚（mm）；

R——拘束度 [N/(mm·mm)]。

P_{CM} 的适用范围：w_C 为0.07%～0.22%、w_{Si} 为0%～0.60%、w_{Mn} 为0.40%～1.40%、w_{Cu} 为0%～0.5%、w_{Ni} 为0%～1.20%、w_{Cr} 为0%～1.2%、w_{Mo} 为0%～0.70%、w_V 为0%～0.12%、w_{Nb} 为0%～0.04%、w_{Ti} 为0%～0.05%、w_B 为0%～0.005%。

根据 P_C、P_W、P_H 建立的预热温度计算公式和应用条件见表2-5。

表2-5 预热温度计算公式和应用条件

冷裂敏感性判别公式	预热温度计算公式	公式的应用条件
$P_C = P_{CM} + [H]/60 + \delta/600$	$T_0 = 1440P_C - 392℃$	切槽式斜Y形坡口试件适用于 $w_C \leqslant 0.17\%$ 的低合金钢，[H] $=1 \sim 5mL/100g$，$\delta = 19 \sim 50mm$
$P_W = P_{CM} + [H]/60 + R/400000$	$T_0 = 1440P_W - 392℃$	
$P_W = P_{CM} + 0.075lg[H] + R/400000$	$T_0 = 1440P_H - 408℃$	斜Y形坡口试件适用范围同上，但 [H] $>5mL/100g$，$R = 500 \sim 33000N/mm \cdot mm$

3. 焊接连续冷却转变图法

焊接连续冷却转变图分为焊接热影响区连续冷却转变图和焊缝金属连续冷却转变图。它们分别反映了某种钢材的焊接热影响区（一般指熔合线附近），或某种化学成分的焊缝金属在焊接条件下，从高温连续冷却时，其组织的转变过程，以及室温组织和室温硬度（HV）与冷却速度的关系。这种关系对于分析在一定的焊接条件下热影响区或焊缝金属产生的组织和性能，以及合理地拟定焊接工艺有重要的指导意义和实用价值。图2-4所示为成分相当于Q345钢的模拟焊接热影响区连续冷却转变图和组织硬度图。图中给出了从 A_3 冷却到500℃开始出现贝氏体组织的临界冷却时间 t'_z；从 A_3 冷却到500℃开始出现铁素体组织的临界冷却时间 t'_f；从 A_3 冷却到500℃开始出现珠光体组织的临界冷却时间 t'_p 以及从 A_3 冷却到500℃仅得到铁素体和珠光体组织的临界冷却时间 t'_e。根据这些临界值，将其与焊件从800℃冷却到500℃的实际的冷却时间 $t_{8/5}$ 相比较，就可以判断在热影响区熔合线附近得到的组织和室温硬度范围。以图2-4为例：

当 $t_{8/5} < t'_z$ 时，可完全得到马氏体组织，其硬度大于440HV。

当 $t'_z < t_{8/5} < t'_f$ 时，可得到马氏体加贝氏体组织，其硬度在375~440HV之间。

当 $t'_f < t_{8/5} < t'_p$ 时，可得到马氏体加贝氏体加铁素体组织，其硬度在235~375HV之间。

当 $t'_p < t_{8/5} < t'_e$ 时，可得到马氏体加贝氏体加铁素体加珠光体组织，其硬度在185~235HV之间。

当 $t_{8/5} < t'_e$ 时，仅得到铁素体和珠光体组织，其硬度小于185HV。

另外，t'_f 也是评定钢的冷裂倾向的重要判据。当实际冷却时间 $t_{8/5}$ 小于 t'_f 时，就有产生冷裂纹的危险，因此，通过实际测定焊件熔合线附近的 $t_{8/5}$，或利用有关经验公式计算出 $t_{8/5}$，与其相比较，就可以判断焊件热影响区是否有产生冷裂纹的危险。如果有产生冷裂纹的危险，应该采取焊前预热或焊后缓冷等工艺措施增大 $t_{8/5}$，并使其大于 t'_f。关于这方面问题可以参考《焊接连续冷却转变图及其应用》（机械工业出版社）一书。

4. 焊接热、应力模拟试验法

焊接热、应力模拟试验是采用灵敏而又精确的控制系统和可靠的冷却系统，以及机械加载系统，对具有一定尺寸的小型试样，施加与实际焊接热影响区内某一点相一致的热、应力应变循环，从而使该试样的组织和性能与所研究点相一致的试验方法。利用这种方法既可以间接地研究金属使用焊接性问题（如HAZ的力学性能、焊接接头的脆化、高温强度问题等），也可以间接地研究金属工艺焊接性问题（如冷裂、热裂、再热裂问题等），同时也可用于测定各种钢材的焊接连续冷却转变图。

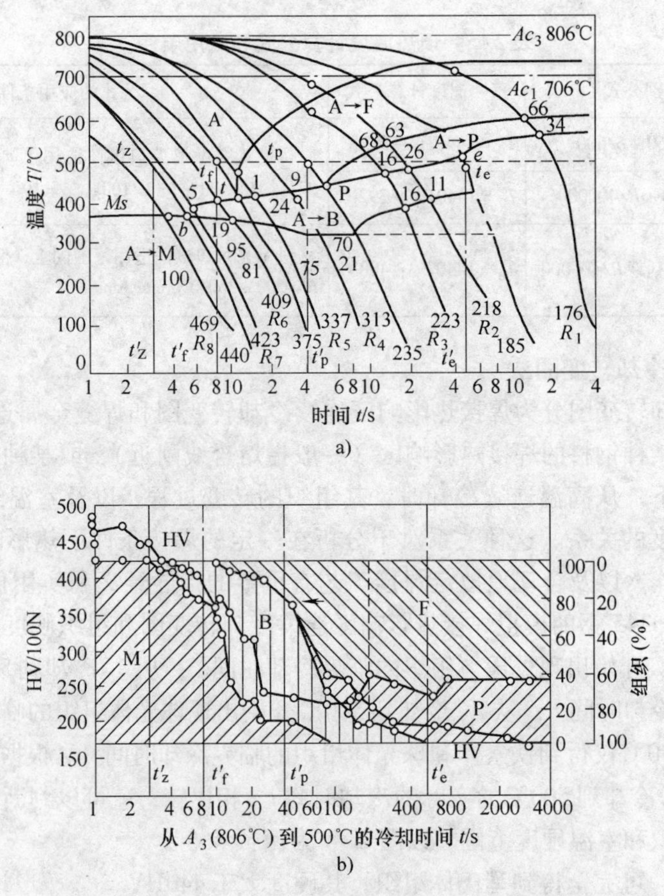

图 2-4　成分相当于 Q345 钢的焊接连续冷却转变图和组织硬度图（T_m = 1350℃）

a）焊接连续冷却转变图　b）组织硬度图

（1）研究焊接热影响区的力学性能　焊接时，焊接热影响区各个部位经历了不同的热循环，沿接头断面各点的最高温度，包括了从稍高于常温一直到半熔化的全部温度，因此，各个部位的组织不同，且强度值和塑性值也有区别。由于 HAZ 很窄，无法从各个部位制取拉伸试样。测定 HAZ 内各个部位的强度值和塑性值一度是难以做到的事，但自从有了焊接热模拟试验法以后，只要利用焊接热循环测试仪测出所要研究点的热循环曲线，将其输入到焊接热模拟试验机内，对具有相同材质且尺寸足够大的试样进行同样的加热和冷却，然后从该试样中加工出拉伸试件，就可以测得所要研究点的力学性能数据。

（2）研究焊接热影响区的粗晶脆化　此试验方法与测定 HAZ 力学性能相似，也是首先测出实际接头粗晶区的焊接热循环曲线，将其输入焊接热模拟试验机内，对 10mm × 10mm 截面的试样进行相同的加热和冷却，然后将试样制成 V 型缺口冲击试样进行冲击试验，以测定冲击韧度，或者制成 COD 试样进行断裂韧度试验，这样，就能研究组织、性能与焊接条件之间的关系。

（3）研究焊接亚临界热影响区的热应变脆化　焊接热应变脆化是由于金属在焊接加热之前，或在焊接过程中产生了一定的塑性应变而引起金属焊后韧性下降的现象，通常认为与位错增殖和金属内间隙原子碳、氮等在位错处形成“柯氏气团”，产生“钉扎”作用有关。由于焊接热、应力模拟试验机既可以模拟焊接热过程，又可以模拟应力应变过程，因此可以用于对焊接亚临界热影响区的热应变脆化进行研究。其方法是：采用圆形或方形试样，先将其加热到通常产生热应变脆化的温度（如200~600℃），然后在此温度下使其产生一定的塑性应变值（1%~5%）。冷却后，制成V型缺口冲击试样或COD试样进行冲击韧度试验或断裂韧度试验，即可研究钢材的焊接热应变脆化倾向。

2.5.2 工艺焊接性直接试验方法

在各种焊接缺欠中，焊接裂纹是危害最严重而又比较普遍的缺欠，因此，在工艺焊接性试验中以测定各种裂纹的敏感性为主。

1. 焊接冷裂纹敏感性试验方法

常用的焊接冷裂纹试验方法见表2-6，下面重点介绍斜Y形坡口焊接裂纹试验方法、搭接接头（CTS）焊接裂纹试验方法和插销冷裂纹试验方法。

表2-6 常用的焊接冷裂纹试验方法

编号	试验方法名称	适用材料	焊接方法	焊接层数	裂纹部位	拘束形式	特点
1	斜Y形坡口裂纹试验	低合金高强度钢	M[1]，CO_2焊	单	焊缝HAZ	拉伸自拘束	用于评定高强度钢第一层焊缝及HAZ的裂纹倾向，试验方法简便，是国际上采用较多的抗裂性试验方法之一，也称“小铁研”试验
2	对接接头刚性拘束裂纹试验		M，SAW[2]，CO_2焊	单，多	焊缝HAZ		此法拘束度很大，容易产生裂纹，往往在试验中产生裂纹而在实际生产中并不出现裂纹，多用于厚大焊接件
3	窗形拘束裂纹试验		M，CO_2焊	单，多	焊缝	自拘束	主要用于考察多层焊时焊缝的横向裂纹敏感性
4	CTS裂纹试验		M	单	HAZ		主要用于测定碳钢和低合金钢HAZ裂纹敏感性
5	沟槽拘束对接裂纹试验		M	单，多	焊缝HAZ		类似于“小铁研”试验，试板不易加工，用于评定单层或多层焊焊缝及HAZ的冷裂倾向
6	插销试验		M，CO_2焊 SAW	单	HAZ	可变拘束	需专用设备，可定量评定高强度钢HAZ冷裂倾向，简便，节省材料
7	刚性拘束裂纹试验（RRC试验）		M，CO_2焊	单	焊缝HAZ		需专用设备，可定量评定拘束应力、热输入、扩散氢含量、预热温度等对冷裂倾向的影响
8	拉伸拘束裂纹试验（TRC试验）		M，CO_2焊	单	焊缝HAZ		需专用设备，可定量分析产生冷裂的各种因素，如成分、含氢量、拘束应力等的影响

① M为焊条电弧焊。

② SAW为埋弧焊。

(1) 斜Y形坡口焊接裂纹试验方法　这是一种在工程中应用很广泛的试验方法，通常称为“小铁研裂纹试验”。它适合于研究碳素钢和低合金钢焊接热影响区的冷裂敏感性，以及焊条和母材组合的冷裂倾向，也可作为拟定焊接工艺的方法。

对被试验钢材按照图2-5所示制备试件。坡口采用机械切削加工，试件厚度不作限制，一般常用厚度为9~38mm。

先焊接拘束焊缝，一般采用直径为4mm或5mm的低氢型焊条，首先从背面焊第一层，然后再焊正面，通过交替焊接填满坡口。注意不要产生角变形和未焊透。

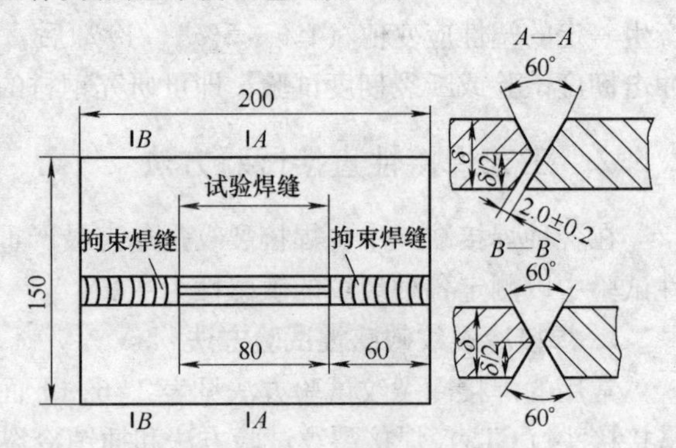

图2-5　试件的形状和尺寸

在焊接试验焊缝时，如果采用手工方法，按图2-6所示的方法焊接；如果采用焊条自动送进装置，则按图2-7所示的方法焊接。均只焊接一道焊缝。

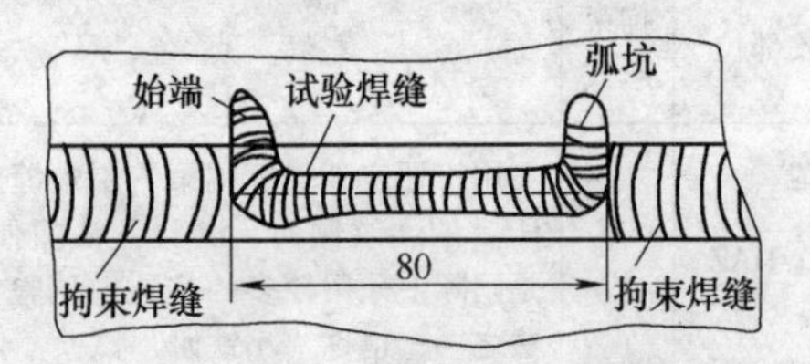

图2-6　采用手工方法焊接时试验焊缝的位置

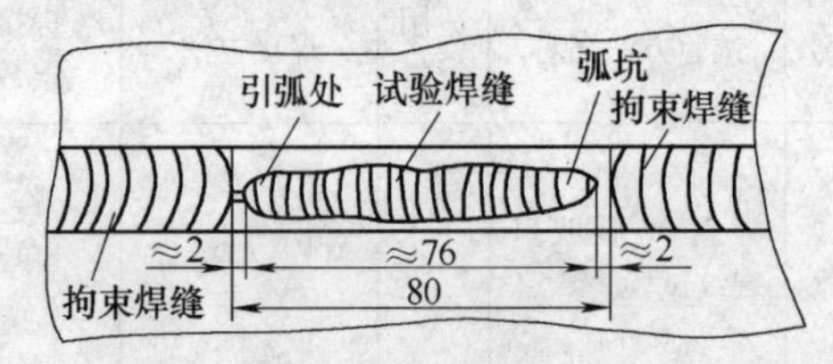

图2-7　采用焊条自动送进装置时试验焊缝的位置

如果该方法用于比较不同钢种的冷裂倾向，推荐采用下列焊接参数：焊条直径4mm，焊接电流（170±10）A，焊接电压（24±2）V，焊接速度（150±10）mm/min。

如果取不同的焊接参数、预热温度或后热温度进行试验，可用于确定焊接工艺，由于该试验试件的拘束系数为700N/(mm^2·mm)，比一般结构（如船体、桥梁、球形容器等）焊接接头的要大，通常认为在这种试验中如果表面裂纹率不超过20%，在实际生产中不会产生裂纹。

裂纹的检测与计算方法如下：

焊后试件经48h冷却以后，对试件进行检查和解剖。用肉眼或放大镜检查焊接接头表面和断面是否有裂纹，并按下列办法计算出表面裂纹率、焊根裂纹率和断面裂纹率。

1）表面裂纹率。按下式计算表面裂纹率为

$$C_f = \frac{\sum L_f}{L} \times 100\% \tag{2-7}$$

式中　C_f——表面裂纹率（%）；

$\sum L_f$——表面裂纹长度之和（mm），如图2-8a所示；

L——试验焊缝长度（mm）。

2）焊根裂纹率。先将试件着色后拉断或弯断，然后按图2-8b检测焊根裂纹长度，按下式计算焊根裂纹率。

$$C_r = \frac{\sum L_r}{L} \times 100\% \tag{2-8}$$

式中　C_r——焊根裂纹率（%）；

$\sum L_r$——焊根裂纹长度之和（mm）；

L——试验焊缝长度（mm）。

3）断面裂纹率。在试验焊缝上，按焊缝宽度开始均匀处与焊缝弧坑中心之间的距离四等分切取试样，检查五个断面的裂纹深度（图2-8c），用下式对这五个横断面分别计算出其断面裂纹率，然后求出其平均值。

$$C_s = \frac{H_c}{H} \times 100\% \tag{2-9}$$

式中　C_s——断面裂纹率（%）；

H_c——断面裂纹的高度（mm）；

H——试样焊缝的最小厚度（mm）。

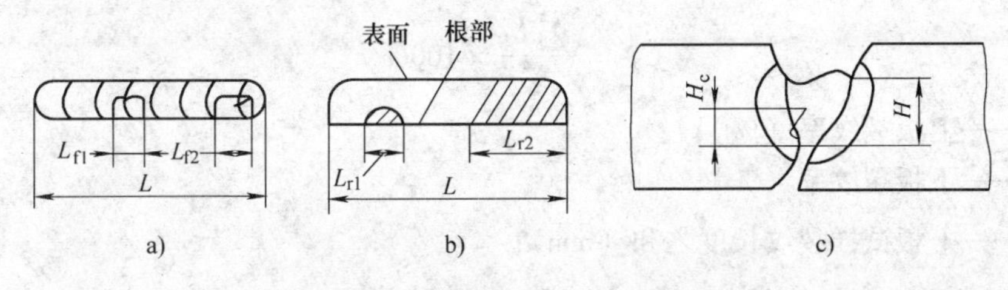

图2-8　试样裂纹长度的计算

a）表面裂纹　b）焊根裂纹　c）断面裂纹

（2）搭接接头（CTS）焊接裂纹试验方法　该试验也称为可控热拘束裂纹试验（Method of Controlled Thermal Severity Cracking test），简称CTS试验，在欧洲广泛使用。该试验适用于评定碳素钢和低合金钢搭接接头的焊接冷裂敏感性。国际焊接学会第Ⅸ委员会认为，这种方法也可以有效地应用于钢材与焊条配合和焊接施工方法的比较试验。

该试验是通过板厚和几条能有效散走焊接热量的通道，以控制试件的冷却速度来测定钢的冷裂敏感性。

对被试钢材按图2-9所示制备试件。上板试验焊缝的两个端面必须采用机械切削加工。当采用气割下料时，为避免试验焊缝区受到影响，至少要预留大于10mm的机械切削加工余量，其他端面可采用气割下料。

试板厚度不作规定，常用的板厚为6～50mm，视结构的情况而定，上板和下板厚度可以不等。

试板用螺栓固定以后，先用试验焊条焊接两侧的拘束焊缝，每侧两道，待试件空冷至室温以后，将试件放在隔热的平台上焊接试验焊缝。用试验焊条按图2-9所示先焊试验焊缝1，待试件完全空冷至室温以后更换焊条再焊试验焊缝2。

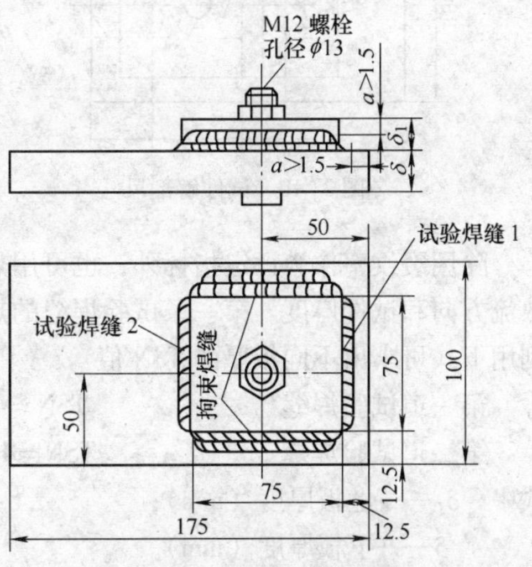

图2-9　试件形状和尺寸

δ_1—上板厚度　δ—下板厚度

如果用于比较不同钢种的冷裂倾向，推荐采用下列焊接参数：焊条直径4mm，焊接电流（170±10）A，焊接电压（24±2）V，焊接速度（150±10）mm/min。

这种试验方法也可以选取不同的焊接参数、预热温度进行试验，用于拟定产品施焊时的焊接工艺。

裂纹的检测与计算方法如下：

试验焊缝焊完后，经48h后按图2-10所示的位置，采取机械切削加工的方法把两道试验焊缝各切开三处，共计6块试样。

对试样的各检测面进行研磨腐蚀处理之后，放大10~100倍检测有无裂纹和测量裂纹长度，如图2-11所示，对测得的裂纹长度应用下式分别计算出上板和下板的裂纹率为

$$C_1 = \frac{\sum L_1}{S_1} \times 100\% \tag{2-10}$$

$$C_2 = \frac{\sum L_2}{S_2} \times 100\% \tag{2-11}$$

式中 C_1——上板裂纹率（%）；

C_2——下板裂纹率（%）；

$\sum L_1$——上板试样裂纹长度之和（mm）；

$\sum L_2$——下板试样裂纹长度之和（mm）；

S_1——上板试验焊缝的焊脚高度（mm）；

S_2——下板试验焊缝的焊脚高度（mm）。

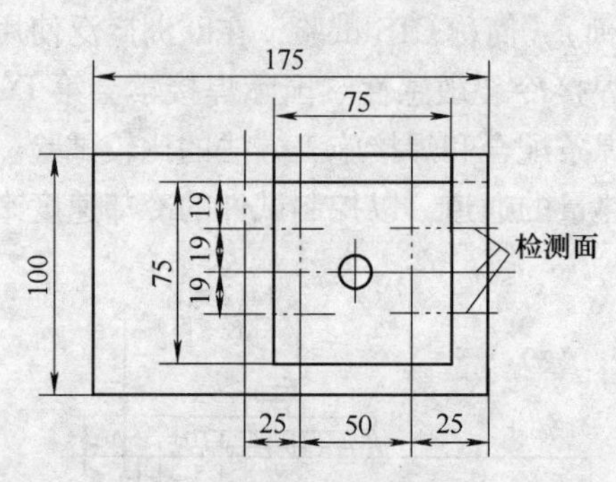

图2-10 试件解剖尺寸

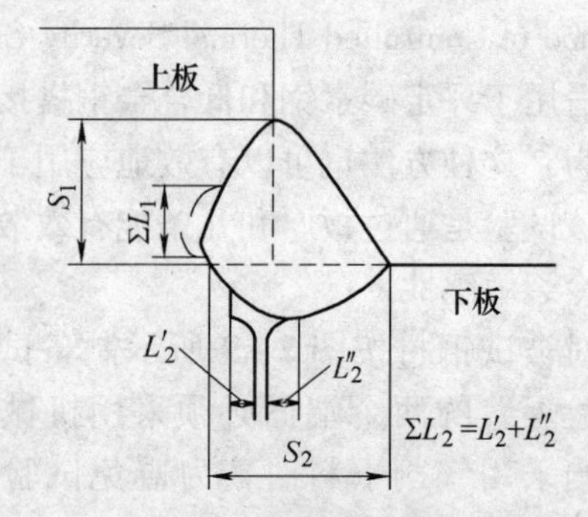

图2-11 试样裂纹长度的计算

除用裂纹率作为评定指标外，也可用热拘束指数（TSN）作为评定指标。TSN取决于热流方向和试件厚度。第一条试验焊缝的热流方向为2，第二条试验焊缝的热流方向为3。利用下式可求出不同板厚的TSN值：

第一道试验焊缝 $\mathrm{TSN}=4(\delta+\delta_1)/25$ （2-12）

第二道试验焊缝 $\mathrm{TSN}=4(2\delta+\delta_1)/25$ （2-13）

式中 δ_1——上板厚度（mm）；

δ——下板厚度（mm）。

TSN值越大，意味着传热越快，冷却速度越大。TSN值大而试件没有裂纹，说明该钢材的焊接性好。

（3）插销冷裂纹试验方法　该方法是1969年由法国学者H. Granjon提出来的。1973年国际焊接学会将其推荐为评定钢材焊接冷裂敏感性的试验方法。

该方法是一种定量的试验方法，主要用于测定钢材的焊接冷裂敏感性。在焊接方法、钢材和应力给定的条件下，也适用于对比焊接材料的抗冷裂性。

试样形状和尺寸如图2-12所示。其中，图2-12a是环形缺口插销，图2-12b是螺形缺口插销。插销的各部位尺寸见表2-7。试样从被试钢材或产品（轧制件、锻件、铸件、焊缝、焊接构件）中制取，并注明插销的取向或相对厚度方向的位置。缺口与插销端面的距离 a 值与焊接热输入 E 有关，应根据焊接热输入 E 的变化作调整（表2-8），以保证焊接时缺口位于HAZ的粗晶区中。

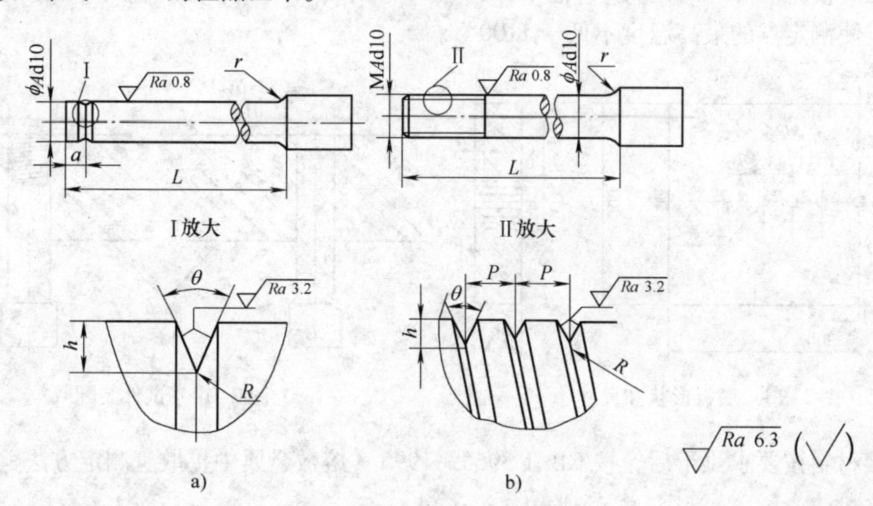

图2-12　插销试样的形状和尺寸

a）环形缺口插销　b）螺形缺口插销

表2-7　插销试样的尺寸

缺口类别	A/mm	h/mm	θ	R/mm	P/mm	L/mm
环形	8	0.5±0.05	40°±2°	0.1±0.02	—	大于底板的厚度，一般约为30~150
螺形					1	
环形	6	0.5±0.05	40°±2°	0.1±0.02	—	大于底板的厚度，一般约为30~150
螺形					1	

表2-8　缺口位置 a 与热输入 E 的关系

E/kJ·cm^{-1}	a/mm	E/kJ·cm^{-1}	a/mm
9	1.35	15	2.0
10	1.45	16	2.1
13	1.85	20	2.4

底板材料应与被试材料相同或两者的物理参数基本一致。底板厚度为20mm，尺寸为200mm×300mm。底板钻孔数小于或等于4，位置处于底板纵向中心线上，孔的间距为33mm，如图2-13所示。

如果热输入大于20kJ/cm或有特殊需要时，经协商同意可以增加底板的宽度、长度或厚度。当用于拟定实际焊接工艺时，一般采用实际板厚。

插销冷裂纹试验程序如下：

将插销试样与底板按图2-14进行装配，插销在底板孔中的配合尺寸为ϕA（H10/d10），试件带缺口的一侧端面与底板上表面平齐。将热电偶焊在插销孔两侧的不通孔中，以便测定焊接时的冷却时间$t_{8/5}$和记录500~100℃的冷却时间，或T_{max}~100℃的冷却时间，还应使测定点的最高温度不低于1100℃。

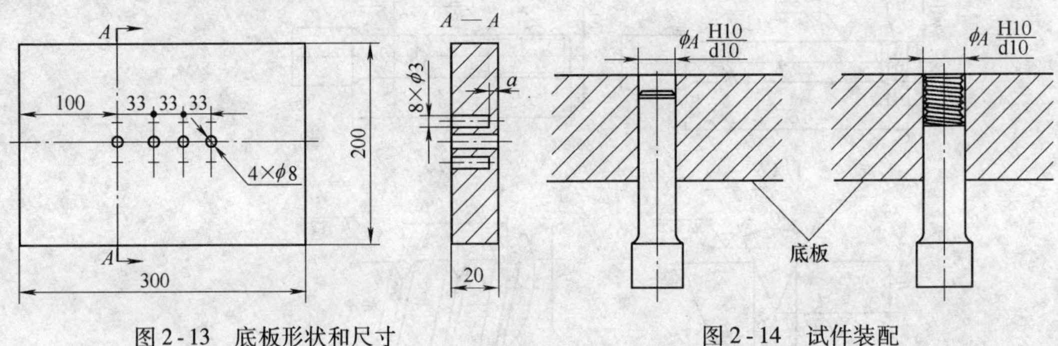

图2-13　底板形状和尺寸　　图2-14　试件装配

焊接材料按要求烘干后，按GB/T 3965—1995《熔敷金属中扩散氢测定方法》测定其扩散氢含量。

按试验要求对试件进行预热（或后热）。不预热时，试件的初始温度为室温。

准备工作做好后，按试验所选用的焊接方法、焊接参数，在底板上垂直于底板纵向，并通过插销顶部的中心堆焊一道长100~150mm的焊缝。同组试验中焊道长度应相等。

当试件冷却到比初始温度高出50~70℃，但不低于100℃时，给插销逐渐地施加所需的拉伸静载荷，并应在1min内，且在冷却到100℃以前加载完毕。如果有后热，应在后热之前加载。

目前，国内最常用的是机械加载，插销试验机示意图如图2-15所示。

在无预热、后热时，需要保持载荷16h；在有预热或预热加后热时，需要保持载荷24h。在此过程中观察和记录插销是否拉断以及从加载到断裂的时间。当达到上述时间仍不断裂时即可卸载。可采用下列方法之一检测缺口根部是否存在裂纹：

1）沿插销焊道纵向截面进行金相检查，放大400~600倍，逐次检查几个切面。

2）用氧化的方法将试件加热至300~450℃，保温1h，冷却后给插销施加纵向载

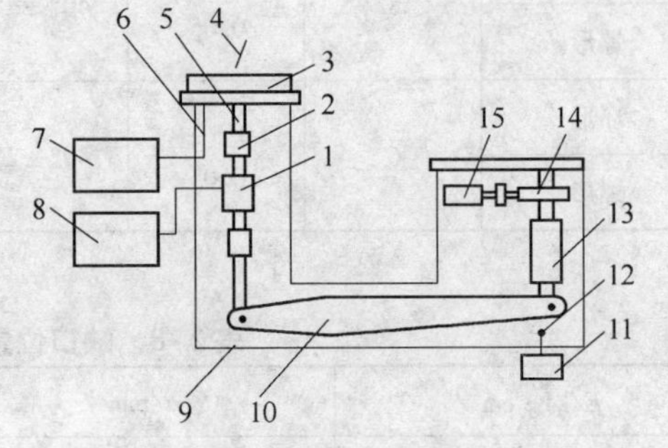

图2-15　插销试验机示意图

1—传感器　2—连接套　3—底板　4—焊条　5—插销　6—热电偶　7—X-Y函数记录仪　8—静态电阻应变仪　9—底座　10—杠杆　11—电钟　12—行程开关　13—缓冲器　14—蜗杆副　15—电动机

荷，使插销与底板分离，检查断口的表面。

一般情况是施加的拉伸应力越大，断裂或开裂的时间越短；减小拉伸应力，断裂或开裂的时间延长。当应力降到某一数值时，插销既不断裂也不开裂，这一应力值称为临界应力σ_{cr}。用σ_{cr}可以对钢材的冷裂敏感性进行评价：σ_{cr}越小，钢材冷裂敏感性越大。

2. 焊接热裂纹敏感性试验方法

常用的焊接热裂纹试验方法见表2-9，下面重点介绍T形接头焊接裂纹试验方法和压板对接（FISCO）焊接裂纹试验方法。

表2-9　常用的焊接热裂纹试验方法

编号	试验方法名称	用　途	焊接方法	拘束形式
1	T形接头焊接裂纹试验	评定碳素钢、低合金钢填角焊缝的热裂纹倾向	M	自拘束
2	压板对接（FISCO）焊接裂纹试验	评定奥氏体不锈钢、低合金钢的热裂纹敏感性	M	固定拘束
3	横向可变拘束裂纹试验	测定低合金钢的热裂纹敏感性	M，CO_2焊	可变拘束
4	可变刚性裂纹试验	测定低合金钢对接焊缝产生裂纹的倾向性	M，CO_2焊	可变拘束
5	鱼骨状裂纹试验	测定厚1~3mm的铝合金、镁合金、钛合金薄板焊缝及HAZ的裂纹倾向	TIG	可变拘束
6	十字搭接裂纹试验	测定厚度1~3mm的结构钢、不锈钢、高温合金以及铝、镁、钛合金薄板的裂纹倾向	M，TIG	自拘束
7	指状裂纹试验	测定耐热钢、高合金钢焊缝金属的横向裂纹敏感性	M	可变拘束
8	铸环试验	测定铝合金焊缝结晶时的热裂纹倾向	熔铸	自拘束

(1) T形接头焊接裂纹试验方法　T形接头焊接裂纹试验主要用于检测碳素钢的T形接头角焊缝的热裂倾向，也可用于鉴定低碳钢焊条的热裂倾向。如果相应地变换试件的材料，也可用于鉴定合金钢焊条的热裂倾向。

试件的形状和尺寸如图2-16所示。试件材料原则上采用普通碳素结构钢Q235或Q235F。

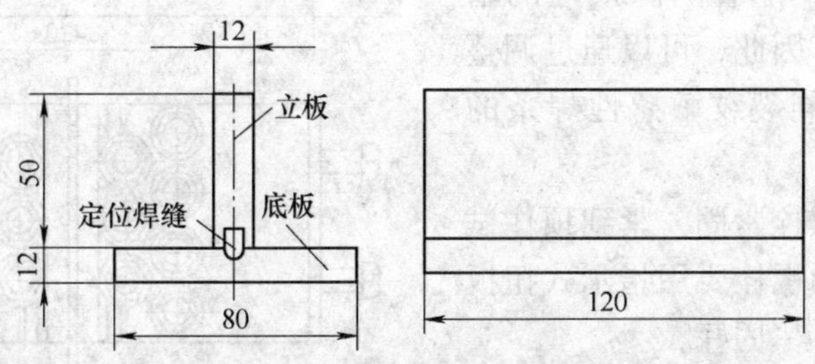

图2-16　试件形状和尺寸

为了使底板和立板贴紧，如采用气割的立板时，与底板相连接的一面要求进行机械加工。

试验用焊条的直径为4mm，拘束焊缝 S_1 和试验焊缝 S_2 均采用船形位置（图2-17）进行焊接。

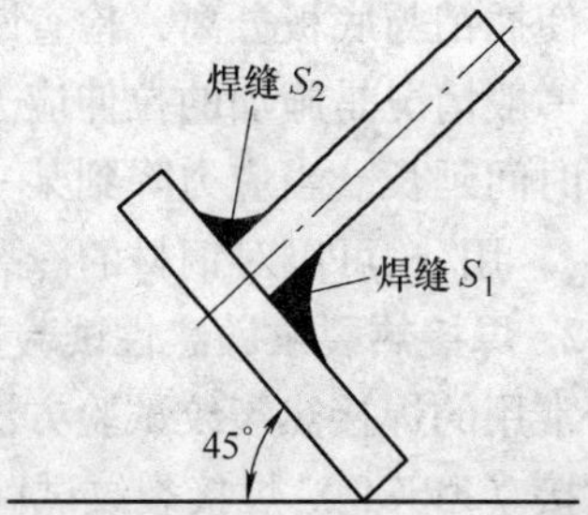

T形接头组对时，将试件的立板和底板贴紧，两端用定位焊固定。在焊完一道拘束焊缝 S_1 后，立即焊一道试验焊缝 S_2，两焊道的间隔时间应不大于20s，其焊接方向相反。试验焊缝 S_2 的平均计算厚度应比拘束焊缝 S_1 小约20%。

图2-17 试验焊缝的焊接位置

待试件冷却后，对试验焊缝 S_2 采用肉眼或其他适当的方法（如磁粉检测、渗透检测）检查有无裂纹，并测量裂纹的长度和按下式计算裂纹率：

$$C = \frac{\sum L}{120} \times 100\% \tag{2-14}$$

式中 C——裂纹率（%）；

$\sum L$——裂纹长度之和（mm）。

（2）压板对接（FISCO）焊接裂纹试验方法

该试验是由瑞士学者 H. M. Schnadt 提出的，适用于低碳钢焊条、低合金钢焊条和不锈钢焊条焊缝的热裂纹敏感性试验。

试件的形状和尺寸如图2-18所示。试件为I形坡口，采用机械切削加工。试件对接坡口附近表面要进行打磨或机械切削加工。

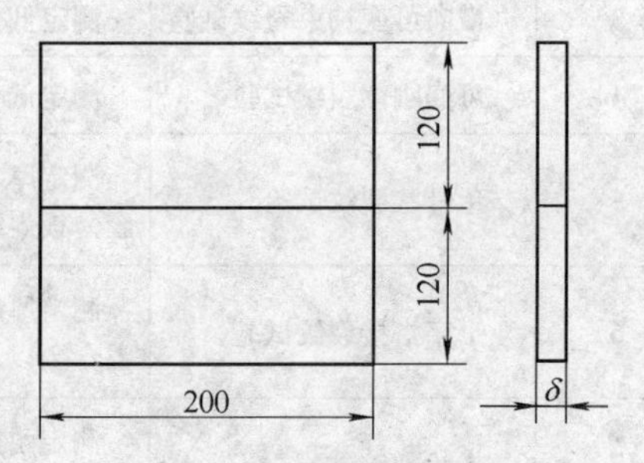

图2-18 试件的形状和尺寸

FISCO试验装置如图2-19所示。这种试验装置是由C形拘束框架、齿形底座以及紧固螺栓等组成的。

将试件2安装在C形拘束框架1内，在试件坡口两端按试验要求装入相应尺寸的塞片，以保证坡口间隙。坡口的间隙可在0~6mm内变化。坡口间隙的大小对产生裂纹的影响很大，随着间隙尺寸的增加，裂纹率也增大。因此，可以通过调整间隙尺寸以适应不同裂纹敏感性焊条的试验。

将水平方向的螺栓紧固，紧到顶住试件即可。垂直方向的螺栓要用指示式扭扳手以120N·m的转矩紧固好。

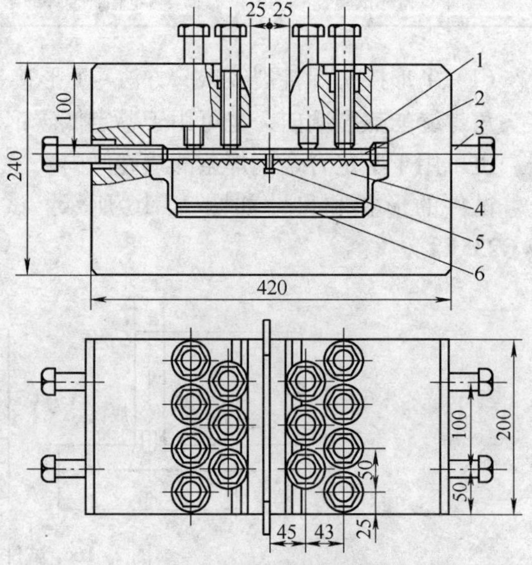

图2-19 FISCO试验装置

1—C形拘束框架 2—试件 3—紧固螺栓 4—齿形底座 5—定位塞片 6—调节板

试件固定好以后，按图2-20所示的从左至右按顺序焊接4条长约40mm的试验焊缝，其间距约10mm。焊接弧坑原则上不填满。

焊接结束后约10min将试件从装置中取出。待试件冷却后，将试件焊缝沿轴向弯断，观察断面有无裂纹，并按图2-21所示的方法测量4条焊缝上的裂纹长度，可按下式计算裂纹率：

$$C = \frac{\sum l_i}{\sum L_i} \times 100\% \quad (2\text{-}15)$$

式中　C——裂纹率（%）；

$\sum l_i$——4条试验焊缝上的裂纹长度之和（mm）；

$\sum L_i$——4条试验焊缝的长度之和（mm）。

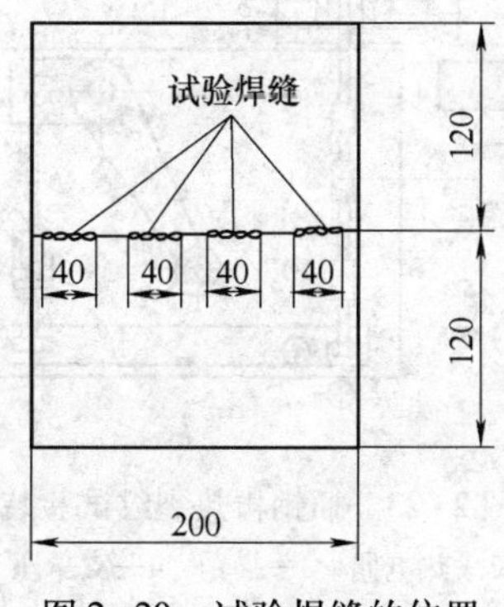

图2-20　试验焊缝的位置

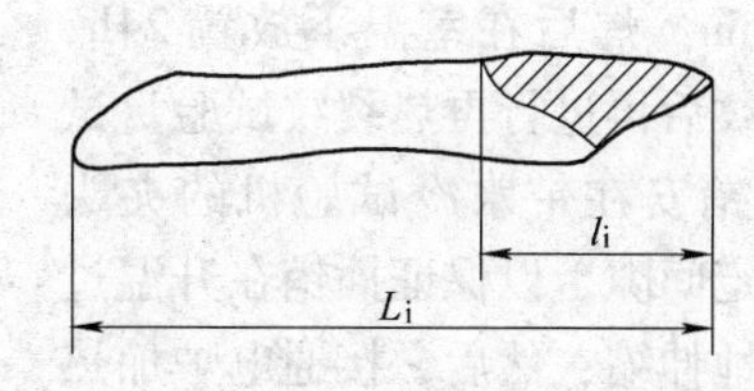

图2-21　裂纹长度的计算

3. 再热裂纹敏感性试验方法

常用的再热裂纹试验方法见表2-10，下面重点介绍斜Y形坡口再热裂纹试验方法和插销再热裂纹试验方法。

表2-10　常用的再热裂纹试验方法

编号	试验方法名称	裂纹部位	拘束形式	焊接方法	适用材料
1	斜Y形坡口再热裂纹试验	HAZ	拉伸自拘束	M，CO_2焊	含沉淀强化元素的高强度钢、珠光体耐热钢、奥氏体钢、镍基合金等
2	改进的里海（Lehigh）拘束试验	HAZ	自拘束	M，CO_2焊	
3	H形拘束试验	HAZ	自拘束	M焊	
4	插销再热裂纹试验	HAZ	可变拘束	M焊	

（1）斜Y形坡口再热裂纹试验方法　试件尺寸、焊接参数与冷裂纹敏感性测定方法中的斜Y形坡口焊接裂纹试验相同（图2-5）。

检测再热裂纹与检测冷裂纹相比，有如下两点不同：

1）一定要施加足够的预热温度，以保证焊成的试验焊缝没有冷裂纹。这就需要预选好预热温度，即进行一系列斜Y形坡口冷裂纹试验，以找到不产生冷裂纹的最低预热温度，然后用比它略高的预热温度进行再热裂纹试验。

2）试验焊缝焊成以后，进行整体消除应力热处理。冷却后，将试验焊缝切制成6个试片检查裂纹。一般以裂与不裂为试验结果。

（2）插销再热裂纹试验方法　插销再热裂纹试验是用外加载荷的方法，使焊接热影响区粗晶部位在500～700℃加热的应力松弛过程中开裂，从而评定钢材再热裂纹倾向的方法。

插销试件尺寸及端部需开的缺口与冷裂纹试验相同（图2-12a）。但底板形状由长方形改为圆形（图2-22），以便于放在圆形电炉内再次加热。插销再热裂纹试验装置如图2-23所示。

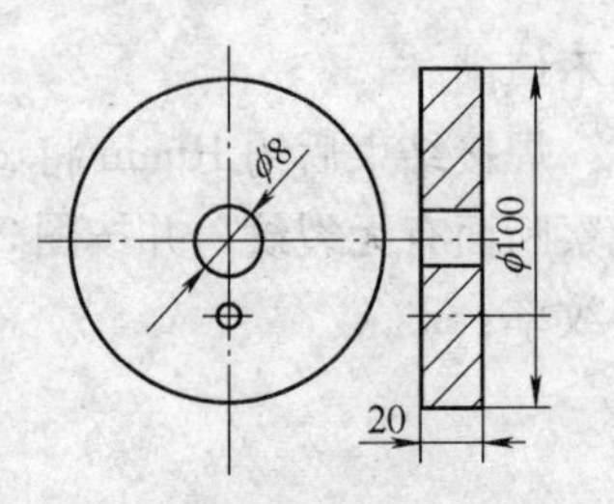

图2-22　插销试验底板形状和尺寸

试验时，将插销装配在底板上，使其处于自由状态，并采用保证焊接时插销缺口部位不产生冷裂纹的工艺焊接。通常采用下列焊接参数：使用直径为4mm的碱性焊条，焊前在400℃下烘干2h，焊接电流为160A，焊接电压为22V，焊接速度为150mm/min。焊后在室温下放置24h，经检查无裂纹后再进行再热裂纹试验。试验时先将插销安在带水冷试验机的夹头中，并留一定间隙，以保证插销在升温过程中能自由地伸缩；然后，接通电炉加热至消除应力热处理的温度，保温15min，使温度均匀；接着，对其施加初始应力并保持恒载。初始应力可按下式计算

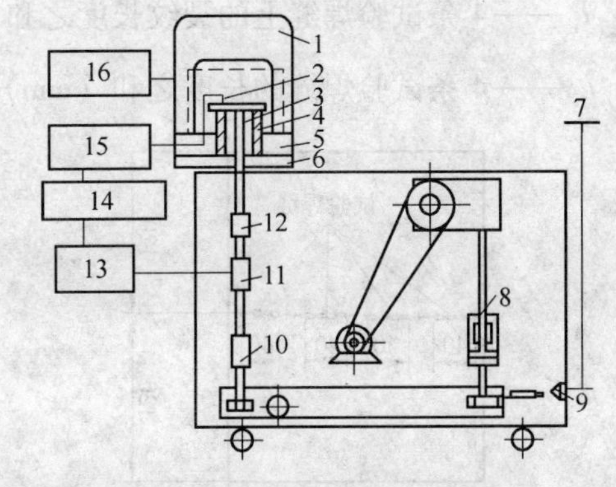

图2-23　插销再热裂纹试验装置

1—电炉　2—热电偶　3—插销　4—支承座　5—隔热板　6—水冷底板　7—电动时钟　8—缓冲器　9—时钟开关　10—调节螺母　11—传感器　12—水冷夹头　13—应变仪　14—X-Y记录仪　15—温度自动控制仪　16—自耦变压器

$$\sigma_0 = 0.8 R_{eL} E_T / E_{RT} \tag{2-16}$$

式中　σ_0——温度为T时所加的初始应力（MPa）；

R_{eL}——室温时母材的屈服强度（MPa）；

E_T——温度为T时的弹性模量（MPa）；

E_{RT}——室温时的弹性模量（MPa）。

在高温保持过程中由于蠕变的发展，施加在插销上的初始应力将逐渐下降，最后会发生断裂。根据国际上普遍的意见，如果在消除应力热处理温度范围内不断裂的时间超过120min，就认为该钢种没有再热裂纹倾向。

4. 层状撕裂敏感性试验方法

常用的层状撕裂试验方法见表2-11，下面重点介绍Z向拉伸试验方法和Z向窗口试验方法。

表2-11　常用的层状撕裂试验方法

编号	试验方法名称	裂纹部位	焊接方法	拘束形式	适用材料
1	Z向拉伸试验	HAZ	M，摩擦焊	自拘束	低合金结构钢（厚大件）
2	Z向窗口试验	HAZ	M	拉伸自拘束	
3	Cranfield试验	HAZ	M	自拘束	

（1）Z向拉伸试验方法　Z向拉伸试验比较简便，是目前应用比较多的一种试验方法。由于钢材的层状撕裂倾向与其Z向的塑性关系很大，因此可以利用Z向拉伸试样的断面收缩率 Z_Z 值作为评定钢材层状撕裂敏感性的指标。

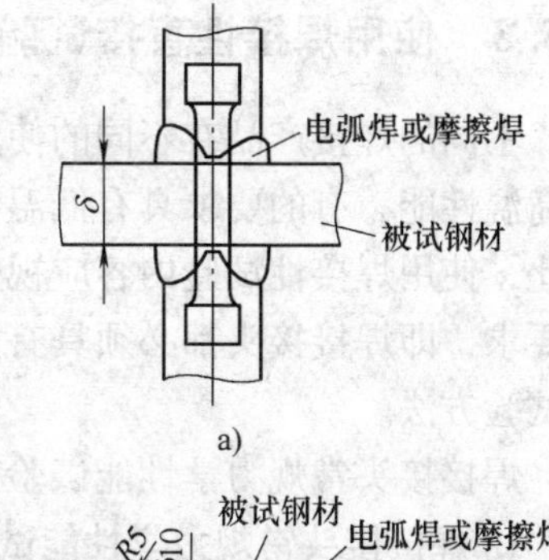

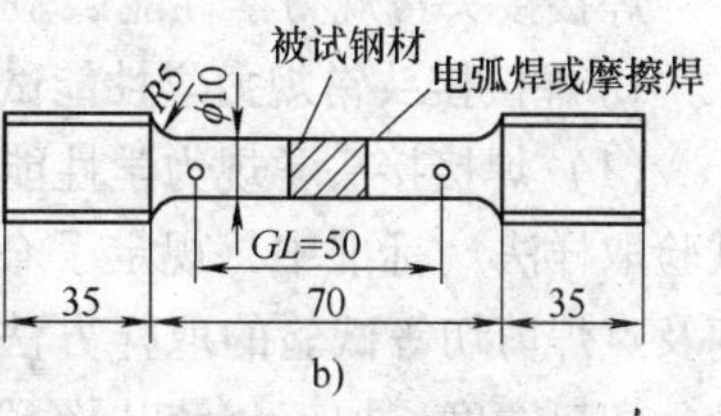

图2-24　Z向拉伸试样的制备

在一般情况下，沿钢板厚度方向不足以制备拉伸试件。因此钢板的两面必须接长，如图2-24a所示。用焊条电弧焊接长钢板时，所用钢板厚度至少为25mm；当用摩擦焊接长时，钢板厚度至少为15mm；试样的尺寸如图2-24b所示。

一般认为，当 $Z_Z>25\%$ 时，抗层状撕裂性优异；当 $Z_Z=15\%\sim25\%$ 时，抗层状撕裂性一般；当 $Z_Z<15\%$ 时，抗层状撕裂性低劣。为防止层状撕裂，Z_Z 不应小于15%。

（2）Z向窗口试验方法　Z向窗口试验是一种模拟实际焊接结构的层状撕裂试验方法。其拘束度比较高，一般认为凡通过这种试验的材料，使用起来比较安全可靠。

试件的形状和尺寸如图2-25a所示，在350mm×300mm×30mm的拘束板的中央开一“窗口”，将170mm×150mm×20mm的试板插入此窗口，按照图2-25b、c所示的顺序焊4条角焊缝，其中，1、2为拘束焊缝，3、4为试验焊缝。试验板厚度大于20mm时，应从板的一侧进行机械加工直到板厚剩余20mm为止，但要注意，装配时应将未加工板的一侧放在试验焊缝的位置。

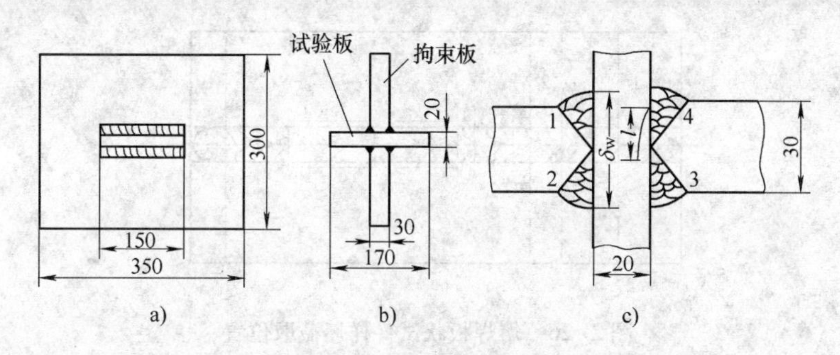

图2-25　Z向窗口试件

焊后，在室温下放置24h，然后切取试片检查裂纹，按下式计算裂纹率：

$$C=\frac{\sum l}{\sum \delta_w}\times100\% \tag{2-17}$$

式中　C——层状撕裂裂纹率（%）；

$\sum l$——试片各截面上裂纹长度总和（mm）；

$\sum \delta_w$——试片各截面上焊缝厚度总和（mm）。

2.5.3 使用焊接性直接试验方法

不同的焊接产品有不同的使用性能要求，例如，有的要求具有室温性能，有的要求具有高温性能，有的要求具有低温性能，有的要求具有耐蚀性，有的要求具有抗疲劳性等。因此，使用焊接性试验内容应视焊接产品和结构的不同而有所不同。但是，也有共同的性能要求，即焊接接头都必须具有足够的常规力学性能。下面重点介绍焊接接头常规力学性能试验方法。

焊接接头常规力学性能试验主要是考察焊接接头的强度、塑性和韧性。

1. 焊接接头常规力学性能试验

（1）焊接接头常规力学性能试验的取样方法　在 GB 2649—1989《焊接接头机械性能试验取样法》标准中，规定了金属材料熔焊及压焊接头的拉伸、弯曲、冲击、压扁、硬度及点焊剪切等试验的取样方法。试件厚度为焊件厚度，试件尺寸应根据样坯尺寸、数量、切口宽度、加工余量以及不能利用的区段（如电弧焊的引弧和收弧）予以综合考虑。不能利用区段的长度与试件的厚度和焊接工艺有关，除了用了引弧板、收弧板的板状试件以及管件焊接外，均不得小于 25mm。试件用的母材与工艺焊接性试验时使用的完全相同。当焊接工艺是被检验和调整的对象时，采用根据焊接性分析初步拟定的焊接参数和预热、缓冷等工艺措施对试件施焊。

试件样坯的截取，尽量采取机械切削的方法（如锯、剪、铣、磨等），当厚度超过 8mm 时不得采用剪切方法。当采用热切割时，对于钢材，自切割面至试样边缘的距离不得小于 8mm，而且随着切割速度的减小和切割厚度的增加而增加。平行于试件原始表面的切割不应采用热切割。熔焊板状试件样坯的截取可参考图 2-26。

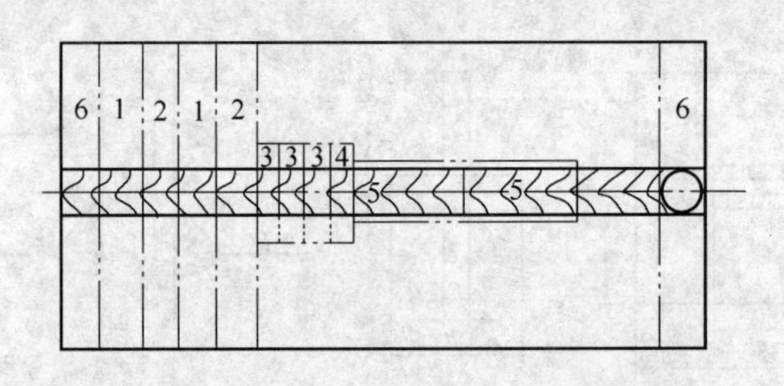

图 2-26　熔焊板状试件样坯截取位置

1—拉伸　2—弯曲　3—冲击　4—硬度　5—焊缝拉伸　6—舍弃

（2）焊接接头的横向拉伸试验　根据 GB/T 2651—2008《焊接接头拉伸试验方法》的规定，板状拉伸试样分为板接头板状试样和管接头板状试样两种，根据试验需要选用。试样数量为 2 个。图 2-27 为板及管接头板状拉伸试样，其尺寸见表 2-12。试样应从焊接接头垂直于焊缝轴线方向截取。试样加工完成后，焊缝的轴线应位于试样平行长度部分的中间。

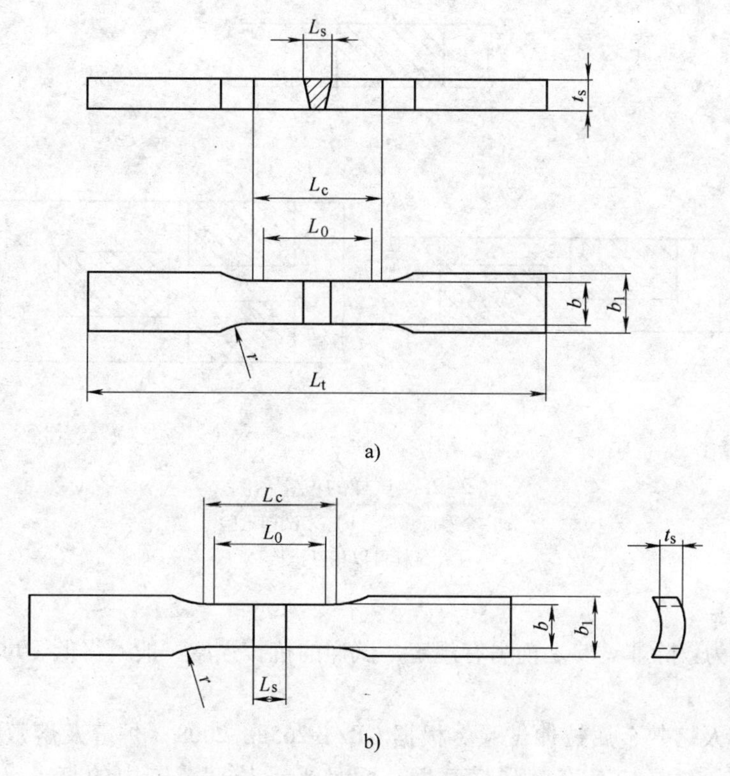

图2-27　板及管接头板状拉伸试样

a）板接头　b）管接头

表2-12　板及管接头板状拉伸试样的尺寸

名　称		符　号	尺　寸
试样总长度		L_t	适合于所使用的试验机
夹持端宽度		b_1	$b+12$mm
平行部分宽度	板	b	12mm（$t_s \leqslant 2$mm） 25mm（$t_s > 2$mm）
	管子	b	6mm（$D \leqslant 50$mm） 15mm（50mm $< D \leqslant 168$mm） 25mm（$D > 168$mm）
平行长度		L_c	$\geqslant L_s + 60$mm
过渡圆弧		r	$\geqslant 25$mm

注：1. 对于压焊及高能束焊接头而言（根据GB/T 5185—2005，其工艺方法代号为2、4、51和52），焊缝宽度为零（$L_s=0$）

2. 对于某些金属材料（如铝、铜及其合金）可以要求 $L_c \geqslant L_s + 100$mm。

通常，试样厚度 t_s 应为焊接接头的试件厚度 t，如图2-28a所示。如果试件厚度超过30mm，可从接头的不同厚度区取若干试样，以取代接头全厚度的单个试样，如图2-28b所示。

焊接接头拉伸试验的试验方法和程序按GB/T 228.1—2010《金属材料 拉伸试验 第1部分：室温试验方法》的规定进行。除非另有规定，试验均应在环境温度为（23±5）℃

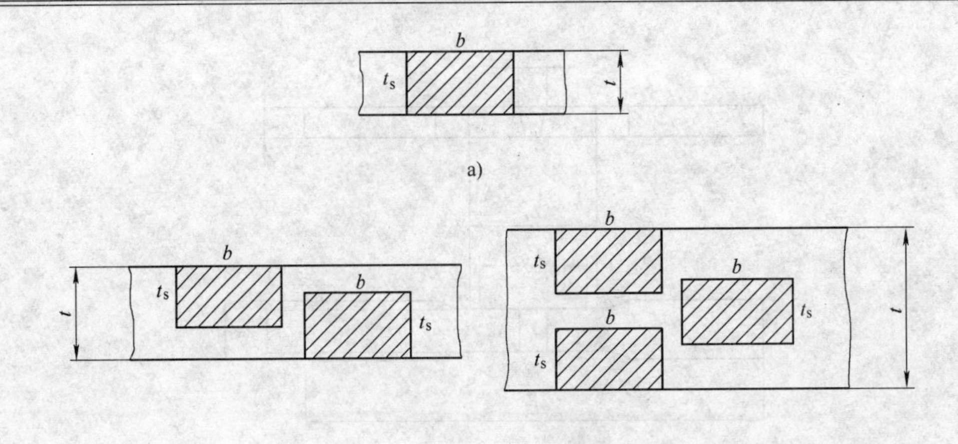

图 2-28　试样的位置示例

a）全厚度试验　b）多试样试验

注：试样可以相互搭接。

的条件下进行。

合格指标为：除非试验之前另有规定，试样的抗拉强度一般不得低于母材抗拉强度的下限值。

（3）焊缝及熔敷金属拉伸试验　根据 GB/T 2652—2008《焊缝及熔敷金属拉伸试验方法》的规定，试样应具有圆形横截面，而且平行长度范围内的直径 d 应符合 GB/T 228.1—2010《金属材料 拉伸试验 第 1 部分：室温试验方法》的规定。试样的公称直径 d 一般应为 10mm。如果无法满足这一要求，直径应尽可能大，且不得小于 4mm，试验报告记录实际的尺寸。焊缝及熔敷金属拉伸试样的形状如图 2-29 所示，焊缝及熔敷金属拉伸试样的尺寸见表 2-13，试样数量不少于 1 个。

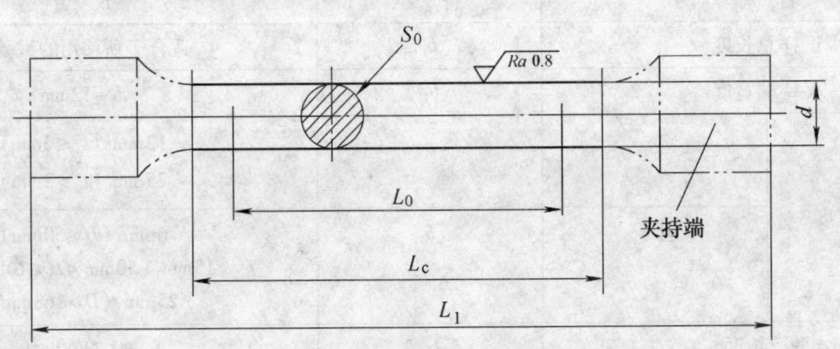

图 2-29　焊缝及熔敷金属拉伸试样

表 2-13　焊缝及熔敷金属拉伸试样尺寸

直径 d/mm	过度圆弧 r	原始标距 L_0	平行长度 L_c
10	≥0.75d	5d	$L_0+d/2$ 仲裁试验： L_0+2d
8			
6			
5			

除非产品标准对受检接头另有规定，试样应取自焊缝金属中心（图2-30），其横截面位置按照图2-31的规定。未能在中间厚度位置截取试样时，应记录其中心距表面的距离 t_1，如图2-31b所示。在厚板或双面焊接头情况下，可以在厚度方向不同位置截取若干试样，如图2-31c所示，应记录每个试样中心距表面的距离 t_1 和 t_2。

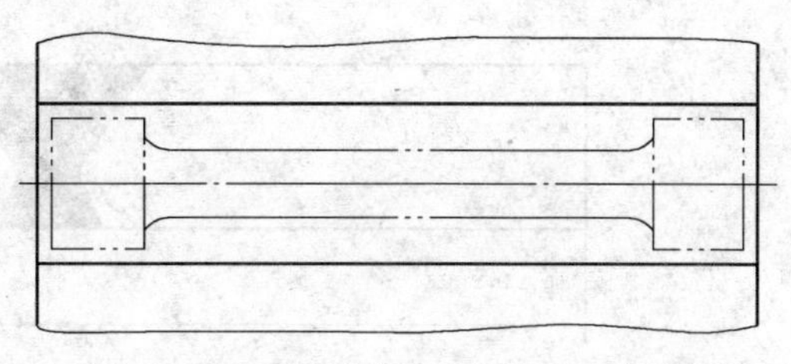

图2-30　试样的位置示例（纵向截面）

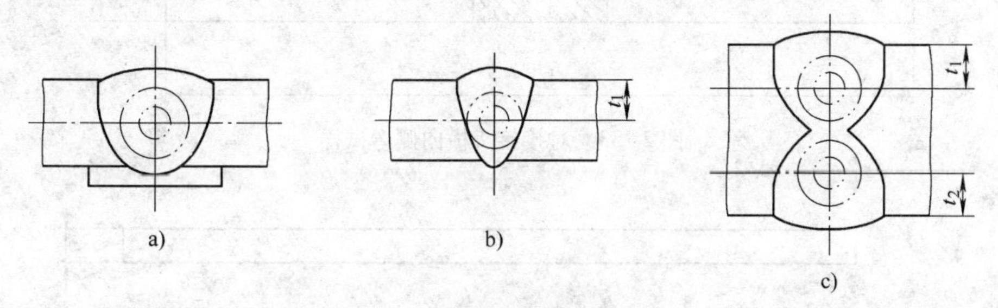

图2-31　试样的位置示例（横向截面）

a）用于焊接材料分类的熔敷金属试样　b）取自单面焊接头的试样　c）取自双面焊接头的试样

焊缝及熔敷金属拉伸试验的试验方法和程序按GB/T 228.1—2010《金属材料 拉伸试验 第1部分：室温试验方法》的规定进行。除非另有规定，试验均应在环境温度为(23±5)℃的条件下进行。

合格指标为：除非试验之前另有规定，试样的抗拉强度一般不得低于焊接材料的下限值。

（4）焊接接头的弯曲试验　根据GB/T 2653—2008《焊接接头弯曲试验方法》的规定，焊接接头弯曲试验分为横弯试验和纵弯试验两种形式。横弯试验是从试件的焊接接头上横向截取试样，以保证加工后焊缝的轴线在试样的中心或适合于试验的位置；纵弯试验是从试件的焊接接头上纵向截取试样。从试件来看，横弯试样又分为正弯试样、背弯试样和侧弯试样；纵弯试样又分为正弯试样和背弯试样。其中，正弯试样是焊缝表面为受拉面的试样，双面焊时焊缝表面为焊缝较宽或焊接开始的一面；背面试样是焊缝根部为受拉面的试样；侧弯试样是焊缝横截面为受拉面的试样。图2-32是对接接头横向正弯和背弯试样的示意图，图2-33是对接接头横向侧弯试样的示意图，图2-34是对接接头纵向正弯和背弯试样的示意图。

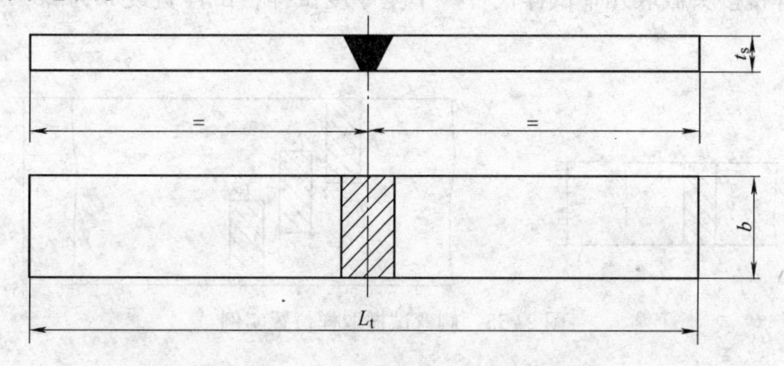

图2-32　对接接头横向正弯和背弯试样

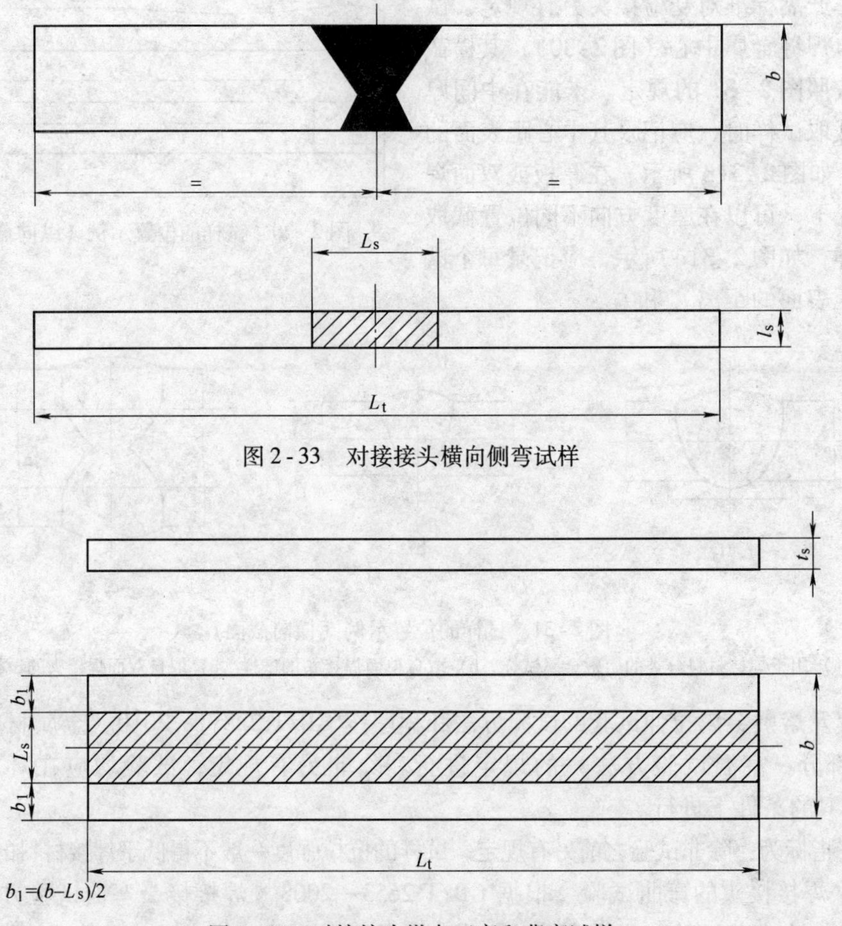

图 2-33　对接接头横向侧弯试样

图 2-34　对接接头纵向正弯和背弯试样

1）试样尺寸。各种钢板对接接头弯曲试样的长度 L_t 均为：$L_t > l + 2R$，其中，l 为辊筒间距离；R 为辊筒半径。

① 横向正弯和背弯试样的厚度 t_s 应等于焊接接头处母材的厚度，当相关标准要求对整个厚度（30mm 以上）进行试验时，正弯和背弯试样可以像板接头板状拉伸试样一样处理（图 2-28）。试样的宽度 b 应不小于试样厚度 t_s 的 1.5 倍，最小为 20mm。

② 横向侧弯试样的宽度 b 一般等于焊接接头处母材的厚度，当接头厚度超过 40mm 时，允许从焊接接头截取几个试样代替一个全厚度试样，试样宽度 b 为 20～40mm，如图 2-35 所示。

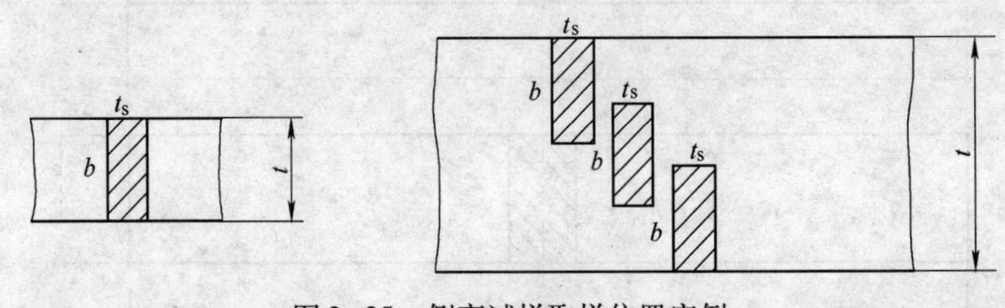

图 2-35　侧弯试样取样位置实例

③ 纵向弯曲试样的厚度 t_s 应等于焊接接头处母材的厚度。如果试件的厚度大于12mm，试样厚度 t_s 应为（12±0.5）mm，而且试样取自焊缝的正面或背面（图2-36）。试样宽度 b 应为：当试样厚度 $t_s \leqslant 20$mm 时，$b = L_s + 2 \times 10$mm；当试样厚度 $t_s > 20$mm 时，$b = L_s + 2 \times 15$mm。式中 L_s 为加工后试样上焊缝的最大宽度。

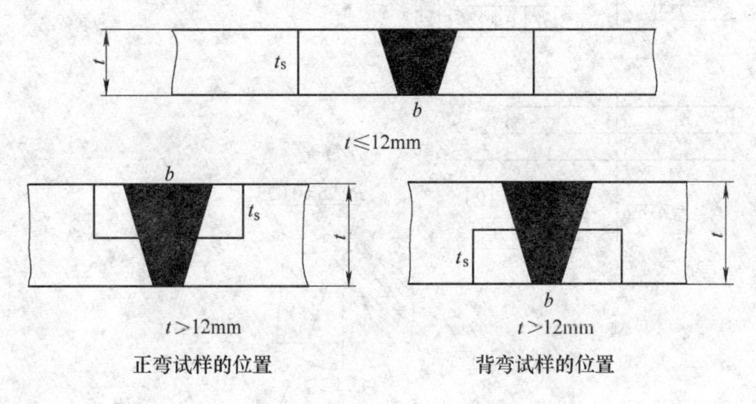

图2-36　纵向试样取样位置

2）试样数量。试样数量为：如果相关标准或产品制造规范无另外注明时，当厚度小于12mm时，应做2个横向正弯和2个横向背弯试样；当厚度大于或等于12mm时，建议用4个横向侧弯试样代替2个横向正弯和2个横向背弯试样。在特殊情况下，使用纵向弯曲试样代替横向弯曲试样。

3）试验方法。试验通常采用圆形压头弯曲试验法在压力机上完成，图2-37所示为横向背弯试验的示意图。不同材料有不同的弯曲角要求，当弯曲到规定要求时，如果在试样任何方向的表面上没有产生大于和等于3mm的缺欠判为合格。

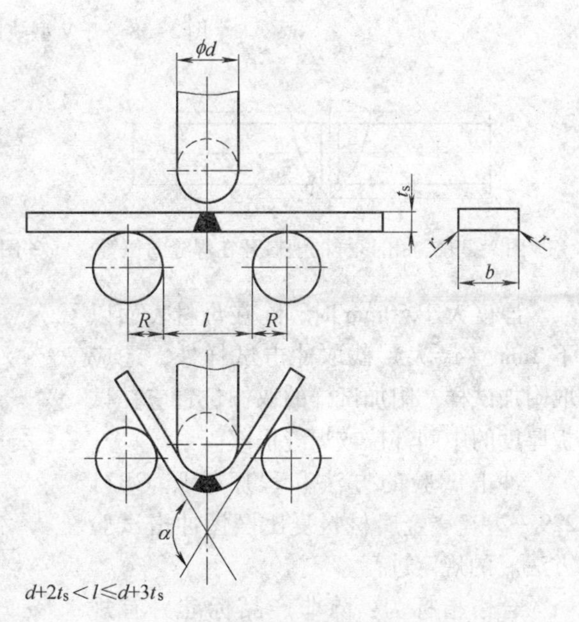

图2-37　横向背弯试验的示意图

（5）焊接接头的冲击试验　根据GB/T 2650—2008《焊接接头冲击试验方法》的规定，试样有夏比V型缺口的标准试样（图2-38）和夏比U型缺口的辅助试样两种形式，由于开V型缺口的冲击试样对材料脆性转变反应灵敏，一般均采用这种形式。

试样缺口按试验要求可开在焊缝、熔合线或热影响区，如图2-39、图2-40、图2-41所示。试样应在母材表面以下2mm（最大）沿焊缝垂直截取。每个规定部位各截取一组试样，每组3个试样。试样缺口轴线至试样纵轴与熔合线交点的距离 s 由产品技术条件规定。焊缝金属缺口则开在焊缝中心线上。

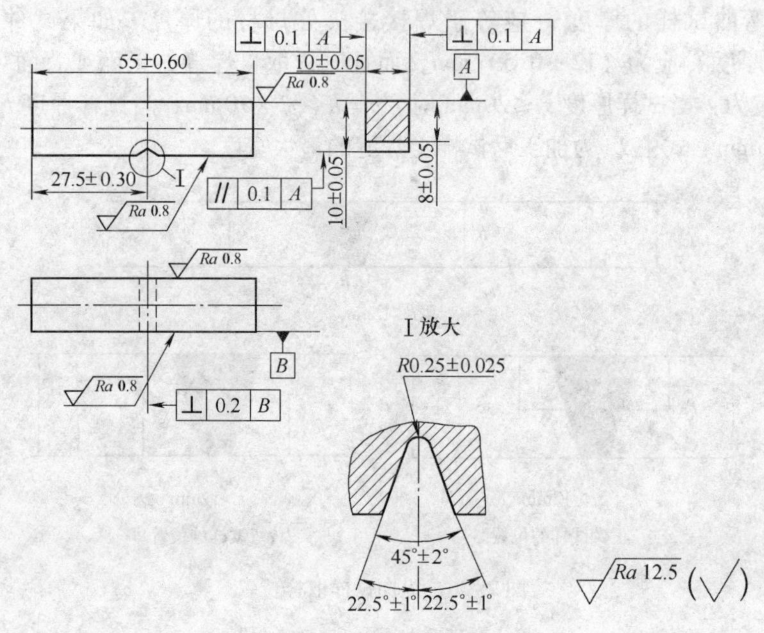

图 2-38　开 V 型缺口冲击试样

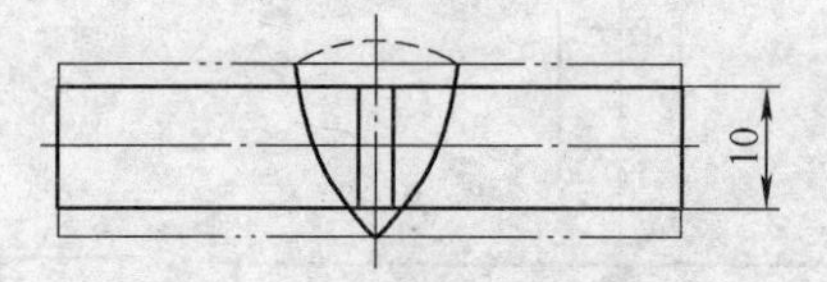

图 2-39　冲击试样的缺口开在焊缝的位置

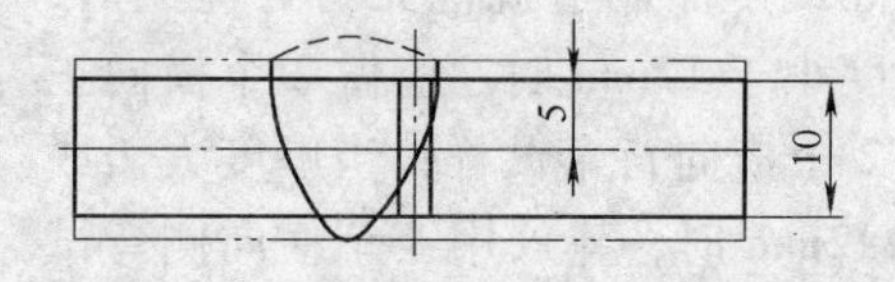

图 2-40　冲击试样的缺口开在熔合线的位置

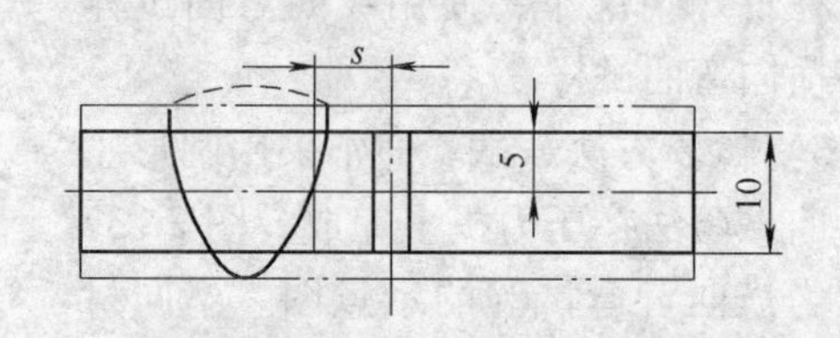

图 2-41　冲击试样的缺口开在热影响区的位置

s—试样缺口轴线至试样纵轴与熔合线交点的距离

厚度大于 50mm 时，除在母材表面以下 2mm（最大）截取冲击试样外，还应取附加试样。附加试样的取样位置应在试板厚度的中间部位或焊缝根部。

冲击试验的方法和程序按照 GB/T 229—2007《金属材料夏比摆锤冲击试验方法》的规定进行。

合格指标为：除非产品标准另有规定，冲击吸收能量一般应符合对应的母材标准。每组 3 个试样的平均值应满足标准规定的要求，单个值可以低于规定的平均值，但不得低于该值的 70%。

2. 其他试验

其他使用焊接性直接试验方法还有焊接接头抗低温脆性断裂性能试验、焊接接头高温性能试验、焊接接头耐腐蚀试验、焊接接头疲劳试验等，可参考有关专著。

2.5.4　析因理化试验

金属焊接性综合试验中，常用的析因理化试验的方法如下：

1. 熔敷金属扩散氢测定试验方法

氢是焊接接头产生延迟裂纹、氢脆的重要原因，因此在进行金属焊接性综合试验时通常要进行熔敷金属扩散氢测定试验。另外，熔敷金属中扩散氢含量也是评价焊接材料冶金性能指标之一。

焊接时溶解到焊缝中的氢有两种形式，一种是扩散氢，它以H、H^+或H^-形式存在于焊缝金属的晶格间隙中，由于其半径小，能在金属晶格中自由扩散；另一种是残余氢，它是由扩散氢扩散聚集到晶格缺陷、显微裂纹和非金属夹杂物边缘的空隙中结合而成的分子态的氢，由于其体积较大，不能自由扩散。刚焊完的焊缝中存在的主要是扩散氢，随着时间的延长，扩散氢迅速减少，残余氢迅速增加，因此，通过测定刚焊完焊缝中扩散氢的含量即可基本了解焊缝中总的氢含量。

目前，常用的测氢方法有甘油置换法、气相色谱法和水银置换法。其原理都是利用仪器收集焊接试样扩散出来的气体含量来测定扩散氢的。其中，甘油置换法操作简单，而气相色谱法和水银置换法的测量精度比甘油置换法高，当扩散氢含量小于2mL/100g时，须采用气相色谱法或水银置换法。

在GB/T 3965—1995《熔敷金属中扩散氢测定方法》标准中，对熔敷金属扩散氢测定的三种方法均作了规定。标准规定的甘油置换法和气相色谱法适用于焊条电弧焊、埋弧焊及气体保护焊，水银置换法只用于焊条电弧焊。

（1）甘油置换法和气相色谱法　两种方法的试验装置、试板制备、焊接材料准备和试验程序如下：

1）试验装置。图2-42所示为甘油置换法的扩散氢测定装置示意图，箱内甘油温度保持在（45±1）℃，收集器的刻度上部为0.02mL，下部为0.05mL；气相色谱法的扩散氢测定装置的流程如图2-43所示，测定精度为0.01mL。

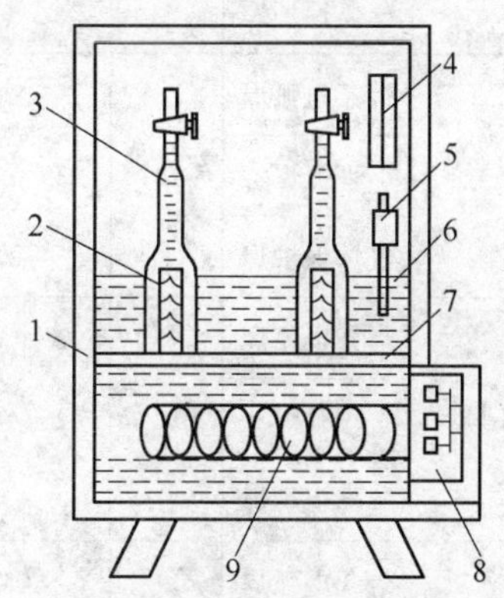

图2-42　甘油置换法的扩散氢测定装置示意图

1—恒温收集箱　2—试样　3—收集器　4—温度计　5—水银接触温度计　6—恒温甘油浴　7—收集器支承板　8—恒温控制器　9—加热电阻丝

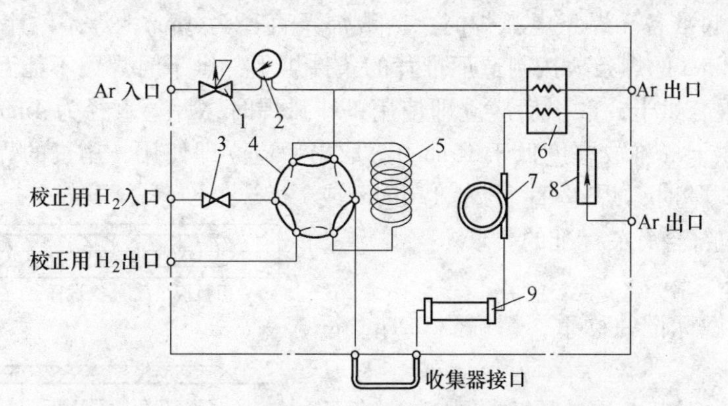

图2-43　气相色谱法的扩散氢测定流程图

1—调压阀　2—压力表　3—停止旋塞　4—检压阀　5—H_2计量管　6—检出器　7—分子筛　8—流量计　9—脱水管

2）试件制备。采用碳素结构钢或低合金钢制备试样、引弧板和引出板，全部表面应进行加工，保证光滑和清洁，其尺寸从表2-14中选取。进行焊接材料标准中的氢含量试验时要采用2号、4号试样尺寸。试验前均作去氢处理，加热温度为400～650℃，保温1h或（250±10)℃保温约6h。

表2-14　试样及引弧板、引出板尺寸

试板种类	焊接方法	试样尺寸/mm			引弧板、引出板尺寸/mm			测定方法	排列顺序
		厚 T	宽 W	长 L	厚 T	宽 W	长 L		
1号	焊条电弧焊	10	15	30	10	15	45	气相色谱法	甘油法、色谱法：引弧板 试样 引出板
	埋弧焊		30	15		30	150		
	气体保护焊						45		
2号	焊条电弧焊	12	25	40	12	25	45		
	埋弧焊						150		
	气体保护焊						45		
3号	焊条电弧焊	12	25	80	12	25	45		
	埋弧焊						150		
	气体保护焊						45		
4号	焊条电弧焊	12	25	100	12	25	45	甘油置换法	
	埋弧焊						150		
	气体保护焊						45		
5号	焊条电弧焊	10	15	7.5	10	15	44	水银置换法	引弧板 试样 引出板
				15					

3）焊接材料准备。焊条电弧焊时，一般焊条直径为4mm，焊条效率大于130%时，选用直径为3.2mm的焊条，按制造厂推荐的条件烘干，烘干时焊条不能互相接触，也不能与其他焊条混合烘干，取出后应立即使用；埋弧焊时，焊丝直径为4mm，焊剂按制造厂推荐的条件烘干（堆放厚度低于15mm），取出后应立即使用，用过的焊剂不能重复使用；气体保护焊时，焊丝直径为1.6mm或1.2mm，气体应符合有关标准的要求。

4）试验程序

① 对试样做标记并称重，精确到0.1g，每组4个试样。

② 将试样、引弧板及引出板按图2-44所示位置进行放置和焊接，用铜夹具固定，不同焊接方法中引弧板、引出板上焊缝的长度见表2-15。

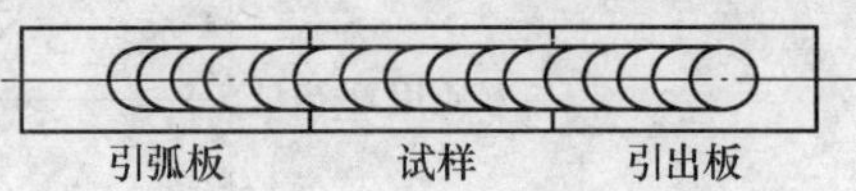

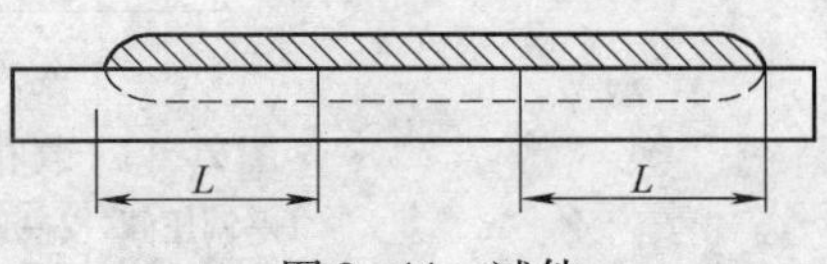

图2-44　试件

表2-15　不同焊接方法的引弧板、引出板上焊缝的长度

焊接方法	引弧板、引出板上焊缝长度 L/mm
焊条电弧焊	35
埋弧焊	120
气体保护焊	55

③ 在室温下焊接。焊接时采用短弧、线状焊道，焊接中若断弧，则该试件作废。不同焊接方法的焊接参数如下：

a. 焊条电弧焊：电流种类和极性选择按照焊条说明书中的规定，交直流两用焊条采用交流。焊接电流比制造厂推荐的最大电流低15A，按熔化120~130mm焊条焊成100mm长焊道的速度焊接。

b. 埋弧焊：极性选择按照焊剂说明书中的规定，交直流两用焊剂采用交流，焊接电流约为600~630A，电弧电压为28~30V，焊接速度为55~60cm/min，焊丝伸出长度和焊剂堆高均为30mm。

c. 气体保护焊：采用直流反接，直径为1.2mm的焊丝的焊接电流为260~290A，电弧电压为27~31V；直径为1.6mm的焊丝的焊接电流为330~360A，电弧电压为26~30V。焊接速度均为（33±3）cm/min，导电嘴端部与试件距离为（19±3）mm，保护气体流量为15~20L/min。

④ 试件焊后在2s内放入冰水中摆动冷却，10s后立即取出，用机械方法去除引弧板和引出板，清除焊渣和飞溅物，用丙酮清洗吹干。

⑤ 采用甘油置换法时，将试样迅速放入已充满甘油的收集器内，从试件焊完到放入收集器内在90s内完成；采用气相色谱法时，将试样放入收集器内，通Ar气30s，以置换出收集器内的空气，从试件焊完到放入收集器内应在120s内完成。

⑥ 经72h后，如果采用甘油置换法，收集吸附在收集器管壁和试样上的气泡，读取气体量，并将试样用水洗净，吹干称重，精确到0.1g；如果采用气相色谱法，将收集器接入预先校正过的气相色谱仪，测定气体量，并取出试样称重，精确到0.1g。

⑦ 扩散氢含量（H_{DM}）计算

a. 甘油置换法

$$H_{DM} = (H_{GL} + 1.73)/0.79 \qquad (H_{GL} > 2\text{mL}/100\text{g}) \tag{2-18}$$

式中　H_{DM}——熔敷金属扩散氢含量（将甘油法测定值换算成气相色谱法测定值时的氢含量）（mL/100g）；

H_{GL}——甘油置换法测定的熔敷金属扩散氢含量（mL/100g）。

$$H_{GL} = V_0 = \frac{pVT_0}{p_0WT} \times 100 \tag{2-19}$$

式中　V_0——收集的气体体积换算成标准状态下每100g熔敷金属中气体的体积（mL）；

V——收集的气体体积（mL）；

W——熔敷金属的质量（焊后试样质量-焊前试样质量）（g），精确到0.01g；

T_0——273（K）；

T——（273+t）（K）；

t——恒温箱中的温度（℃）；

p_0——标准大气压，取101kPa；

p——试验室气压（kPa）。

b. 气相色谱法

$$H_{Dm} = H_{GC} = V_0 = \frac{V_{GC}}{W} \times 100 \tag{2-20}$$

式中 H_{GC}——气相色谱法测定的单位质量熔敷金属中的氢含量（mL/100g）；

V_{GC}——气相色谱法测定的氢含量换算成标准状态下的体积（mL）。

（2）水银置换法

1）试验装置。使用水银置换法测定氢含量的设备应具有如下性能：

a. 采用水银作收集介质。

b. 可使试件短时处于真空下，以去除吸附在试样表面上的外界气体。

c. 在常温和常压下测量的精度至少为0.05mL。

d. 收集器示意图如图2-45所示。

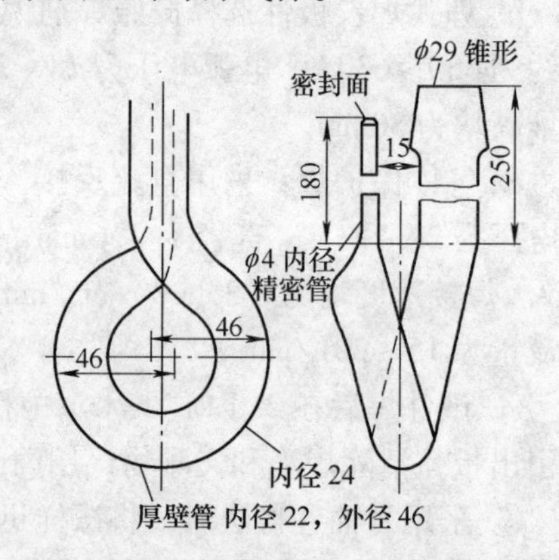

图2-45 水银法扩散氢收集器示意图

2）试件制备。采用碳素结构钢或低合金钢制备试板、引弧板和引出板，全部表面应进行加工，保证光滑和清洁。其尺寸从表2-14中选取，其中，试样总长为30mm，它可以分成4个试样，每个长7.5mm（图2-46），或者分成2块长为15mm的试样，还可以分成1块长为15mm、2块长为7.5mm的试样。推荐三种可供选择的组合方式：

a. 图2-46中1号和4号试样（2×7.5mm）共同分析，2号和3号试样（2×7.5mm）共同分析。

b. 图2-46中1号和4号试样（2×7.5mm）共同分析，中间试样（15mm）单独分析。

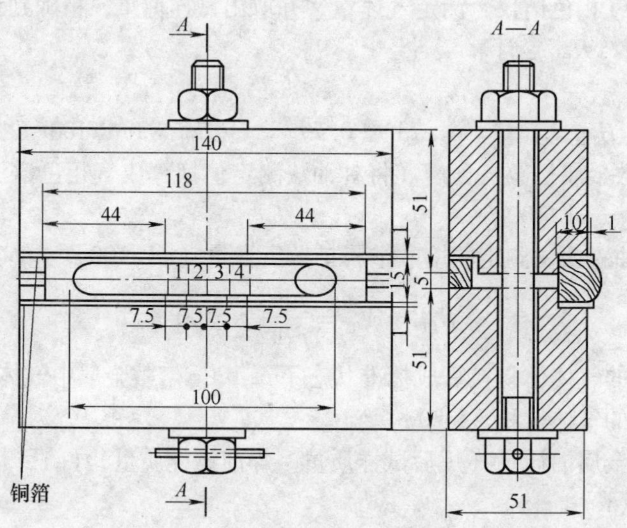

图2-46 试件组合及尺寸

c. 两个试样（各15mm）单独分析。

试验前均作去氢处理，加热温度为400～650℃，保温1h或（250±10）℃下保温约6h。

3）焊接材料准备。一般焊条直径为4mm，焊条效率大于130%时，选用直径为3.2mm的焊条，按制造厂推荐的条件烘干，烘干时焊条不能互相接触，也不能与其他焊条混合烘干，取出后应立即使用。

4）试验程序

① 对试样做标记并称重，精确到0.01g。

② 焊接前，引弧板、试样及引出板按长度方向排列组成，用铜夹具固定，按图2-46进行焊接。焊接参数与甘油置换法相同。焊接时采用短弧、线状焊道，焊接中若断弧，则该试件作废。

③ 将焊后的试件放入低温槽中（约-70℃）保存，并在冷态下将引弧板和引出板打断，打断时试样在槽外停留的时间不超过10s。

④ 把试样从低温槽转送到收集器的外管时，先在丙酮中清洗3～5s后，吹干20s左右，立即放入收集器外管接头处。用磁铁吸引试样，通过收集器接头送到收集器测量部分的最末位置，这一操作应在5s内完成。

从试样清洗到操作结束总的时间不应超过60s。

⑤ 试样在低压和（25±5）℃下保持72h，在测量氢的最终体积之前，记录氢的准确温度和压力。取出试样，清理、吹干及称重（精确到0.01g），所增加的质量相当于熔敷金属的质量。

⑥ 准确读取气体的体积（mL）。

5）扩散氢含量计算。72h后，将测定的氢气体积换算成标准状态下（0℃，101kPa大气压力下）的体积，用该体积除以熔敷金属质量（焊后与焊前试样的质量之差）的1/100，即为扩散氢含量，单位为mL/100g熔敷金属。

2. 焊接金相分析试验方法

焊接金相分析试验是借助于光学显微镜分析焊接接头的各种性能和缺欠与组织之间关系的试验。试验时，首先从裂纹敏感性试验的试件或使用焊接性试验的试件，沿垂直于焊缝长度方向截取试样，并对接头断面进行磨光、抛光和浸蚀，然后放到显微镜下进行观察。当放大倍数低于50倍时，一般认为是宏观金相分析试验，可用于观察试样的全貌；当放大倍数大于50倍时，一般认为是微观金相分析试验，可以观察到焊接接头各个区域的显微组织。图2-47就是在显微镜下观察到的Q235A钢的粗晶区、正火区、不完全重结晶区和母材的显微组织。其中，粗晶区为粗大的魏氏体组织；正火区为细小而均匀的铁素体和珠光体；不完全重结晶区为未经重结晶过程的铁素体和经重结晶得到的细小的铁素体和珠光体；母材为沿轧制方向分布的铁素体和珠光体。由于焊接裂纹的产生和焊接接头各种性能的变化均与组织有关系，因此，利用焊接金相分析试验可以分析裂纹产生的原因和接头性能变化的原因。

金相分析时常用的浸蚀剂的成分、用法与用途见第6章表6-2。

3. 焊接接头硬度试验

一般情况下，焊接接头硬度越大，其产生冷裂纹的倾向越大，因此常常利用测定焊接

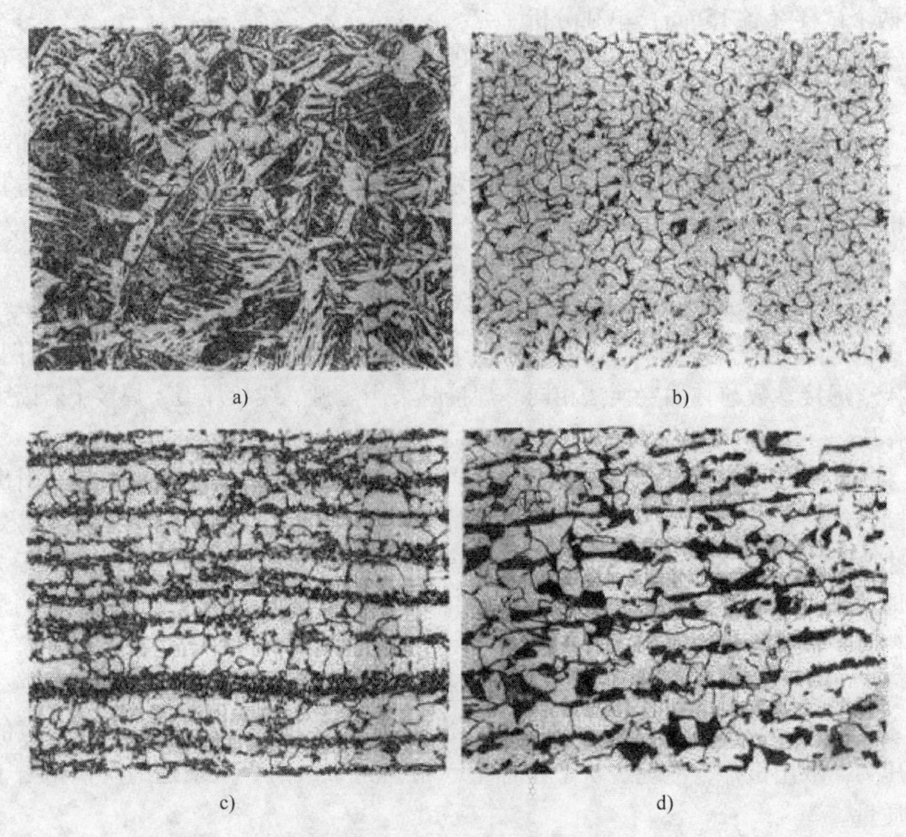

图 2-47　Q235A 钢焊接接头实例
a）粗晶区　b）正火区　c）不完全重结晶区　d）母材

接头的硬度来分析材料的冷裂倾向。同时金属的强度、塑性、韧性、耐磨性等也都与硬度有关。试验时，首先在试样的断面上距离焊缝表面不大于 2mm 的位置，画一条平行于试样轧制表面又穿过各个区的直线，如图 2-48 所示，然后放在维氏硬度计上，沿直线从焊缝中心向同一方向每隔 0.5mm 打一点硬度。当测点移至母材时，还应连续打 2 个或 3 个点硬度。最高硬度值一般都在熔合线附近，利用最高硬度值就可以进行对比分析。

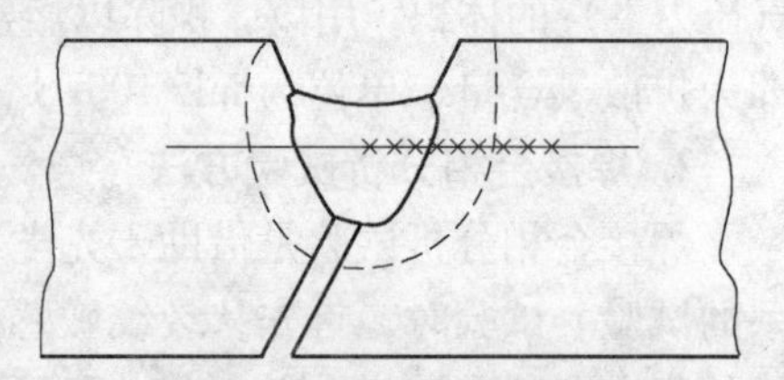

图 2-48　硬度的检测位置

4. 化学成分分析试验

焊接接头的裂纹倾向和性能好坏都与焊缝和母材的化学成分有关。例如，焊缝中 S、P 的含量越高，热裂纹倾向越大；母材中 C 及其他淬硬元素含量越高，冷裂纹倾向越大。因此，在进行焊接性综合试验时，通常都要进行焊缝和母材的化学成分分析试验。其试验方法参见第 6 章的 6.4 节。

5. 断口分析试验

断口分析试验常用于分析焊接接头脆性断裂的原因，也可用于鉴别焊接裂纹的种类和分析裂纹产生的原因。其试验方法参见第 6 章的 6.4 节。

2.6　金属焊接性综合试验工程应用实例

2.6.1　20MnMoNb 钢大厚度高压蓄势水罐概况

20MnMoNb 钢大厚度高压蓄势水罐是氧气瓶压机除鳞泵站中的一个设备，属于三类压力容器，其结构如图 2-49 所示。其主要技术参数为：设计压力为 340×10^5Pa，工作压力为 315×10^5Pa，工作温度为 0～80℃，工作介质是清水、乳化液和空气。

进行金属焊接性综合试验的目的是为焊接该高压容器拟定合理的焊接工艺。

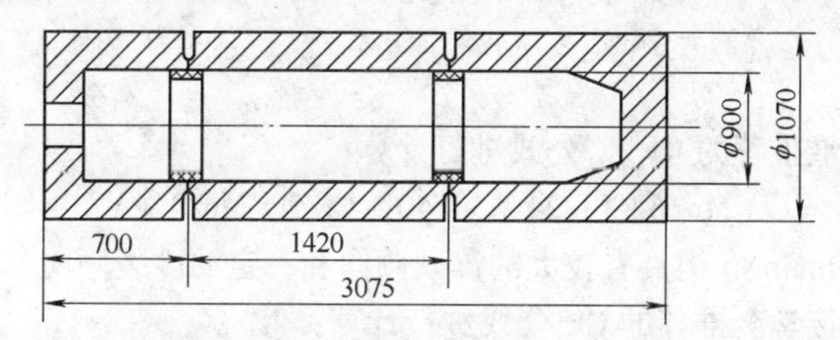

图 2-49　高压蓄势水罐结构示意图

2.6.2　20MnMoNb 钢基础试验

20MnMoNb 钢是一种低合金高强度钢，属于细晶粒热处理强化钢。供货状态为调质状态。为了复验钢材的质量，对钢材进行了化学成分分析试验和力学性能试验。试验结果见表 2-16 和表 2-17，可见均符合 JB 755—1985《压力容器锻件技术条件》中的规定。

表 2-16　20MnMoNb 母材化学成分

	w_C(%)	w_{Mn}(%)	w_S(%)	w_P(%)	w_{Mo}(%)	w_{Si}(%)	w_{Nb}(%)
JB 735—1985	0.17～0.23	1.30～1.60	≤0.035	≤0.035	0.40～0.65	0.17～0.37	0.025～0.050
复验	0.21	1.39	0.019	0.028	0.43	0.29	0.027

表 2-17　20MnMoNb 母材力学性能

	R_m/MPa	R_{eL}/MPa	A(%)	Z(%)	a_{KU}/(J/cm^2)
JB 755—1985	617	470	12	/	70
复验	677	559	24	71	77

2.6.3　焊接方法及焊接材料的选择

由于高压蓄势水罐属于高压容器，对焊接质量有很高的要求。钢材含碳量较高，抗拉强度达到 677MPa，特别是工件厚度达到 85mm，拘束程度比较高，而且焊接工作量比较大，因此必须选择一种高效率、高质量的焊接方法进行焊接。由于双丝窄间隙埋弧焊综合了多丝焊、窄间隙焊和常规埋弧焊的优点，因此选择双丝窄间隙埋弧焊作为主要焊接方法，并配合以焊条电弧焊来焊接该容器。

为了防止产生冷裂纹，选择了低氢型焊接材料，以减少焊缝中氢的含量。根据钢材的强度，焊条电弧焊选择了 ϕ4mm 的 E7015－D2 焊条（扩散氢含量为 3.3mL/100g）；埋弧焊选择了 SJ101 氟碱型烧结焊剂（扩散氢含量为 0.74mL/100g），其碱度为 1.8，焊丝为 ϕ3mm 的 H08Mn2MoA。

2.6.4 焊接参数及工艺措施的确定

1. 20MnMoNb 钢焊接性的初步分析

为了拟定焊接工艺，首先采用金属焊接性间接的试验方法对钢材的焊接性进行了初步分析。

（1）碳当量法

① 采用日本标准推荐的 $CE_{(JIS)}$ 公式进行计算：

$$CE_{(JIS)} = C + Mn/6 + Si/24 + Ni/40 + Cr/5 + Mo/4 + V/14 = 0.573$$

结果表明，20MnMoNb 钢具有较大的淬硬倾向和一定的冷裂倾向。

② 采用美国焊接学会推荐的 CE 公式进行计算：

$$CE = C + Mn/6 + Si/24 + Ni/15 + Cr/5 + Mo/4 + (Cu/13 + P/2) = 0.573$$

通过查图 2-3 和表 2-4 可知，采用低氢型焊条焊接时，焊前预热不应低于 100℃，且焊后要进行消除应力热处理。

（2）焊接后热温度的计算　焊后采取紧急后热也是防止产生冷裂纹的一种比较有效的方法。后热温度的下限 T_{pc} 可按下式大致估算：

$$[C_{eq}]_P = C + 0.2033Mn + 0.0473Cr + 0.1228Mo + 0.0292Ni + 0.0359Cu - 0.0792Si - 1.595P + 1.692S + 0.844V = 0.52$$

根据经验公式得

$$T_{pc} = 455.5\ [C_{eq}]_P - 111.4℃ = 125℃$$

即焊后紧急后热温度至少要高于 125℃。由于工件较厚，初步将其定为 250～300℃。

2. 20MnMoNb 钢工艺焊接性试验

试验选用斜 Y 形坡口焊接裂纹试验方法。焊条为 ϕ4mm 的 E7015－D2 焊条，焊前在 350℃下烘干 2h，直流反接，环境温度为 27℃，焊接参数为：$I_g = 170 \sim 180A$，$U_g = 24V$、$v = 132 \sim 150mm/min$，试验结果见表 2-18。

表 2-18　抗裂性试验结果

试板预热温度/℃	30	70	110	150	200	250
表面裂纹率（%）	100	100	100	0	0	0
断面裂纹率（%）	100	100	100	0	0	0

由试验结果可以看出当预热温度小于或等于 110℃时，裂纹率为 100%，全部为根部裂纹，而且沿 HAZ 扩展。因此，要求焊接时预热温度必须大于或等于 150℃。另外，试验表明，在该预热条件下，增加在 250～300℃下保温 10h 的紧急后热和在 620～630℃下保温 4h 的消除应力热处理可以更有效地防止产生冷裂纹。

3. 20MnMoNb 钢使用焊接性试验

焊接试件尺寸为 820mm × 140mm × 85mm，坡口形式如图 2-50所示，坡口底部加铜垫板。

用窄间隙埋弧焊在深坡口焊接，用单丝打底焊，从第二层起每层焊两道，盖面层用单丝并排焊三道。焊满后反面去掉垫板，用砂轮修磨，进行焊条电弧焊，焊一层后修磨圆滑。

焊前预热温度为 180℃；焊后立即对焊件进行后热，温度为 250～300℃，保温 10h；后热结束后，对焊件进行消除应力处理，热处理规范为：620～630℃，保温 4h，炉冷到 200℃出炉。焊接参数见表 2-19。

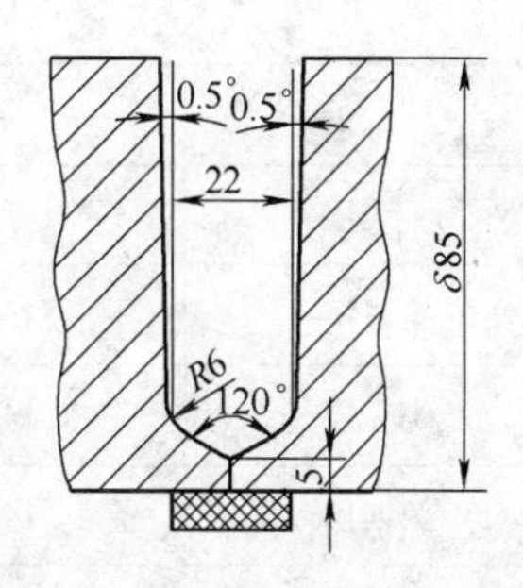

图 2-50　坡口形式示意图

表 2-19　焊接参数

焊层数	焊接方法	焊接材料及规格焊丝 ϕ3mm，焊条 ϕ4mm	弯丝、直流反接		直丝、方波交流		焊接速度/(m/h)
			电流/A	电压/V	电流/A	电压/V	
打底层	单丝埋弧焊	H08Mn2MoA，SJ101	550	35			25
填充层	双丝焊	H08Mn2MoA，SJ101	500	35	300	42	34
盖面层	单丝焊	H08Mn2MoA，SJ101	550	35			25
反面封底	焊条电弧焊	E7015－D2	170	22			9

焊后对试件进行 X 射线探伤检测试验，焊缝质量符合设计要求；对试件分别进行拉伸试验（沿厚度分四层）、U 型缺口和 V 型缺口冲击试验，试验结果分别见表 2-20、表 2-21 和表 2-22，均符合设计要求；对试件进行横向弯曲试验，试验结果也符合设计要求。

表 2-20　焊接接头拉伸试验结果

	R_{eL}/MPa	R_m/MPa	A（%）	Z（%）	断裂特征
表层	567，533 550	660，659 659.5	18.5，19.5 19.0	69.5，69.0 69.2	断于焊缝
第二层	520，519 519.5	670，659 664.5	18.0，20.0 19.0	52.5，69.5 61.0	R_m＝670MPa 断于母材 R_m＝659MPa 断于焊缝
第三层	513，520 516.5	657，663 660	20.0，19.0 19.5	68.0，53.5 59.5	R_m＝657MPa 断于焊缝 R_m＝663MPa 断于母材
第四层	554，557 555.5	683，687 685	17.0，18.0 17.5	58.5，59.5 59.0	断于母材

表 2-21　焊接接头 U 型缺口冲击韧度　　（单位：J/cm^2）

	焊缝	熔合线	热影响区	母材
上表层	132.3	99.3	96.3	98.8
第二层	136.4	87.3	80.6	95.0
第三层	145.9	83.2	77.3	87.0
第四层	141.4	89.3	94.2	90.3
第五层	122.3	80.4	85.6	97.3

表 2-22　焊接接头 V 型缺口冲击韧度　　（单位：J/cm^2）

	焊缝	熔合线	热影响区	母材
上表层	116.3	72.3	90.6	77.0
第二层	144.3	87.6	91.0	68.8
第三层	159.6	106.3	72.3	66.0
第四层	152.6	60.0	72.0	71.3
第五层	98.0	85.0	80.6	76.3

此外，还对试件进行了金相试验，焊缝为回火索氏体加少量铁素体。HAZ 和母材均为回火索氏体。

生产中，采用上述焊接工艺对高压蓄势水罐进行了焊接。焊后经质量检验，各项质量指标均达到设计要求。

思　考　题

1. 什么是金属焊接性？它的影响因素有哪些？
2. 金属焊接性综合试验的目的是什么？当试验的目的不同时，在试件尺寸和试验条件上有哪些不同？
3. 金属焊接性综合试验包括哪些内容？它们各自的目的是什么？
4. 如何选用金属焊接性综合试验的基础试验方法？
5. 什么是焊接工艺？如何选择焊接方法和焊接材料？
6. 利用金属焊接性综合试验如何确定碳素结构钢和低合金结构钢的焊接参数和工艺措施？
7. 金属焊接性间接试验和直接试验的主要特征是什么？
8. 工艺焊接性试验和使用焊接性试验的目的是什么？各自包括哪些试验内容？
9. 对焊接冷裂纹敏感性试验、焊接热裂纹敏感性试验、再热裂纹敏感性试验和层状撕裂敏感性试验，各举出几种试验方法。
10. 试述甘油置换法、气相色谱法和水银置换法测定熔敷金属扩散氢的方法。
11. 举出几种金属焊接性间接试验的试验方法。

第3章　焊接工艺评定综合试验

焊接工艺评定综合试验是在焊接结构和产品制造的焊前准备阶段经常需要进行的另一项综合性试验。如前所述，利用金属焊接性综合试验，或利用生产经验和焊接技术方面的基础知识，可以拟定焊接结构和产品的焊接工艺，然而这样拟定的焊接工艺还不能直接应用于焊接施工。为了确保焊接质量，在正式施工之前，还必须对焊接工艺进行确认。不仅如此，对于已经评定合格并在生产中应用很成熟的工艺，若因某种原因，需要改变焊接条件中的一个或几个变量，往往也需要认定其可行性。那么，如何进行认定呢？采用的方法就是进行“焊接工艺评定”。在对焊接工艺进行评定的诸多方法中，利用焊接丅艺评定综合试验进行评定是最基本的方法。

世界上许多国家都制定了重要产品的焊接工艺评定标准或法规，如美国 ASME《锅炉压力容器规范》中的第Ⅸ卷中的焊接篇第Ⅱ章和钎接篇第Ⅻ章、日本 JIS B 8258《压力容器焊接工艺评定试验》等。特别是国际标准化组织还制定了关于焊接工艺评定的系列国际标准，如 ISO15607《焊接工艺规程及评定的一般原则》、ISO15610《金属材料焊接工艺规程及评定—基于试验焊接材料的评定》、ISO15611《金属材料焊接工艺规程及评定—基于焊接经验的评定》、ISO15612《金属材料焊接工艺规程及评定—基于标准焊接规程的评定》、ISO15613《金属材料焊接工艺规程及评定—基于预生产焊接试验的评定》、ISO15614—1 ~ ISO15614—13《金属材料焊接工艺规程及评定—焊接工艺评定试验》等。

我国不同行业也分别制定了一些重要产品的焊接工艺评定标准，有关焊接工艺评定的部分国家标准和行业标准见表 3-1。这些标准在保证焊接工艺的正确性，从而保证焊接结构和产品质量方面都发挥了很大的作用。但是由于各部门有各自不完全相同的焊接工艺评定标准，或产品规范中有相应的焊接工艺评定的具体要求，致使企业在从事相同的焊接工作时，有时要进行重复的工作。因此，于 2005 年我国全国标准化技术委员会参照系列国际标准，并结合我国的情况，制定了相应的系列国家标准（表 3-1)。这些标准是与 ISO 标准等同的，其应用就使得国内企业生产有了与国外共同的标准或容易被认可的标准，有利于与国际接轨。特别是这些标准的应用改变了过去只依靠焊接工艺评定试验进行评定的单一做法，而增加了基于焊接经验的评定、基于试验焊接材料的评定、基于标准焊接规程的评定和基于预生产焊接试验的评定四种方法，从而使企业焊接工艺评定的试验工作量大为减少。预计，今后除少数有特殊要求的焊接结构和产品外，多数情况会逐渐统一于国家标准。

表 3-1　有关焊接工艺评定的部分国家标准和行业标准

类　型	标准编号	标准名称
国家标准	GB/T 19866—2005	焊接工艺规程及评定的一般原则
	GB/T 19868.1—2005	基于试验焊接材料的工艺评定
	GB/T 19868.2—2005	基于焊接经验的工艺评定

（续）

类　型	标准编号	标准名称
国家标准	GB/T 19868. 3—2005	基于标准焊接规程的工艺评定
	GB/T 19868. 4—2005	基于预生产焊接试验的工艺评定
	GB/T 19869. 1—2005	钢、镍及镍合金的焊接工艺评定试验
机械工业	NB/T 47014—2011	承压设备焊接工艺评定
	JB/T 6315—1992	汽轮机焊接工艺评定
化学工业	HG/T 3178—2002	尿素高压设备耐腐蚀不锈钢管子—管板的焊接工艺评定和焊工技能评定
	HG/T 3179—2002	尿素高压设备堆焊工艺评定和焊工技能评定
	HG/T 3180—2002	尿素高压设备衬里板及内件的焊接工艺评定和焊工技能评定
电力工业	DL/T 868—2004	焊接工艺评定规程
船舶工业	CB/T 3748—1995	船用铝合金焊接工艺评定
石油化学工业	SHJ 3509—1988	石油化工工程焊接工艺评定
石油天然气工业	SY/T 0452—2002	石油天然气金属管道焊接工艺评定
城镇建设	CJ/T 32—2004	液化石油气钢瓶焊接工艺评定

本章将以钢的电弧焊为重点，根据系列国家标准，介绍焊接工艺评定的概念、目的和规则，以及焊接工艺评定综合试验的内容、方法及其在工程中的应用实例。

3.1　焊接工艺评定的概念及目的

3.1.1　焊接工艺评定的概念

焊接工艺评定是焊接施工之前，为了确认所拟定的焊接工艺的正确性，按照有关标准，通过考核按照所拟定的焊接工艺焊出的焊接接头质量是否符合标准要求，来评定焊接工艺是否正确的技术工作。评定方法包括基于焊接工艺评定试验、基于焊接经验、基于试验焊接材料、基于标准焊接规程和基于预生产焊接试验共五种方法。

焊接工艺评定的对象是所拟定的焊接工艺，评定的依据是所焊出的焊接接头的质量，这是因为焊接接头的质量从根本上决定了焊接结构和产品的质量。焊接接头的质量包括焊接接头的使用性能（如焊接接头的力学性能、耐蚀性、低温性能、高温性能等）和焊接接头产生焊接缺欠（如裂纹、气孔等）的倾向等内容。如果经过评定，焊接接头的使用性能能满足要求，而且焊接缺欠在允许的范围内，就表明所拟定的焊接工艺是正确的，当被用于焊接结构和产品焊接时，所焊出的焊接接头同样可以满足要求；反之，则说明该焊接工艺不能用于实际生产，需要修改焊接工艺，重新进行评定，直到合格为止。

3.1.2　焊接工艺评定的目的

焊接工艺评定主要有以下两个目的：

1）评定焊接施工单位所拟定的焊接工艺是否科学、合理、实用。

这里所说的焊接工艺既包括通过金属焊接性综合试验拟定的焊接工艺，也包括根据生产经验或根据有关焊接性能的技术资料拟定的焊接工艺，同时还包括虽然已经评定合格，并在生产中长期应用，但由于某种原因需要改变焊接条件中的一个或几个变量的焊接工艺。这些工艺都是没有经过生产实践检验的工艺，尚不能保证在该工艺条件下焊出的焊接接头的质量能够满足要求，因此都需要通过焊接工艺评定予以认定。这项工作在焊接生产中是一个不可缺少的环节，对于任何焊接结构和产品的制造和安装，在正式焊接之前都应该进行焊接工艺评定。

2）为制订用以指导实际生产的焊接工艺规程或工作指令提供可靠的技术依据。

焊接工艺规程（WPS）是与制造焊件有关的加工和实践要求的细则文件，可保证由熟练的焊工或操作工操作时质量的再现性。工作指令是适合生产车间直接使用的经过简化的焊接工艺规程，常称为“焊接工艺卡”。焊接工艺规程和工作指令均是在实际生产中指导焊工或操作工焊制焊接结构和产品的工艺文件，其制订的依据就是对所拟定的焊接工艺进行评定的结果。所拟定的焊接工艺通过了工艺评定，即可据其制订焊接工艺规程或工作指令，否则，不能制订焊接工艺规程或工作指令。

3.2 焊接工艺评定方法的分类及其适用条件

过去，国内只有利用焊接工艺评定试验进行评定的方法，自从2005年我国颁布了关于焊接工艺评定的系列国家标准以后，焊接工艺评定方法从一种增加到五种，见表3-2。这五种方法各有不同的特点和适用条件。

表3-2 焊接工艺评定方法

评定方法	应用说明
基于焊接工艺评定试验的评定	应用普遍，工艺评定试验不适于实际接头形状、拘束度、可达性的情况除外
基于试验焊接材料的评定	仅限于使用焊接材料的那些焊接方法；焊接材料的试验应包括生产中使用的母材；有关材料和其他参数的更多限制由GB/T 19868.1—2005规定
基于焊接经验的评定	限于过去用过的焊接工艺，许多焊缝在类项、接头和材料方面相似。具体要求参见GB/T 19868.2—2005
基于标准焊接规程的评定	与焊接工艺评定试验相似，其限定范围参见GB/T 19868.3—2005
基于预生产焊接试验的评定	原则上可以经常使用，但要求在生产条件下制作试件，适合于批量生产，具体要求参见GB/T 19868.4—2005

3.2.1 基于焊接工艺评定试验的评定方法

这是一种施工单位利用焊接工艺评定试验对其所拟定的焊接工艺进行评定的方法。所谓“焊接工艺评定试验”，是施工单位为了验证其焊接工艺的正确性，按照有关标准，加工标准试件，采用所拟定的焊接工艺焊接试件，制取试样，并进行一系列理化试验的过程。试件的焊接及试验应由本企业的考官或考试机构监督，评定结果应得到考官或考试机构的认可和签字。

这里所说的考官是指被指定评估焊接工艺是否符合规定要求的人，考试机构是指被指定评估焊接工艺是否符合规定要求的机构。

该方法的特点是：其一，该方法应用最普遍，是一种最基本的焊接工艺评定方法，当用其他方法受到限制时，大多数情况下均可以采用这种方法；其二，在评定的过程中需要做理化试验；其三，所制备的试件是标准试件。

其适用条件是：除了特殊情况以外，一般都可以采用这种评定方法。“特殊情况”是指标准试件的形状和尺寸不能代表实际焊接接头时的情况，此时不适宜采用该方法评定。例如当结构形状（含断面的变化）复杂、拘束度很大、焊接可达性差时，不适宜采用该方法，而应采用基于预生产焊接试验的方法来评定。

对于钢、镍及镍合金来说，该方法执行的国家标准是 GB/T 19869. 1—2005《钢、镍及镍合金的焊接工艺评定试验》。

3. 2. 2 基于焊接经验的评定方法

该方法是施工单位通过参照以前的焊接经验，对其所拟定的焊接工艺进行评定的方法。所谓“焊接经验”，是指施工单位能够证明其在一定的时间内，利用其所制订的焊接工艺焊接的焊接接头质量始终合格的所有真实可信的试验数据，以及生产、使用等证明文件。评定结果应得到本企业考官或考试机构的认可和签字。

该方法的特点是：评定不需做任何试验，而是利用过去的焊接经验进行评定，因此可以减轻施工单位的负担。

其适用条件是：该方法仅限于施工单位过去用过的焊接工艺，且待评的焊接工艺中要焊的焊缝在类项、接头和材料方面与其相似。而且，施工单位有真实可信的文件证实其以前曾令人满意地焊制了相同的接头和材料种类。

需要注意的是，如果待评的焊接工艺是抗拉强度 $R_m \geqslant 600\mathrm{N/mm^2}$ 控轧钢的焊接工艺，所提供的焊接经验文件必须是国内同一钢厂生产的控轧钢的经验，而且其钢板最大厚度不得低于待评钢板的最大厚度。这主要是考虑到目前国内不同钢厂提供的控轧钢产品对焊接工艺的要求尚不完全相同。

此外，以前按其他工艺评定标准做过焊接工艺评定而且合格，并经生产实践证明的焊接工艺，当焊接条件都无变化时，也可按基于焊接经验的工艺评定方法处理。此时，做过的焊接工艺评定报告也要作为其证明性文件。

对于金属材料来说，该方法执行的国家标准是 GB/T 19868. 2—2005《基于焊接经验的工艺评定》。

3. 2. 3 基于试验焊接材料的评定方法

该方法是施工单位利用试验焊接材料制造单位此前对该焊接材料进行试验后所发布的有关文献，对其所拟定的焊接工艺进行评定的方法。所谓“试验焊接材料”。是指焊接材料制造单位按照有关的焊接材料检验标准试验过的焊接材料或材料组合。“有关文献”，是指由焊接材料制造单位正式颁布的能证明该焊接材料质量合格的试验结果文献。在该文献中，焊接材料制造单位应给出该焊接材料试验时所应用的母材条件、焊接参数及试验结果。经焊接工艺评定以后，评定结果应由本企业的考官或考试机构认可并签字。

其特点是：其一，评定只需利用焊接材料制造单位颁布的证明文献进行评定，而不需做任何试验，因此也可以减轻施工单位的负担；其二，其适用的范围比较窄。

其适用条件是：该方法仅限于评定使用该焊接材料的焊接工艺；待评的焊接工艺的焊接条件应与试验焊接材料制造单位规定的焊接条件一致；母材仅限于焊接对热影响区的组织和性能无显著恶化的那些母材，对于钢而言，只适用于类别为 1.1（屈服强度 $R_{eH} \leqslant 275N/mm^2$ 的钢）和类别为 8.1（$w_{Cr} \leqslant 19\%$ 的奥氏体不锈钢）两种钢。该方法适用的母材厚度为 3～40mm，角焊的焊缝有效厚度须大于等于3mm，管子的外径须大于25mm。该方法不适用于不同类材料之间的接头。当母材是钢时，适于该评定方法的焊接方法有焊条电弧焊（111）、自保护药芯焊丝电弧焊（114）、金属极惰性气体保护焊（MIG 焊）（131）、金属极活性气体保护焊（MAG 焊）（135）、药芯焊丝活性气体保护焊（136）、药芯焊丝惰性气体保护焊（137）、钨极惰性气体保护焊（TIG）（141）、等离子弧焊（15）和气焊（3）。

对于钢、铝及铝合金来说，该方法执行的国家标准是 GB/T 19868.1—2005《基于试验焊接材料的工艺评定》。

3.2.4 基于预生产焊接试验的工艺评定方法

该方法是施工单位利用预生产焊接试验，对其所拟定的焊接工艺进行评定的方法。所谓“预生产焊接试验”，是指模拟该产品的生产条件，用非标准试件进行的焊接试验，过去常称为“见证件试验”。其功能与焊接工艺评定试验相同。评定结果应由本企业的考官或考试机构认可并签字。

其特点是：其一，在评定的过程中需要做试验，即要按照有关标准要求加工试件，按照所拟定的焊接工艺焊接试件，制取试样，并进行一系列理化试验；其二，所制备的试件是非标准试件，即试件要考虑实际产品的接头形式、拘束度和可达性，在形状和尺寸上模拟焊接产品。

其适用条件是：当产品的具体结构比较特殊或焊接比较困难时，例如结构形状（含断面的变化）复杂、拘束度很大、焊接可达性差等，由于标准试件的形状和尺寸已不能代表实际焊接接头，此时需要采用基于预生产焊接试验的工艺评定方法来评定所拟定的焊接工艺。该方法虽然不是常用的工艺评定方法，但对于某些焊缝性能在很大程度上依靠某些条件（诸如尺寸、拘束度、热传导效应等）的焊接工艺而言，这种方法是可靠的评定方法。

对于金属材料的熔化焊和电阻焊来说，该方法执行的国家标准是 GB/T 19868.4—2005《基于预生产焊接试验的工艺评定》。

3.2.5 基于标准焊接规程的工艺评定方法

该方法是施工单位利用标准焊接规程，对其所拟定的焊接工艺进行评定的方法。所谓“标准焊接规程”，是指由其他焊接产品制造单位通过焊接工艺评定试验评定合格，由国家有关部门认定和颁发的焊接规程。它一般是以焊接工艺规程（WPS）或焊接工艺预规程（PWPS）的形式由有关部门颁布。在标准焊接规程中应包含所有变量的允许范围，并对所有的限制条件（如设备使用或环境）加以说明。标准焊接规程适于所有制造单位使用。评定的结果必要时由本企业的考官或考试机构认可并签字。

其特点是：该方法只依据标准焊接规程进行评定，不需要做任何试验。如果施工单位拟定的焊接工艺的所有变量都处于某个标准焊接规程的允许范围内，就可以评为合格。

其适用条件是：①该方法适用的母材类组有 1-1、1-11 和 8（注：8 中对热裂纹非常敏感的合金除外）；②施工单位应合理地选择和使用标准焊接规程，所选择的标准焊接规程应适用于待评的焊接工艺。

对于钢、铝及铝合金、铜及铜合金、镍及镍合金的焊接来说，该方法执行的国家标准是 GB/T 19868.3—2005《基于标准焊接规程的工艺评定》。

目前存在的问题是：由于我国尚未颁布任何标准焊接规程，因此目前该种方法的使用受到限制。

进行焊接工艺评定时，根据产品或工程的需要及制造单位的实际情况，由制造单位或安装单位选择其中一种评定方法进行焊接工艺评定。需要说明的是，在产品要求按 GB/T 19869.1—2005《钢、镍及镍合金的焊接工艺评定试验》进行标准试样的工艺评定试验时，若同时也存在特殊焊接接头，可按如下原则处理：当按 GB/T 19868.4—2005《基于预生产焊接试验的工艺评定》进行评定试验的内容能覆盖标准试样的试验内容时，不需要重复做标准试样的试验；否则，预生产焊接试验应作为标准试样焊接试验的补充。

3.3 焊接工艺评定规则

生产中，焊接结构和产品的品种繁多，生产条件千差万别。进行焊接工艺评定时，明确以下两个问题，对于可靠、经济地做好评定工作是十分重要的。

1）新产品在正式生产之前，产品必须评定的焊接接头的种类多、数量多，为减少焊接工艺评定的数量，评定时有无可简化的方法？

2）已经生产的焊接结构或产品，由于某种原因，需要改变原焊接工艺中的一个或几个变量，是否需要重新进行评定？

明确以上问题，对于保证评定的可靠性，同时减少焊接工艺评定的数量，减轻企业的负担具有重要意义。因此，在国内外的有关标准或法规中都针对上述问题作了一系列规定。

为了解决这个问题，在我国系列国家标准中对焊接条件中各个主要变量的认可范围作了规定。

所谓“认可范围”，是指针对经评定合格以后的焊接工艺中的某一焊接主要变量的认可范畴，即当该主要变量在这个范畴内变化时，是被允许的，不需要重新评定；反之，则需要评定。

焊接条件是由各种变量组成的，既包括与材料有关的各种变量，也包括与焊接工艺有关的各种变量。与材料有关的变量有母材种类、材料尺寸等；与焊接工艺有关的变量有焊接方法、接头设计、焊接位置、接头制备、焊接技能、背面清根、衬垫、焊接材料、电参数、机械化焊接及自动焊、预热温度、道间温度、预热维持温度、除氢后热、焊后热处理、保护气体、热输入等。根据焊接变量对焊接质量影响的大小，变量可以分为主要变量和非主要变量。主要变量是对焊接接头的使用性能和连续性、致密性影响较大的变量，是要求评定的焊接条件；非主要变量是对焊接接头的使用性能和连续性、致密性无明显影响的变量，因此虽然在焊接工艺中提出，但不要求做评定的焊接条件。

在标准中规定主要变量的认可范围，就能给简化焊接工艺评定带来很大方便。例如，在对新产品正式生产前所拟定的焊接工艺进行评定时，根据主要变量的认可范围，就能确定不同焊接接头的焊接工艺在什么情况下需要单独评定，在什么情况下可以合并；在生产中已经使用而由于某种原因需要改变原有焊接条件中的某个或某几个主要变量时，就能确定焊接工艺是否需要重新评定等。

不同的焊接工艺评定方法，各主要变量的认可范围不尽相同。

3.3.1　基于焊接工艺评定试验的评定方法的认可范围

1. 与材料有关的变量

(1) 母材类组　为了尽量减少焊接工艺评定的数量，从焊接的角度出发，将各类母材进行了类组划分，钢材分类见表3-3。

标准规定：该类组体系之外的母材（或母材组合）需要做单独的焊接工艺评定；如果某种材料可以归入多个类组（或分类组），应将其划为较低的类别（或组别）；相同类组中少许的成分差别不需要作重新评定。

表3-4所示为钢材各类组及分类组的认可范围。表中，“1-1”表示同类母材（均为1类钢）焊接的试件；“8-2”表示异种材质焊成的试件，即一块试板为8类钢，另一块试板为2类钢；“a”表示包括同类组屈服强度相同或较低的钢种；“b”表示包括同类组中所有分类组和较低的分类组；“c”表示包括同分类组中的钢。

表3-3　钢材类组

类　别	组　别	钢　种
1		上屈服强度 $R_{eH} \leqslant 460N/mm^2$，且成分如下： $w_C \leqslant 0.25\%$，$w_{Si} \leqslant 0.60\%$，$w_{Mn} \leqslant 1.70\%$，$w_{Mo} \leqslant 0.70\%$①，$w_S \leqslant 0.045\%$，$w_P \leqslant 0.045\%$，$w_{Cu} \leqslant 0.40\%$①，$w_{Ni} \leqslant 0.5\%$①，$w_{Ci} \leqslant 0.3\%$（0.4 铸钢），$w_{Nb} \leqslant 0.05\%$，$w_V \leqslant 0.12\%$①，$w_{Ti} < 0.05\%$
	1.1	上屈服强度 $R_{eH} \leqslant 275N/mm^2$ 的钢
	1.2	上屈服强度为 $275N/mm^2 < R_{eH} \leqslant 360N/mm^2$ 的钢
	1.3	上屈服强度 $R_{eH} > 360N/mm^2$ 的细晶粒正火钢
	1.4	改进型耐大气腐蚀钢（某一种元素允许超标）
2		上屈服强度 $R_{eH} > 360N/mm^2$ 的热控轧处理的细晶粒钢和铸钢
	2.1	上屈服强度 $360N/mm^2 < R_{eH} \leqslant 460N/mm^2$ 的热控轧处理的细晶粒钢和铸钢
	2.2	上屈服强度 $R_{eH} > 460N/mm^2$ 的热控轧处理的细晶粒钢和铸钢
3		上屈服强度 $R_{eH} > 360N/mm^2$ 的调质钢和沉淀硬化钢（不锈钢除外）
	3.1	上屈服强度 $360N/mm^2 < R_{eH} \leqslant 690N/mm^2$ 的调质钢
	3.2	上屈服强度 $R_{eH} > 690N/mm^2$ 的调质钢
	3.3	沉淀硬化钢（不锈钢除外）

（续）

类别	组别	钢种
4		$w_{Mo}≤0.7\%$且$w_V≤0.1\%$的低钒C-Mo-（Ni）钢
	4.1	$w_{Cr}≤0.3\%$且$w_{Ni}≤0.7\%$的钢
	4.2	$w_{Cr}≤0.7\%$且$w_{Ni}≤1.5\%$的钢
5		$w_{Cr}≤0.35\%$的无钒Cr-Mo钢②
	5.1	$0.75\%≤w_{Cr}≤1.5\%$且$w_{Mo}≤0.7\%$的钢
	5.2	$1.5\%<w_{Cr}≤3.5\%$且$0.7\%<w_{Mo}≤1.2\%$的钢
	5.3	$3.5\%<w_{Cr}≤7.0\%$且$0.4\%<w_{Mo}≤0.7\%$的钢
	5.4	$7.0\%<w_{Cr}≤10.5\%$且$0.7\%<w_{Mo}≤1.2\%$的钢
6		高钒Cr-Mo-（Ni）合金钢
	6.1	$0.3\%≤w_{Cr}≤0.75\%$，$w_{Mo}≤0.7\%$，$w_V≤0.35\%$的钢
	6.2	$0.75\%<w_{Cr}≤3.5\%$，$0.7\%<w_{Mo}≤1.2\%$，$w_V≤0.35\%$的钢
	6.3	$3.5\%<w_{Cr}≤7.0\%$，$w_{Mo}≤0.7\%$，$0.45\%≤w_V≤0.55\%$的钢
	6.4	$7.0\%<w_{Cr}≤12.5\%$，$0.7\%<w_{Mo}≤1.2\%$，$w_V≤0.35\%$的钢
7		$w_C≤0.35\%$，$10.5\%≤w_{Cr}≤30\%$的铁素体钢、马氏体钢或沉淀硬化不锈钢
	7.1	铁素体不锈钢
	7.2	马氏体不锈钢
	7.3	沉淀硬化不锈钢
8		奥氏体不锈钢
	8.1	$w_{Cr}≤19\%$的奥氏体不锈钢
	8.2	$w_{Cr}>19\%$的奥氏体不锈钢
	8.3	$4.0\%<w_{Mn}≤12\%$的含锰奥氏体不锈钢
9		$w_{Ni}≤10\%$的镍合金钢
	9.1	$w_{Ni}≤3.0\%$的镍合金钢
	9.2	$3.0\%<w_{Ni}≤8.0\%$的镍合金钢
	9.3	$8.0\%<w_{Ni}≤10\%$的镍合金钢
10		奥氏体－铁素体双相不锈钢
	10.1	$w_{Cr}≤24\%$的奥氏体－铁素体不锈钢
	10.2	$w_{Cr}>24\%$的奥氏体－铁素体不锈钢③
11		$0.25\%<w_C≤0.5\%$，其余成分与1类钢相同的钢
	11.1	$0.25\%<w_C≤0.35\%$，其余成分与1类钢相同的钢
	11.2	$0.35\%<w_C≤0.5\%$，其余成分与1类钢相同的钢

注：按照钢的产品标准，R_{eH}可用$R_{p0.2}$或$R_{t0.5}$代替。

① 当$w_{Cr}+w_{Mo}+w_{Ni}+w_{Cu}+w_V≤0.75\%$时，更高的值也可接受。

②“无钒”表示没特意添加该元素。

③ 当$w_{Cr}+w_{Mo}+w_{Ni}+w_{Cu}+w_V≤1\%$时，更高的值也可接受。

表3-4　钢材各类组及分类组的认可范围

试件的材料类组（或分类组）	认可范围
1-1	1^a-1
2-2	2^a-2；1-1；2^a-1
3-3	3^a-3；1-1；2-1；2-2；3^a-1；3^a-2
4-4	4^b-4；4^b-1；4^b-2
5-5	5^b-5；5^b-1；5^b-2
6-6	6^b-6；6^b-1；6^b-2
7-7	7^c-7
7-3	7^b-3；7^c-1；7^c-2
7-2	7^c-2^a；7^c-1
8-8	8^c-8
8-6 8-5	8^c-6^b；8^c-1；8^c-2；8^c-4 8^c-5^b；8^c-1；8^c-2；8^c-4；$8^c-6.1$；$8^c-6.2$
8-3	8^c-3^a；8^c-1；8^c-2
8-2	8^c-2^a；8^c-1
9-9	9^b-9
10-10	10^b-10
10-8	10^b-8^c
10-6	10^b-6^b；10^b-1；10^b-2；10^b-4
10-5	10^b-5^b；10^b-1；10^b-2；10^b-4；$10^b-6.1$；$10^b-6.2$
10-3	10^b-3^a；10^b-1；10^b-2
10-2	10^b-2^a；10^b-1
11-11	11^b-11；11^b-1

a　包括同类组中屈服强度相同或较低的钢种。
b　包括同类组中所有分类组和较低的分类组。
c　包括同分类组中的钢。

（2）母材厚度和管直径　对于采用一种焊接方法的评定而言，下列接头和焊缝的认可范围一般采用母材厚度：①对接接头；②角焊缝（除用母材厚度之外，单焊道还可使用角焊缝有效厚度作为认可范围）；③骑座式支接管接头（图3-1）；④插入式（或全插式）支接管接头（图3-2）；⑤全焊透板材的T形接头。

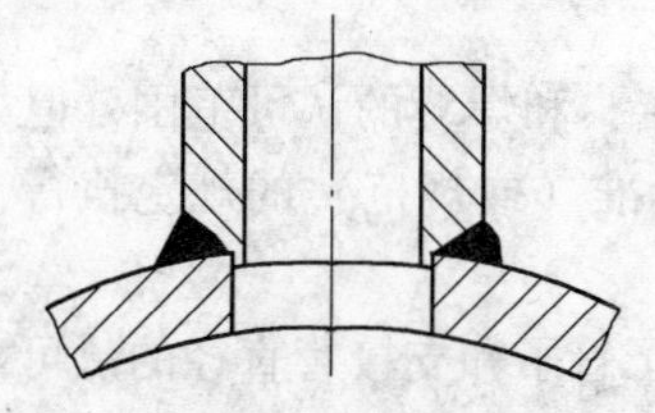

图3-1　骑座式支接管接头示例

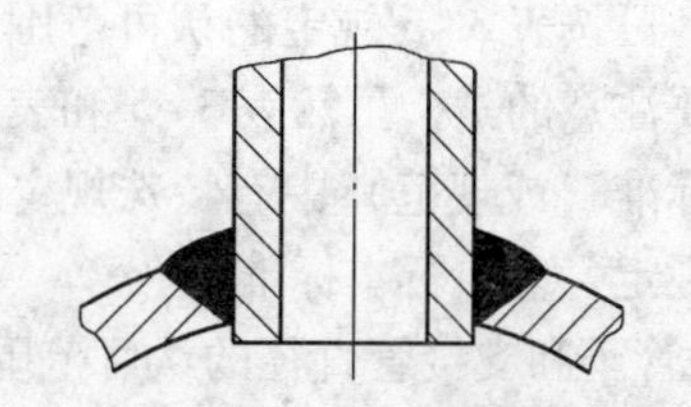

图3-2　插入式支接管接头示例

此外，对于骑座式支接管接头和插入式（或全插式）支接管接头的认可范围还采用管子直径。

对于采用多种焊接方法的评定而言，每种焊接方法的熔敷厚度可用来评定该焊接方法的认可范围。

1）对接接头、T形接头、支接管及角焊缝的认可范围。表3-5和表3-6分别规定了对接焊缝试件（图3-9、图3-10）和角焊缝试件（图3-11、图3-12）厚度所对应的认可范围。表3-5中备注①的含义是：对于厚度 t（焊缝熔敷厚度）为3～12mm的试件而言，当母材规定有冲击要求时，可不做焊接接头冲击试验，但认可范围的上限不能高于12mm；但如果 $t \leqslant 12$mm的试件做了冲击试验，当试验结果合格时，其单焊道认可范围仍按 $0.5t$（最小为3mm）$\sim 1.3t$，多道焊为3mm $\sim 2t$。

表3-5　对接焊缝试件厚度和焊缝熔敷厚度的认可范围

试件厚度或焊缝熔敷厚度 t/mm	认可范围（母材、焊缝熔敷厚度）	
	单道焊	多道焊
$t \leqslant 3$	$(0.7 \sim 1.3)t$	$(0.7 \sim 2)t$
$3 < t \leqslant 12$	$0.5t$（最小为3mm）$\sim 1.3t$①	3mm $\sim 2t$①
$12 < t \leqslant 100$	$(0.5 \sim 1.1)t$	$(0.5 \sim 2)t$
$t > 100$	不适用	50mm $\sim 2t$

① 规定冲击要求时，认可范围的上限值为12mm，冲击试验合格的不受此限制。

表3-6　角焊缝试件厚度和焊缝有效厚度的认可范围

试件厚度 t/mm	认 可 范 围		
	母材厚度	焊缝有效厚度	
		单道焊	多道焊
$t \leqslant 3$	$(0.7 \sim 2)\ t$	$(0.75 \sim 1.5)\ a$	无限制
$3 < t \leqslant 30$	$0.5t$（最小为3mm）$\sim 1.2t$	$(0.75 \sim 1.5)\ a$	无限制
$t > 30$	$\geqslant 5$	*	无限制

注：1. a 为试件的焊缝有效厚度。
2. 用对接焊缝评定角焊缝时焊缝有效厚度认可范围可根据熔敷金属厚度确定。
3. 带 * 的仅对特殊应用而言，每个焊缝有效厚度应通过一个焊接工艺评定试验单独验证。

对于支接管和角焊缝而言，认可范围对两部分母材都适用。如果使用对接焊缝评定角焊缝时，可按表3-6规定的认可范围。

需要注意的是，虽然表3-5和表3-6规定了各接头和焊缝的认可范围，但如果在该产品的标准（或规范）中有特殊规定时，应按产品标准（或规范）的规定执行，如果没有特殊规定，应执行本标准。

2）管子和支接管直径的认可范围。表3-7给出了管子和支接管直径的认可范围。当管子外径大于500mm，或者在平焊（PA）或横焊（PC）转动位置上的管子外径大于

150mm 时，板材的评定适用于管子。

表 3-7　管子和支接管的认可范围

试件的直径 D[①]/mm	认 可 范 围
$D \leqslant 25$	$(0.5 \sim 2)D$
$D > 25$	$\geqslant 0.5D$（最小 25mm）

注：对于中空结构，D 为较短边长。

① D 为主管或支管的外径。

3）支接管的角度。当评定合格的试件的支接管的角度为 α 时，焊接工艺适用于其他支接管的角度 α_1 为：$\alpha \leqslant \alpha_1 \leqslant 90°$。

2. 与焊接工艺通用性内容有关的变量

（1）焊接方法　焊接方法有焊条电弧焊、埋弧焊、熔化极气体保护焊、非熔化极气体保护焊、等离子弧焊、气焊等。评定仅对焊接工艺评定试验所用的焊接方法有效。

机械化程度分为手工、半机械化、全机械化和自动化四种。机械化程度不同的焊接方法应单独评定。

当采用多种焊接方法焊接同一条焊缝时，评定可以采用两种方法：分别评定法和组合评定法。

所谓"分别评定法"，是对焊接同一条焊缝的每种焊接方法采用单独的焊接工艺评定试验，分别进行评定的方法。

所谓"组合评定法"，是对采用多种焊接方法焊接一条焊缝的焊接工艺评定试验进行评定的方法。这样的评定仅对试验时所使用的焊接方法、顺序有效。

例如，有一焊件材质为 Q345，焊接接头没有冲击试验要求，焊缝用氩弧焊、焊条电弧焊和埋弧焊三种焊接方法完成，均采用多道焊。其母材厚度、焊缝熔敷厚度如图 3-3 所示。其焊接工艺可采用下述两种方法评定：

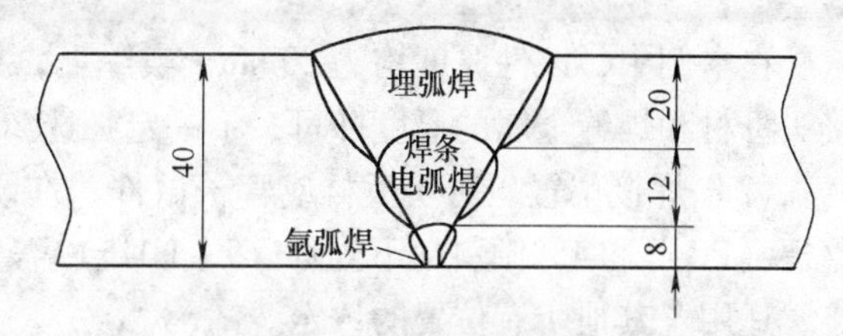

图 3-3　焊件接头形式

第一种方法：分别评定法。编制三份焊接工艺预规程，焊接三块试件，母材厚度和焊缝熔敷厚度如图 3-4 所示。试验合格后适用于焊件母材厚度和焊缝熔敷厚度的范围见表 3-8。可见，能够满足焊件母材厚度和焊缝熔敷厚度的要求。

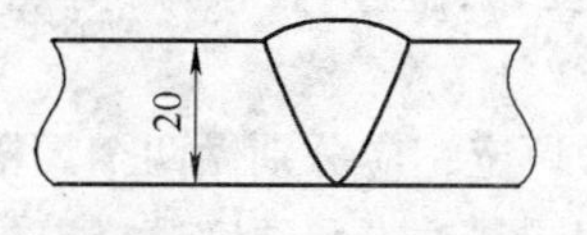

a)

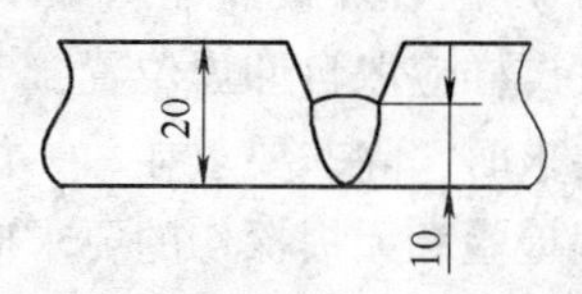

b)

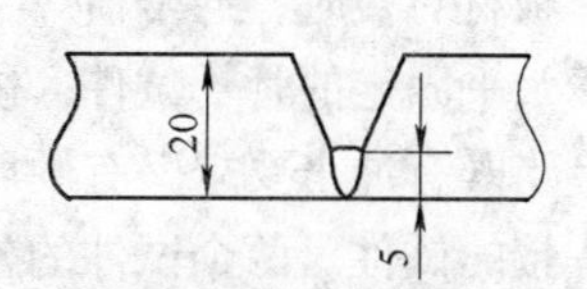

c)

图 3-4　分别评定用的试件

a）埋弧焊试件　b）焊条电弧焊试件　c）氩弧焊试件

表3-8 焊件母材厚度和焊缝熔敷厚度的允许范围

焊接方法	母材厚度/mm		焊缝熔敷厚度/mm	
	最小值	最大值	最小值	最大值
埋弧焊	10	40	10	40
焊条电弧焊	10	40	3	20
氩弧焊	10	40	3	10

第二种方法：组合评定法。如图3-5所示，编制一份焊接工艺预规程，用三种焊接方法完成试件。试验合格后适用于焊件母材厚度和焊缝熔敷厚度的认可范围见表3-9。可见，其范围也能满足焊件母材厚度和焊缝熔敷厚度的要求。

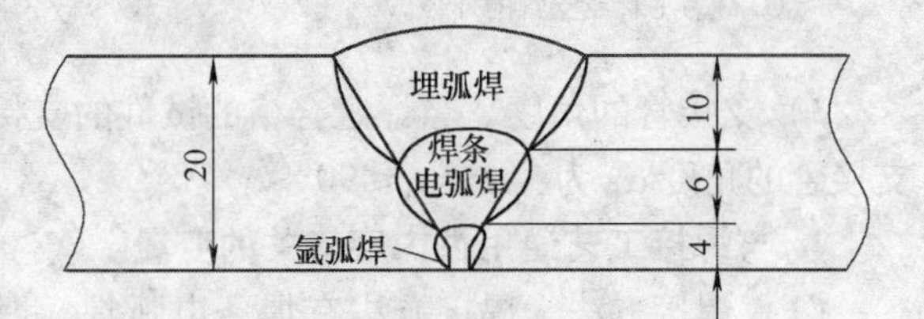

图3-5 组合评定用的试件

注：试件用三种焊接方法完成。

表3-9 焊件母材厚度和焊缝熔敷厚度的认可范围

焊接方法	母材厚度/mm		焊缝熔敷厚度/mm	
	最小值	最大值	最小值	最大值
埋弧焊	10	40	3	20
焊条电弧焊	10	40	3	12
氩弧焊	10	40	3	8

在本例中，试件厚度均为20mm，实际上，只要试件厚度的有效范围能覆盖焊件焊接接头母材和焊缝金属的厚度即可，不一定必选20mm。

（2）焊接位置　对于板材或管子试件，在既无冲击要求也无硬度要求时，除了向下立焊（PG）和45°倾斜向下立焊（J－L045）需要做单独评定外，取任意焊接位置进行焊接，适用于其他所有位置的评定。

当有冲击要求时，为了用一次试验评定所有的焊接位置，应取热输入最大的焊接位置进行焊接。板材对接时，通常立焊（PF）位置焊接热输入最大，冲击试样应取自立焊部位。对于水平固定的管子试件，冲击试样也应取自立焊部位。

当有硬度要求时，为了用一次试验评定所有的焊接位置，应取热输入最小的焊接位置。板材对接时，通常横焊（PC）位置焊接热输入最小，硬度试样应取自横焊部位。而对于水平固定的管子试件，硬度试样应取自仰焊位置。

当既有冲击要求又有硬度要求时，除非要求在单一位置做评定，应分别做两个焊接位置焊接的试件。两个试件的外观检验和无损探伤的要求应该相同，冲击和硬度试样以外的其他破坏性试验的试样可以取自任意试件，另一试件可以是较短的试件，只用于冲击或硬度试验。

（3）接头/焊缝种类　评定试验所使用的全焊透的对接焊缝试件评定合格的焊接工艺适用于全焊透的及部分焊透的对接焊缝和角焊缝，而当角焊缝在产品焊接中占主导地位时要求评定角焊缝；T形接头的对接焊缝试件仅适用于T形接头对接焊缝和角焊缝；管子的对接接头试件适用于角度大于或等于60°的直接管；无衬垫的单面焊缝适用于双面焊缝和带衬垫的焊缝；带衬垫的焊缝适用于双面焊缝；未清根的双面焊缝适用于带清根的双面焊缝；角焊缝仅适用于角焊缝。对于给定的焊接方法，不允许将多道熔敷改变为单道（或者是每侧一道）熔敷，反之也不可以。

（4）焊接材料型号　只要焊接材料与评定用的焊接材料在标准型号方面力学性能相当，药皮、焊芯和焊剂种类相同，化学成分相同，氢含量相等或更低，评定就适用于这些焊接材料。

（5）焊接材料牌号　当有冲击试验要求时，对于焊条电弧焊（111）、自保护药芯焊丝电弧焊（114）、埋弧焊（12）、非惰性气体保护药芯焊丝电弧焊（136）、惰性气体保护药芯焊丝电弧焊（137）而言，有效范围限定在评定试验所使用的焊接材料牌号。当使用型号相同、牌号不同的其他焊接材料时，采用与原始试验相同的规范焊接一块附加试件，而且附加试件的焊缝金属冲击试验合格时，则允许将有效范围扩大至该焊接材料牌号。型号和化学成分相同的实芯焊丝和填充丝无此限制。

（6）焊接材料规格　在热输入规定的变化范围内[参见(8)]，允许改变焊接材料的尺寸。

（7）电流种类　认可范围限于焊接工艺评定试验中所使用的电流种类（交流、直流、脉冲电流）和极性。对于焊条电弧焊，当不要求冲击试验时，交流适合于直流（直流正接和直流反接均可）。

（8）热输入　有冲击试验要求时，认可的热输入上限可比试件使用的热输入大25%；有硬度试验要求时，认可的热输入下限可比试件使用的热输入小25%。

如果焊接工艺评定试验用高、低两个热输入分别进行，则中间的所有热输入也适用。

（9）预热温度　要求预热时，评定的下限值就是焊接工艺评定试验之前所施加的名义预热温度。

（10）道间温度　评定的上限值就是焊接工艺评定试验中达到的最高道间温度。

（11）除氢后热　认可的后热温度和时间不得减少。原来没有后热的可以增加后热，但有后热的不得省略。

（12）焊后热处理温度　认可后，不允许增加或取消焊后热处理。

除非另有规定，认可的温度范围为焊接工艺评定试验所使用的保温温度±20℃。有要求时，加热速度、冷却速度和保温时间应与生产对应一致。

（13）初始热处理　沉淀硬化材料在焊接之前不允许改变其原始的热处理条件。

3. 不同焊接方法的特殊要求

（1）埋弧焊（12）

1）单丝埋弧焊（121）、带极埋弧焊（122）、多丝埋弧焊（123）、添加金属粉末的埋弧焊（124）、药芯焊丝埋弧焊（125）的各个主要变量应当单独评定。

2）焊剂的认可范围仅局限于评定试验所用的牌号和型号。

（2）电弧焊　熔化极惰性气体保护电弧焊（131）、熔化极非惰性气体保护电弧焊（135）、非惰性气体保护药芯焊丝电弧焊（136）和惰性气体保护药芯焊丝电弧焊（137）

1）保护气体的认可局限于评定所用的气体型号，但是，CO_2 的含量不得超过评定试验所用量的10%。

2）认可仅局限于焊接工艺评定试验使用的焊丝配置（如单丝或多丝）。

3）对于实芯焊丝和金属粉末芯焊丝而言，使用短路过渡的评定仅适用于短路过渡。使用喷射过渡或粗滴过渡的评定适用于喷射过渡和粗滴过渡两者。

（3）钨极惰性气体保护焊（141）

1）保护气体和背面气体的认可局限于评定所用的气体型号。

2）无背面气体的评定适用于带背面气体的焊接工艺。

3）使用填充材料的焊接不适用于无填充材料的焊接，反之亦然。

（4）等离子弧焊（15）

1）认可局限于焊接工艺试验所使用的等离子气体组分。

2）保护气体和背面气体的认可局限于评定所用的气体型号。

3）使用填充材料的焊接不适用于无填充材料的焊接，反之亦然。

（5）氧乙炔焊（311）　使用填充材料的焊接不适用于无填充材料的焊接，反之亦然。

3.3.2　基于试验焊接材料工艺评定方法的认可范围

总的来说，待评的焊接工艺中所用的母材应与该试验焊接材料制造单位的文献所规定的母材为同一类组的母材；待评的焊接工艺的焊接条件应与该试验焊接材料制造单位规定的焊接条件相一致。而且，应当分别满足下述的所有条件，超出认可范围的变化需要用其他方法进行评定。

1. 与材料有关的变量

（1）母材类组　对于钢材来说，本评定方法只适用于类组号为1.1（上屈服强度$R_{eH} \leqslant$ 275N/mm^{2}的钢）和8.1（$w_{Cr} \leqslant 19\%$的奥氏体不锈钢）的两种钢，且不适用于不同类组材料之间的接头。

（2）母材厚度　本评定方法对母材厚度的适用范围为3~40mm。

（3）角焊缝的焊缝有效厚度　本评定方法对角焊缝的焊缝有效厚度的适用范围为≥3mm。

（4）管子的直径　本评定方法对管子外径D的适用范围为>25mm。

2. 与焊接工艺通用性内容有关的变量

（1）焊接方法　母材是钢材时，本评定方法适用的焊接方法有：焊条电弧焊（111）、自保护药芯焊丝电弧焊（114）、熔化极惰性气体保护电弧焊（131）、熔化极活性气体保护电弧焊（135）、非惰性气体保护药芯焊丝电弧焊（136）、惰性气体保护药芯焊丝电弧焊（137）、钨极惰性气体保护焊（141）、等离子弧焊（15）、气焊（3）。

（2）焊接位置　仅限于焊接材料制造单位文献规定的那些位置。

（3）焊接材料　仅限于所选的焊接材料制造单位生产的焊接材料，而且焊接材料的商标牌号都要一致。

（4）电流种类　电流种类和极性仅限于焊接材料制造单位文献规定的范围。

3. 不同焊接方法的特殊要求

1）对于熔化极惰性气体保护电弧焊（131）、熔化极活性气体保护电弧焊（135）、非惰性气体保护药芯焊丝电弧焊（136）和惰性气体保护药芯焊丝电弧焊（137）来说，正面和（或）背面的保护气体局限于焊接材料制造单位文献规定的范围；评定局限于单丝焊接。

2）对于钨极惰性气体保护焊（141）和等离子弧焊（15）来说，正面和（或）背面的保护气体局限于焊接材料制造单位文献规定的范围。

3.3.3 基于预生产焊接试验工艺评定方法的认可范围

基于预生产焊接试验工艺评定方法的认可范围为：

1）焊接接头只适用于该预生产焊接试验所使用的焊接接头种类。

2）通过预生产焊接试验确定的其他主要变量，如母材类组、母材厚度、焊接材料、焊接方法、预热温度、热输入等的认可范围与 GB/T 19869.1—2005《钢、镍及镍合金的焊接工艺评定试验》中认可范围的各项规定一致。此外，厚度的认可范围还适用于接头的每个构件和焊缝厚度。

3.3.4 基于焊接经验的工艺评定方法的认可范围

各主要变量认可范围确定的依据是施工单位过去的焊接经验。但是焊接经验需通过文件化的试验（检验）数据和焊接生产报告（或产品正常服役的报告）得到证实。文件具体包括：

1）所有条件下的焊接产品试验的主要性能（如无损检测、破坏性试验、泄漏或压力试验），或此前按其他工艺评定标准进行的情况相同的焊接工艺评定报告。这些文件应该是五年内的文件。

2）五年内焊缝服役良好的使用报告（也可以是用户反馈意见）或者是五年内至少一年的焊接生产报告（也可以是用户的产品验收资料）。

按照焊接经验确定的焊接工艺的认可范围与基于焊接工艺评定试验评定方法（GB/T 19869.1—2005）确定的认可范围的各项规定一致。

3.3.5 基于标准焊接规程的工艺评定方法的认可范围

按照本评定方法评定焊接工艺，当评定使用的母材类组为 1 - 1 时，认可范围为1 - 1；当评定使用的母材类组为 1 - 11 时，认可范围为 1 - 1、1 - 11、11 - 11；当评定使用的母材类别为 8（对热裂纹非常敏感的合金除外）时，认可范围为 8 - 8。其他主要变量的认可范围由所选定的标准焊接规程给出。

3.4 焊接工艺评定的一般程序和操作

焊接生产中，焊接工艺评定一般是按照图 3-6 所示的程序进行的，即由焊接施工单位的设计部门或工艺技术管理部门提出焊接工艺评定项目申请，经过一定的审批程序，下达到实施部门，实施部门首先编制记载着待评焊接工艺信息的焊接工艺预规程（PWPS），然后选择评定方法，根据需要进行（或不进行）焊接工艺评定综合试验，接着对焊接工艺预规程进行评定，评定后，将评定结果填入焊接工艺评定报告（WPQR）。当某项变量评定不合格时，应分析原因，重新编制焊接工艺预规程，重新试验和评定，直到合格为止。

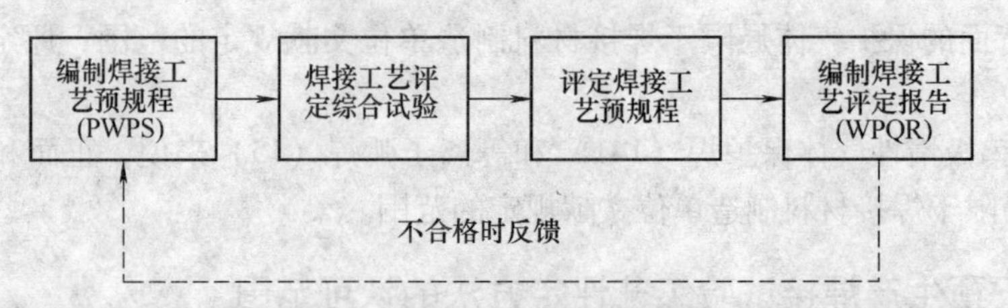

图 3-6 焊接工艺评定程序图

焊接工艺评定报告是编制用于指导焊接实际操作的焊接工艺规程（WPS）的依据。焊接工艺评定结束后，可依据已经评定合格的焊接工艺评定报告编制焊接工艺规程或工作指令，用于指导生产。图 3-7 是制订焊接工艺规程 WPS 的流程图。

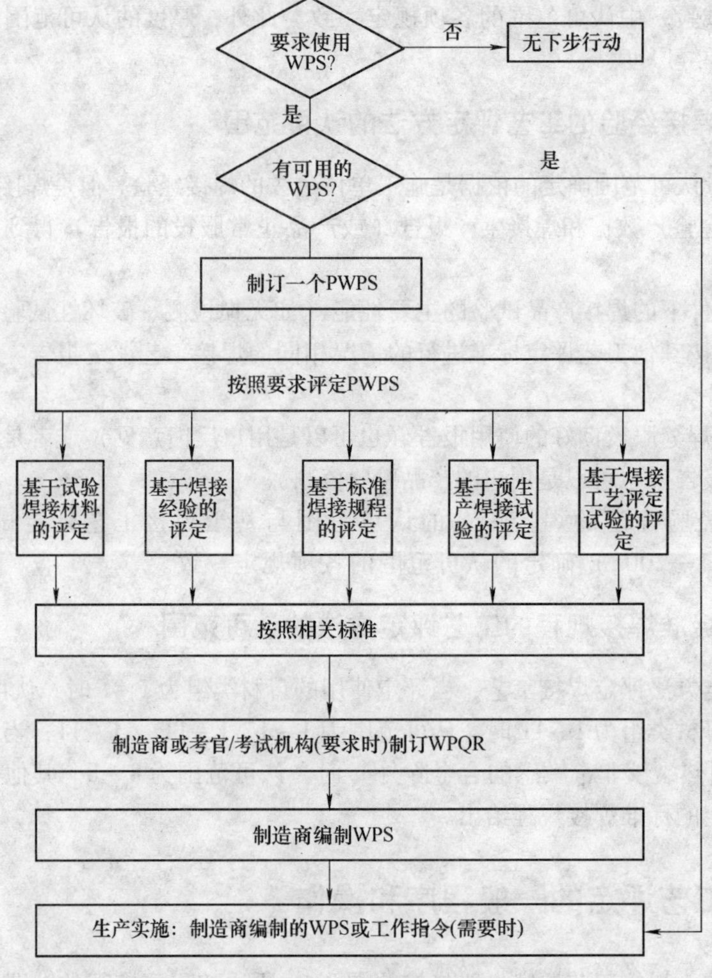

图 3-7 制订焊接工艺规程 WPS 的流程图

3.4.1 编制焊接工艺预规程（PWPS）

焊接工艺预规程（PWPS）是待评的焊接工艺规程（WPS）。它是与制造焊件有关的加工和实践要求的细则文件。过去对其有不同的称谓，如“焊接工艺方案”、“焊接工艺评定指导书”等。无论选择哪种评定方法，施工单位都应编制焊接工艺预规程（PWPS）。由于焊接工艺预规程记载了待评焊接工艺的所有信息，它是焊接工艺评定的直接对象。

根据规定，对于焊接产品的制造和安装，在正式焊接施工之前都应进行焊接工艺评定。对于一个具体的焊接产品或结构来说，哪些焊接接头或焊缝的焊接工艺在焊前必须评定，哪些可以不评，在产品焊接规程中一般都有规定，例如 NB/T 47015—2011《压力容器焊接规程》中对钢制压力容器规定的必须评定的焊缝有：①受压元件焊缝；②与受压元件相焊的焊缝；③熔入永久焊缝内的定位焊缝；④受压元件母材表面堆焊、补焊。对这些焊缝拟采用的焊接工艺都必须进行评定。如果合格，就可以在焊接生产中使用，如果不合格，则应该修改工艺，重新进行评定。

尽管如此，对于一个具体的焊接产品或结构来说，由于采用的焊接接头形式往往是多样的，数量较多，评定工作往往比较繁重。那么，是否可以减少焊接工艺评定的工作量呢？回答是可以的，即可以利用焊接工艺评定规则，通过对焊接接头进行分类、合并或替代来简化焊接工艺评定工作。例如，根据评定标准中关于焊接条件中只有主要变量才需要评定，非主要变量不需要评的规定，可以将只是非主要变量不同的多个焊接接头的焊接工艺合并在一起，统一评定；又如，在利用焊接工艺评定综合试验进行评定时，根据规则中关于焊接条件中各主要变量认可范围的规定，将主要变量均在其认可范围内的不同焊接接头的焊接工艺进行合并，统一评定，均可以使焊接工艺评定的工作量大大减少。

为了避免漏评或重复评定，应首先在产品图样上统计出所有须评焊接接头及其有关的特征，包括焊接接头的类型（如对接接头、T形接头、支接管接头、角接接头、十字形接头等）、连接接头的焊缝形式（如对接焊缝、角焊缝等），以及焊缝是否全焊透等，还有母材的种类、母材厚度、管直径等数据。同时，列出每个焊接接头拟采用的焊接工艺，包括焊接方法、坡口形式及尺寸、焊接材料型号和牌号、焊接电流、电弧电压、焊接速度、预热温度、道间温度、焊后热处理规范等焊接参数。然后，按照本章3.3节介绍的焊接工艺评定规则对焊接接头进行分类、合并或替代。

由于不管是何种焊接接头都是由焊缝连接的，焊接接头的使用性能很大程度上取决于焊缝，因此工艺评定的依据是焊缝的质量，因而，这里对焊接接头的分类，实际上是根据不同类型接头的焊缝形式进行分类。为了便于评定，主要分为六类：①板对接焊缝（图3-8a）；②管对接焊缝（图3-8b）；③T形接头对接焊缝（图3-8c）；④T形接头的角焊缝（图3-8d）；⑤支接管接头对接焊缝（图3-8e）；⑥支接管接头的角焊缝（图3-8f）。生产中的各种焊接接头根据其焊缝形式和接头组成特点，基本上都可纳入其中。

对焊接接头进行合并或替代，是将已分类的焊接接头按照本章3.3节介绍的焊接工艺评定规则，将仅是非主要变量不同的焊接接头，和虽然有的主要变量不同但均在规则规定的认可范围内的焊接接头合并在一起，统一评定，这样就可以大大减少评定工作量。例如，对仅是厚度不同的焊接接头，按照该材料厚度的认可范围，可以分成若干组，试验时每组只取其中一个厚度即可，但要求该厚度的认可范围应覆盖该组其他接头母材的厚度。

经过上述分类、合并或替代以后，就可以确定需要进行焊接工艺评定的数量，就可以分别编制一份焊接工艺预规程，作为焊接工艺评定的原始依据和评定对象。

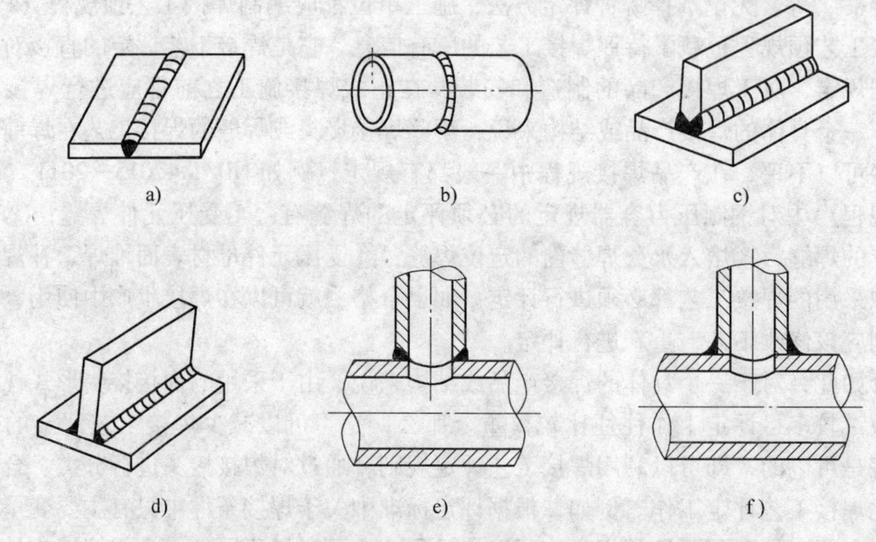

图 3-8　评定前对焊接接头焊缝的分类
a）板对接焊缝　b）管对接焊缝　c）T形接头对接焊缝
d）T形接头的角焊缝　e）支接管接头对接焊缝　f）支接管接头的角焊缝

编制焊接工艺预规程是一项技术性比较强的工作，应由施工单位具有一定专业知识和较多生产经验的焊接工艺人员编制。焊接工艺人员应比较全面地掌握所要评定材料的焊接性能，而且能够根据理论知识和金属焊接性综合试验来拟定焊接工艺，并根据规则做好编制焊接工艺预规程等前期工作，而且应确保所编制的焊接工艺预规程适合于实际工况，使焊接工艺评定做得既可靠又经济。

焊接工艺预规程的内容与焊接工艺规程所包含的内容基本一致，即应包括与待评焊接工艺有关的所有的焊接条件，不仅包括所有主要变量，而且包括所有非主要变量，还应给出主要变量的范围。作为一份完整的焊接工艺预规程，一般包括以下三部分内容：

1. 有关制造单位（制造商）的内容

1）制造单位的名称。

2）焊接工艺预规程（PWPS）的名称和编号。

3）编制人和批准人的签字及日期。

2. 有关材料的内容

1）母材种类，包括材料型号、牌号及标准编号；母材类组等。

2）材料尺寸，包括接头的厚度范围、管子的外径范围等。

3. 所有焊接工艺的通用性内容

1）焊接方法。

2）接头设计，包括接头设计图（形状和尺寸）、焊接次序等。

3）焊接位置。

4）接头制备，包括制备方法、清理去污方法、装夹及定位焊接情况等。

5）焊接技能，包括焊接摆动情况（对于手工焊而言，指焊道的最大宽度；对于机械化焊接和自动焊而言，指摆动的最大幅度、频率和时间)，还包括焊炬、电极和（或）焊丝的角度等。

6）背面清根，包括将要使用的方法、清根深度和形状等。

7）衬垫，包括衬垫的方法和类型、衬垫材料及尺寸，采用背面气体保护时，应明确气体标志。

8）焊接材料，包括焊接材料的型号、牌号、制造单位及商标；焊接材料的尺寸（规格)，保管和使用要求（烘干、空气中的暴露时间、再烘干）等。

9）电参数，包括焊接电流的种类（直流或交流）及极性、焊接电流范围、弧焊电压，必要时还包括脉冲焊接详细信息（机器装置、程序选择）等。

10）机械化焊接及自动焊，包括焊接速度范围、送丝速度等。

11）预热温度，包括开始焊接及焊接时使用的最低温度，无预热要求时焊接开始之前焊件的最低温度。

12）道间温度，各焊道之间的最高温度（必要时为最低温度)。

13）预热维持温度，即焊接中断时，温度区域应当保持的最低温度。

14）除氢后热，包括温度范围、最少保温时间。

15）焊后热处理，应规定焊后热处理（或时效处理）的最少时间和温度范围，或者给出规定这条信息的标准编号。

16）保护气体，应规定气体的名称、型号，必要时还应包括成分、制造商及商标。

17）热输入，有要求时，给出热输入范围。

18）其他有关具体焊接方法的特殊内容，可查阅 GB/T 19867.1—2005《电弧焊焊接工艺规程》。

焊接工艺预规程可以参照 GB/T 19867.1—2005《电弧焊焊接工艺规程》中推荐的焊接工艺规程（WPS）格式编制，表 3-10 是一个实例。焊接工艺预规程中的项目，对于具体的应用而言，可以根据实际情况作增减处理。

表 3-10　焊接工艺预规程（PWPS）

PWPS 编号：PWPS18	制备及清理方法：机械加工，砂轮除锈
制造商：××××厂	母材规程：GB 713—2008，钢号 20g
金属过渡形态：熔滴渣壁过渡	材料厚度范围：3 ~ 24mm
接头种类及焊缝种类：板对接接头/对接焊缝	焊接位置：平焊
焊缝制备细节（示意图）：	

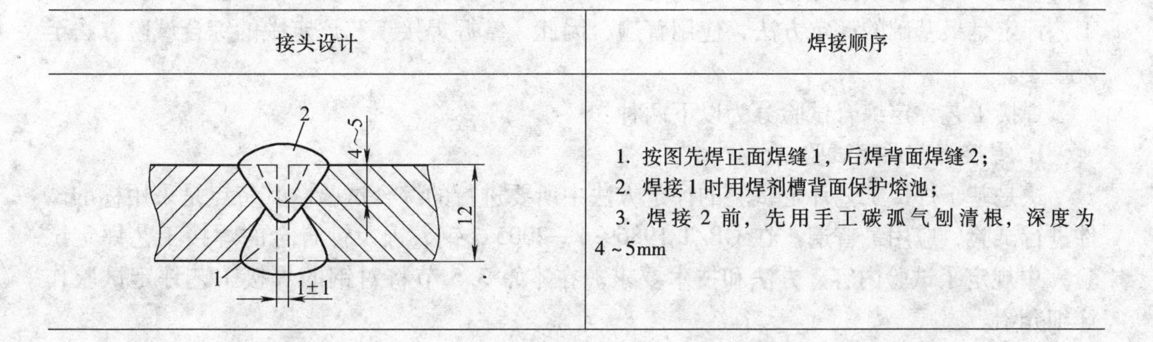

接头设计	焊接顺序
(示意图)	1. 按图先焊正面焊缝 1，后焊背面焊缝 2； 2. 焊接 1 时用焊剂槽背面保护熔池； 3. 焊接 2 前，先用手工碳弧气刨清根，深度为 4 ~ 5mm

（续）

焊接细节

焊道	焊接方法	填充金属尺寸	电流/A	电压/V	电流种类/极性	送丝速度	移动速度/(cm/min)	热输入/(kJ/cm)
1	埋弧焊	ϕ4mm	640~650	31~32	直流反极性	/	30	39.7~41.6
2	埋弧焊	ϕ4mm	620~630	31~32	直流反极性	/	30	38.4~40.3

焊接材料型号及制造商：焊丝-焊剂型号为F4A0-H08A，焊剂牌号为HJ431，$X_1X_1X_1$厂生产；焊丝直径为4mm，$X_2X_2X_2$厂生产。

特殊衬垫或烘干：焊剂焊前在150℃烘干2h。

气体/焊剂标志：保护：焊剂保护。

衬垫：焊剂槽。

气体流量　保护：/

衬垫：/

钨极种类及尺寸：/

清根/衬垫的细节：用手工碳弧气刨背面清根，深度为4~5mm。

预热温度：无

道间温度：≤200℃

后热：无

预热维持温度：无

焊后热处理及（或）时效处理：无

时间、温度、方法：/

加热及冷却速度：/

其他信息，如：

摆动（焊道最大宽度）：不摆动。

摆动：幅度、频率、暂停时间：/

脉冲焊接细节：/

导电管/工作距离：导电嘴至工作距离为25~30mm。

等离子焊接细节：/

焊枪角度：90°

制造商名称、签字及日期：××××厂

×　×　×　　　2007.10.21

3.4.2　焊接工艺评定综合试验

在五种焊接工艺评定方法中，基于焊接工艺评定试验的工艺评定和基于预生产焊接试验的工艺评定均需要做综合试验，其他三种方法不需要做综合试验。由于基于综合试验的工艺评定是最基础的评定方法，应用普遍，因此，掌握焊接工艺评定中的综合试验方法至关重要。

焊接工艺评定综合试验分为以下两种：

1. 焊接工艺评定试验

这是基于焊接工艺评定试验的评定方法中所要进行的综合试验。其特点是采用标准试件进行试验，应用最普遍。在GB/T 19869.1—2005《钢、镍及镍合金的焊接工艺评定试验》中规定了试验内容、方法和技术要求。在本章3.5节将对钢的焊接工艺评定试验作详细介绍。

2. 预生产焊接试验

这是基于预生产焊接试验的评定方法中所要进行的综合试验。其特点是试验采用非标准试件，在生产条件下制备和焊接试件，试件的形状和尺寸应模拟焊接产品的实际焊接条件。在GB/T 19868.4—2005《基于预生产焊接试验的工艺评定》中规定了试验内容、方法和技术要求。在本章3.5节将介绍钢的预生产焊接试验。

3.4.3 评定焊接工艺预规程

如何对焊接工艺预规程进行评定？不同的焊接工艺评定方法，有不同的评定方式。基本可分为两大类，即需要做综合试验的评定和不需要做综合试验的评定。

1. 需要做综合试验的评定

这一类评定包括基于焊接工艺评定试验的工艺评定和基于预生产焊接试验的工艺评定两种方法。这一类评定的共同之处是：首先按照各自标准的要求制备试件，采用焊接工艺预规程中的焊接参数焊接试件，制取试样，并进行各种理化试验；然后将试验结果与标准中规定的合格指标相对照。如果各项试验结果都达到了合格指标要求，即可判定该焊接工艺预规程通过了评定，该焊接工艺预规程所记载的焊接工艺是合格的；如果某项试验结果没有达到合格指标要求，则需重新编制焊接工艺预规程，重新试验，重新评定。

2. 不需要做综合试验的评定

这一类评定包括基于试验焊接材料的工艺评定、基于焊接经验的工艺评定和基于标准焊接规程的工艺评定三种方法。这一类评定的共同之处是：评定方法选定以后，首先根据此前制订的焊接工艺预规程所包含的内容，正确地选取评定所依据的文献资料，例如基于试验焊接材料工艺评定方法所依据的试验焊接材料制造单位所提供的有关文献，基于焊接经验的工艺评定方法所依据的能够证明施工单位具有这方面焊接经验的技术资料，基于标准焊接规程的工艺评定方法所依据的标准焊接规程等，并确定出待评焊接工艺所涉及的各主要变量的认可范围。然后，将焊接工艺预规程中的各主要变量与其对照，如果均在其认可范围之内，则认为该焊接工艺预规程通过了焊接工艺评定，该焊接工艺预规程所记载的焊接工艺是合格的；如果某项试验结果没有在其认可范围之内，则要求改用其他方法，重新评定。

3.4.4 编制焊接工艺评定报告（WPQR）

进行完所有的综合试验项目并完成工艺评定以后，就可以着手编制焊接工艺评定报告。无论采用哪一种方法评定，评定后都应编制焊接工艺评定报告。焊接工艺评定报告是记录有关试验数据及评定结果的综合性报告，它应包括对焊接工艺预规程中所有主要变量的评定结果以及该变量的认可范围。虽然非主要变量不需要评定，但也应在焊接工艺评定报告中列出。在焊接工艺评定报告中应包括包括以下三部分：

1. 焊接工艺评定—试验证书

这部分应包括经过焊接工艺评定后的所有变量的认可范围和经评定后得出的最后结论，还有焊接工艺评定报告（WPQR）的编号，以及本企业的考官或考试机构的签名、颁发日期等。

2. 焊接试验报告

这部分应列出焊接工艺评定时所采用的全部焊接条件，包括母材规程、材料厚度、管子外径、焊接位置、焊接方法、焊接接头种类、焊接接头设计草图、焊接顺序、接头制备方法及清理、焊接材料型号及牌号、焊材特殊烘干或干燥要求、焊接参数、热输入、预热温度、道间温度、焊后热处理、背面清根或衬垫详述、焊枪摆动、焊丝干伸长度等。

这部分还要注明焊接工艺评定报告（WPQR）的编号和焊接工艺预规程（PWPS）的编号、制造单位的签名、日期以及本企业的考官或考试机构签名、日期等。

3. 试验结果

这部分要如实记录各项试验的结果，包括外观检验、无损检验、拉伸试验、弯曲试验、冲击试验、硬度试验、低倍金相试验等，还要给出试验执行的标准，以及试验结果是否符合要求的结论。这部分也要注明焊接工艺评定报告（WPQR）的编号，以及本企业的考官或考试机构的签名和日期等。

此外，对于基于试验焊接材料的工艺评定，还应包括焊接材料制造单位的有关文献副本（这些文献支持 PWPS 给出的焊接条件）和试验焊接材料符合标准的说明；对于基于焊接经验的焊接工艺评定，焊接工艺评定报告还应包括有关焊接经验的证实文件。

焊接工艺评定报告编制好以后，经有关部门审核、批准以后生效。

焊接工艺评定报告是编制焊接工艺规程或工作指令的依据。由焊接工艺人员根据焊接工艺评定报告并结合实际生产条件编制出焊接工艺规程或工作指令，然后就可以用于指导车间焊接产品的实际焊接。一份焊接工艺评定报告可以编制一份以上的焊接工艺规程。

3.5 焊接工艺评定综合试验的内容

3.5.1 基于焊接工艺评定试验进行评定的试验内容

在 GB/T 19869.1—2005《钢、镍及镍合金的焊接工艺评定试验》中规定了焊接工艺评定试验的内容。如前所述，为了便于评定，按照接头形式焊缝主要分为：板对接焊缝、管对接焊缝、T 形接头对接焊缝、T 形接头角焊缝、支接管接头对接焊缝、支接管接头角焊缝六种。每一种焊缝需检测的内容不尽相同，根据试验项目的异同，可以归纳为三种情况，每种情况均包括若干无损检验和破坏性试验，具体内容见表 3-11。

表 3-11　各种焊缝的试验内容

接头类型	试验种类	试验内容
板对接焊缝 管对接焊缝	外观 射线或超声波① 表面裂纹检测② 横向拉伸 横向弯曲③ 冲击④ 硬度⑤ 低倍金相	100% 100% 100% 2 个试样 4 个试样 2 组 按要求进行 1 个试样

（续）

接头类型	试验种类	试验内容
T形接头对接焊缝 支接管接头对接焊缝	外观⑥ 射线或超声波①⑥⑦ 表面裂纹检测②⑥ 硬度⑤⑥ 低倍金相⑥	100% 100% 100% 按要求进行 2个试样
T形接头角焊缝 支接管接头角焊缝	外观⑥ 表面裂纹检测②⑥ 硬度⑤⑥ 低倍金相⑥	100% 100% 按要求进行 2个试样

① 超声波检验不适用于小于8mm（$t<8$mm）的厚度，也不适用于8、10、41～48组材料。

② 渗透检验或磁粉检验。对于非磁性材料，采用渗透检验。

③ 对接接头试验的试样和试验应符合GB/T 2653—2008的规定。

④ 厚度$t>12$mm的母材，并有规定的冲击性能时要求，1组为焊缝金属，1组为热影响区。应用标准可能要求做12mm以下的冲击试验。试验温度应由制造商根据实际应用或应用标准选择，但不得低于母材技术条件要求。

⑤ 不要求的母材：1.1、8、41～48组材料。

⑥ 详述的试验不提供接头力学性能方面的信息。这些性能与应用有关时，应进行附加的评定，如对接焊缝评定。

⑦ 外径≤50mm时，不要求做超声波检验；外径>50mm而且无法实施超声波检验时，应进行射线检验。其前提条件是接头外形符合射线检验的实施条件并可获得有效的检验结果。

1. 板对接焊缝和管对接焊缝的试验内容

（1）无损检验

1）外观检查。主要检查焊缝表面是否存在各种焊接缺欠以及缺欠是否超标，要求对试件焊缝进行100%检查。

2）射线检测或超声波检测。主要检查焊缝内部质量，即有无裂纹、气孔、夹杂等缺欠以及是否超标，要求对试件焊缝进行100%检测。

3）表面裂纹检测。主要检查焊缝表面是否存在裂纹以及是否超标，要求采用渗透检验或磁粉检验，对试件焊缝进行100%检测。

（2）破坏性试验

1）焊接接头横向拉伸试验。主要测定焊接接头横向抗拉强度。板对接焊缝和管对接焊缝均要求做焊接接头横向拉伸试验。

2）焊接接头弯曲试验。试验目的是检查焊接接头的塑性和揭示接头内部的缺欠。测定指标有弯曲角度。一般要求做焊接接头横向弯曲试验，在有的情况下可以用纵向弯曲代替横向弯曲。

3）焊接接头冲击试验。主要目的是测定焊缝金属或热影响区的冲击韧度。测定指标有焊缝金属冲击吸收能量和热影响区冲击吸收能量。什么情况下做冲击试验，有如下规定：

① 对于厚度大于12mm的母材，当母材的标准有规定冲击试验要求时，都应做冲击试验，冲击试验要做两组，一组为焊缝金属，一组为热影响区；当母材的标准无冲击性能规定时，就不用做冲击试验。

② 对于厚度小于等于12mm的母材，只有产品标准（非母材标准）或合同文件、图样有明确要求时才做，否则不做。

另外，试验温度应由制造单位根据实际应用或产品标准选择，但不得低于母材技术条件要求。如果合同文件、图样对所用的母材有试验温度规定时，要按合同文件、图样的规定执行。

4）焊接接头硬度试验。主要目的是测定焊接接头的硬化程度。测定指标是维氏硬度值 HV_{10}。除了上屈服强度 $R_{eH} \leqslant 275N/mm^2$ 的钢（1.1 组）、$w_{Cr} \leqslant 19\%$ 和 $w_{Cr} > 19\%$ 的奥氏体不锈钢（8.1 组和 8.2 组）、$4.0\% < w_{Mn} \leqslant 12\%$ 的奥氏体不锈钢（8.3）之外，均要求做焊接接头硬度试验。

5）焊接接头低倍金相检验。主要检测焊接接头在低倍金相显微镜下是否清晰地显示出熔合线、热影响区、各层焊道和未受到热影响的母材。均要求做焊接接头低倍金相检验。

2. T 形接头对接焊缝和支接管接头对接焊缝的试验内容

（1）无损检验

1）外观检查。

2）射线检测或超声波检测。

3）表面裂纹检测。

（2）破坏性试验

1）焊接接头硬度试验。

2）焊接接头低倍金相检验。

每一项试验的内容与板对接焊缝和管对接焊缝相同。

3. T 形接头角焊缝和支接管接头角焊缝的试验内容

（1）无损检验

1）外观检查。

2）表面裂纹检测。

（2）破坏性试验

1）焊接接头硬度试验。

2）焊接接头低倍金相检验。

每一项试验的内容与板对接焊缝和管对接焊缝相同。

除上述试验项目外，在产品标准中还有可能增加附加试验项目，如焊缝纵向拉伸试验、全焊缝金属弯曲试验、腐蚀试验、化学分析、高倍金相检验、δ 铁素体检验、十字接头试验等，焊接工艺评定时，也应按产品标准的规定执行。

特殊应用，材料或制造条件可能要求进行比 GB/T 19869.1—2005《钢、镍及镍合金的焊接工艺评定试验》标准规定的试验更为完整，以获得更多的信息，避免后期为取得附加试验数据而重复试验。

3.5.2 基于预生产焊接试验进行评定的试验内容

在 GB/T 19868.4—2005《基于预生产焊接试验的工艺评定》标准中规定：试件试验的内容应尽可能按照 GB/T 19869.1—2005《钢、镍及镍合金的焊接工艺评定试验》标准中规定的内容进行。如果由于结构（试件）等原因受到限制，一般情况下应进行下列试验：

1. 无损检验

（1）外观检查　主要检查焊缝表面是否存在各种焊接缺欠以及缺欠是否超标，要求对试件焊缝进行 100% 检查。

（2）表面裂纹检测　主要检查焊缝表面是否存在裂纹以及是否超标。要求采用渗透检验或磁粉检验，对于非磁性材料仅做渗透检验。

2. 破坏性试验

（1）焊接接头硬度试验　除抗拉强度 $R_m < 420N/mm^2$ 或上屈服强度 $R_{eH} < 275N/mm^2$ 的铁素体钢、奥氏体不锈钢外，其他的钢材均要求做焊接接头硬度试验。

（2）焊接接头低倍金相检验　主要检测焊接接头在低倍金相显微镜下是否清晰地显示出熔合线、热影响区、各层焊道和未受到热影响的母材。具体数量视结构形状而定。

3.6　焊接工艺评定综合试验的方法及合格指标

3.6.1　基于焊接工艺评定试验进行评定的试验方法及合格指标

1. 试件的制备

试验采用标准试件。根据 GB/T 19869.1—2005《钢、镍及镍合金的焊接工艺评定试验》标准，标准试件有四种：全焊透的板对接焊缝试件、全焊透的管对接焊缝试件、T 形接头试件和支接管连接试件。

（1）试件的形状和尺寸

1）全焊透的板对接焊缝试件。全焊透的板对接焊缝试件用于评定板对接焊缝。试件应按图 3-9 制备。

2）全焊透的管对接焊缝试件。全焊透的管对接焊缝试件用于评定管对接焊缝。试件应按图 3-10 制备。

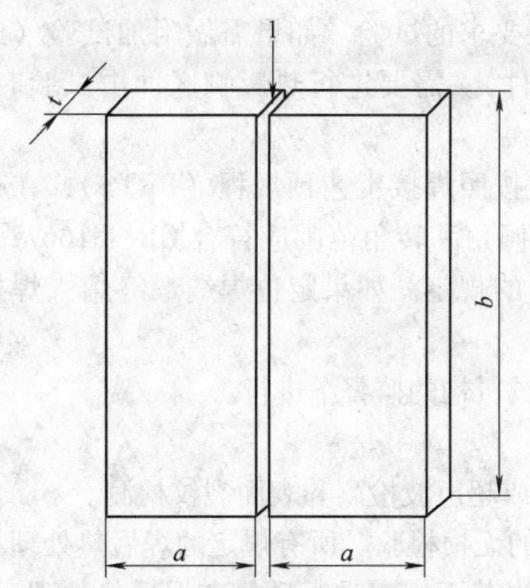

图 3-9　全焊透的板对接焊缝试件

1—接头制备及组装按焊接工艺预规程（PWPS）
a—最小值 150mm　*b*—最小值 350mm
t—母材厚度

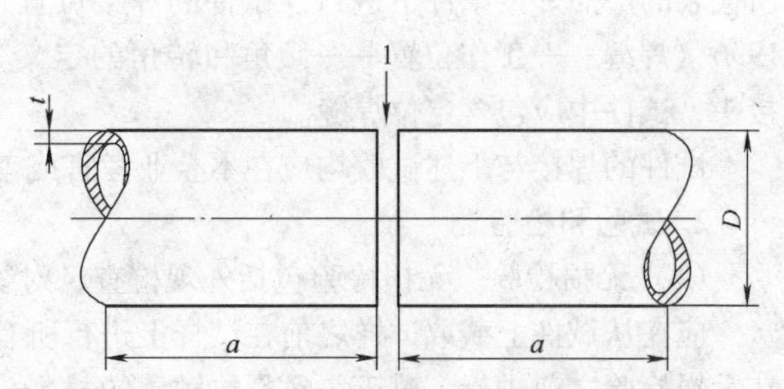

图 3-10　全焊透的管对接焊缝试件

1—接头制备及组装按焊接工艺预规程（PWPS）
a—最小值 150mm　*D*—管子外径　*t*—母材厚度

3）T 形接头试件。T 形接头试件用于评定全焊透的 T 形接头对接焊缝及 T 形接头角焊缝。T 形接头试件应按图 3-11 制备，当用于评定全焊透的 T 形接头对接焊缝时，如果立板较厚，需要开坡口。

4）支接管连接试件。支接管连接试件用于评定全焊透的支接管接头（骑座式、插入式或全插式接头）对接焊缝及支接管接头角焊缝。支接管连接试件应按图 3-12 制备，角度 α 为用于实际产品的最低值。当用于评定全焊透的支接管接头对接焊缝时，如果不能焊透，需要开坡口。

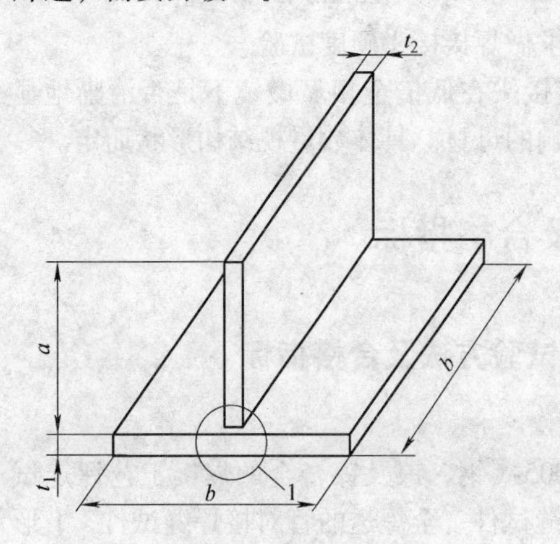

图 3-11 T形接头试件

1—接头制备及组装按焊接工艺预规程（PWPS）

a—最小值 150mm　b—最小值 350mm

t_1、t_2—母材厚度

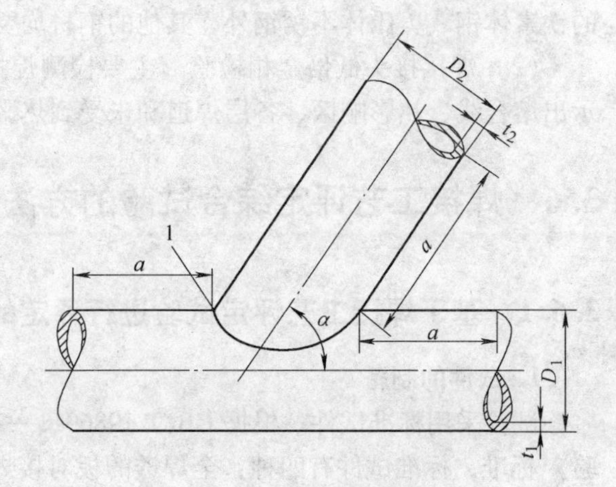

图 3-12 支接管连接试件

1—接头制备及组装按焊接工艺预规程（PWPS）

α—支管角度　a—最小值 150mm　D_1—主管外径

t_1—主管壁厚　D_2—支管外径　t_2—支管壁厚

上述四种试件的厚度、管径应充分考虑其适用于焊件厚度、管径的有效范围，即应选取能覆盖焊件厚度的厚度作为试件的厚度，选取能覆盖焊件管径范围的管径作为试件的管径。试件应有足够的尺寸或数量以确保能进行所有要求的试验。如果需做附加试验（或重新试验），允许制备附加试件（或尺寸加长的试件）。需要进行热影响区冲击试验时，应标记试件板材的轧制方向。

（2）试件的焊接　试件的制取、组装、焊接应按照焊接工艺预规程（PWPS），在其所代表的产品焊接条件下进行。试件的焊接位置、倾角和转角范围应符合 GB/T 16672—1996《焊缝——工作位置——倾角和转角的定义》的规定。如果定位焊缝最终熔入焊接接头，试件中应包含定位焊缝。

试件的焊接与下述试验均应在本企业考官或考试机构的监督下进行。

2. 试验和检验

（1）无损检验　无损检验包括外观检查、射线或超声波检测和表面裂纹检测。

应在从试件上截取试样之前在试样上进行所有的无损检验。所有规定的焊后热处理都在无损检验之前进行。对于氢致裂纹敏感的材料，当其不规定进行后热和焊后热处理时，应延迟一段时间再做无损检验。

1）外观检查。用肉眼或低倍放大镜检查焊缝金属表面有无未熔合、裂纹、气孔、咬边、焊瘤、下塌等焊接缺欠，并用适当量具测量。

2）射线检测或超声波检测。焊缝射线检测是利用 X 射线或 γ 射线源发出的射线具有穿透物质的能力，而完好部位与缺欠部位透过的剂量有差异，从而能在射线照相底片上形成缺欠影像的无损检测方法。超声波检测是利用超声波能透入金属材料，而在缺欠部位能形成反射或衍射，其信号强度与缺欠的尺寸、取向、表面状态等有关，从而能在显示屏幕上形成具有不同幅度和位置缺欠波的无损检测方法。

焊缝射线检测和超声波检测的试验原理、试验方法详见本书第7章。

3）表面裂纹检测。表面裂纹检测采用渗透检测或磁粉检测。渗透检测是将带有颜色的渗透液喷涂在焊缝上，利用毛细作用使其渗入缺欠，经清洗后施加显像剂显示缺欠彩色迹痕的检测方法。磁粉检测是利用经磁化的焊缝在缺欠部位能形成一漏磁场，该磁场能吸附磁粉，从而形成缺欠痕迹的检测方法。

焊缝渗透检测和磁粉检测的试验原理、试验方法详见本书第7章。

以上三项试验的合格指标为：如果试件内的缺欠符合GB/T 19418—2003《钢的弧焊接头　缺陷质量分级指南》规定的B级限值（见表3-12）要求（但下列缺欠种类除外：焊缝金属过多、凸度过大、焊缝厚度过大和塌陷，这些缺欠的限值为C级），则判定焊接工艺合格。

如果试件不符合合格指标的要求，应再焊制一块试件并进行同样的试验，如果这块附加的试件仍无法满足这些要求，则焊接工艺评定失败。

表3-12　缺欠质量分级限值

序号	缺欠名称	GB/T 6417.1—2005 代号	说明	缺欠质量分级限值		
				一般D	中等C	严格B
1	裂纹	100	除显微裂纹（$hl \leqslant 1mm^2$），弧坑裂纹（见序号2）以外的所有裂纹	不允许		
2	弧坑裂纹	104		允许	不允许	
3	气孔及密集气孔	2011 2012 2014 2017	缺欠必须满足下列条件及限值： a）投影区域或断裂面内缺欠总和的最大尺寸； b）单个气孔的最大尺寸； 一对接焊缝； 一角焊缝； c）单个气孔的最大尺寸	4% $d \leqslant 0.5s$ $d \leqslant 0.5a$ 5mm	2% $d \leqslant 0.4s$ $d \leqslant 0.4a$ 4mm	1% $d \leqslant 0.3s$ $d \leqslant 0.3a$ 3mm
4	局部密集气孔	2013	密集气孔的整个区域应合计并计算下述两个区域（即，包含所有气孔的封闭区或以焊缝宽度为直径的圆）中面积较大者的百分比。 多孔区应当是局部性的，应当考虑隐藏其他种类缺欠的可能性。 缺欠必须满足下列条件和限值： a）投影区域或断裂面内缺欠总和的最大尺寸； b）单个气孔的最大尺寸； 一对接焊缝； 一角焊缝； c）局部密集气孔的最大尺寸	15% $d \leqslant 0.5s$ $d \leqslant 0.5a$ 4mm	8% $d \leqslant 0.4s$ $d \leqslant 0.4a$ 3mm	4% $d \leqslant 0.3s$ $d \leqslant 0.3a$ 2mm

（续）

序号	缺欠名称	GB/T 6417.1—2005 代号	说明	缺欠质量分级限值		
				一般 D	中等 C	严格 B
5	条形气孔 虫形气孔	2015 2016	长缺欠： —对接焊缝； —角焊缝； 任何条件下，条形气孔、虫形气孔的最大尺寸	$h \leqslant 0.5s$ $h \leqslant 0.5a$ 2mm	不允许	不允许
			短缺欠： —对接焊缝； —角焊缝； 任何条件下，条形气孔、虫形气孔的最大尺寸	$h \leqslant 0.5s$ $h \leqslant 0.5a$ 4mm	$h \leqslant 0.4s$ $h \leqslant 0.4a$ 3mm	$h \leqslant 0.3s$ $h \leqslant 0.3a$ 2mm
6	固体夹杂（铜夹杂除外）	300	长缺欠： —对接焊缝； —角焊缝； 任何条件下，固体夹杂的最大尺寸	$h \leqslant 0.5s$ $h \leqslant 0.5a$ 2mm	不允许	不允许
			短缺欠： —对接焊缝； —角焊缝； 任何条件下，固体夹杂的最大尺寸	$h \leqslant 0.5s$ $h \leqslant 0.5a$ 4mm	$h \leqslant 0.4s$ $h \leqslant 0.4a$ 3mm	$h \leqslant 0.3s$ $h \leqslant 0.3a$ 2mm
7	铜夹杂	3024		不允许		
8	未熔合	401		允许，但只能是间断性的，而且不得造成表面开裂	不允许	
9	未焊透	402	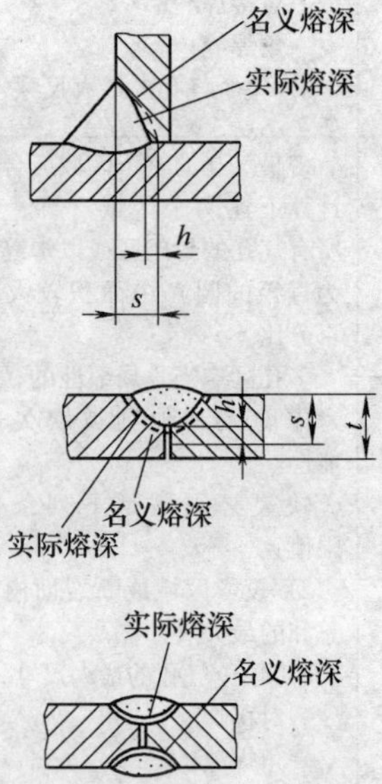	长缺欠：不允许		不允许
				短缺欠： $h \leqslant 0.2s$ 最大 2mm	短缺欠： $h \leqslant 0.1s$ 最大 1.5mm	

（续）

序号	缺欠名称	GB/T 6417.1—2005 代号	说明	缺欠质量分级限值		
				一般 D	中等 C	严格 B
10	角焊缝装配不良		被焊工件之间的间隙过大或不足 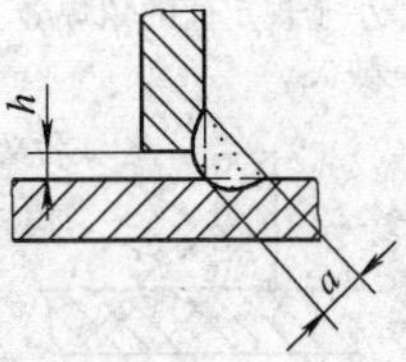 在有些场合下，间隙超过适当限值可能导致喉厚增加	$h\leqslant$1mm + 0.3a 最大 4mm	$h\leqslant$0.5mm +0.2a 最大 3mm	$h\leqslant$0.5mm +0.1a 最大 2mm
11	咬边	5011 5012	要求平滑过渡 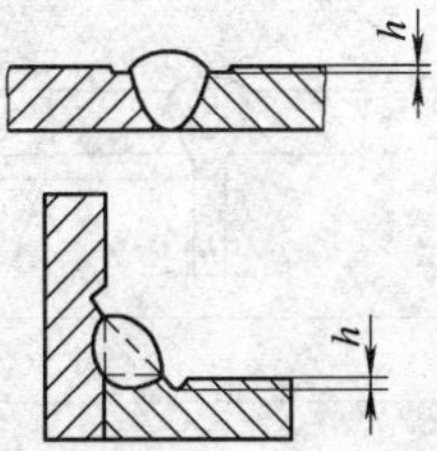	$h\leqslant$1.5mm	$h\leqslant$1.0mm	$h\leqslant$0.5mm
12	焊缝超高	502	要求平滑过渡 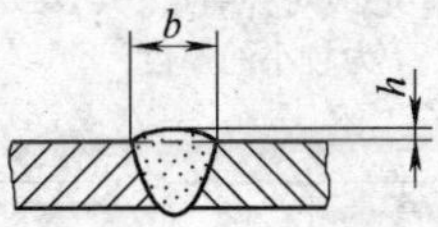	$h\leqslant$1mm + 0.25b 最大 10mm	$h\leqslant$1mm + 0.15b 最大 7mm	$h\leqslant$1mm + 0.1b 最大 5mm
13	凸度过大	503	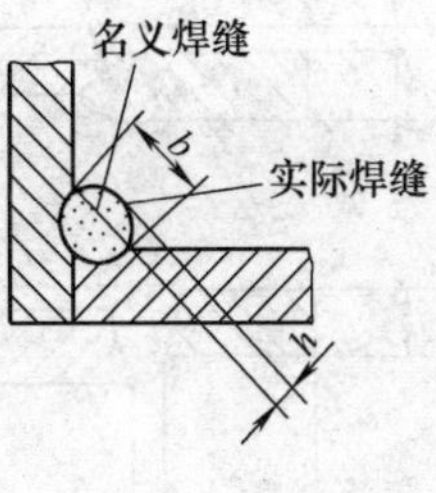 名义焊缝 实际焊缝	$h\leqslant$1mm + 0.25b 最大 5mm	$h\leqslant$1mm + 0.15b 最大 4mm	$h\leqslant$1mm + 0.1b 最大 3mm
14	角焊缝喉厚超过公称尺寸值		对于许多应用而言，喉厚超过公称尺寸不算缺欠 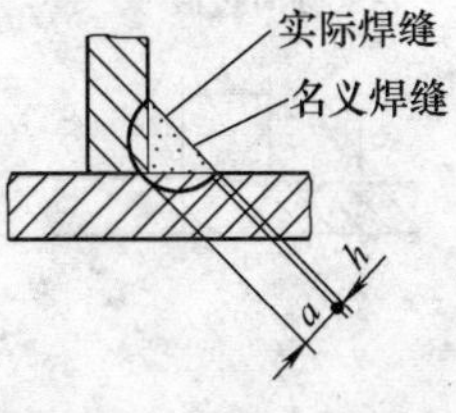 实际焊缝 名义焊缝	$h\leqslant$1mm + 0.3a 最大 5mm	$h\leqslant$1mm + 0.2a 最大 4mm	$h\leqslant$1mm + 0.15a 最大 3mm

（续）

<table>
<tr><th rowspan="2">序号</th><th rowspan="2">缺欠名称</th><th rowspan="2">GB/T 6417.1—2005 代号</th><th rowspan="2">说明</th><th colspan="3">缺欠质量分级限值</th></tr>
<tr><th>一般 D</th><th>中等 C</th><th>严格 B</th></tr>
<tr><td rowspan="2">15</td><td rowspan="2">角焊缝喉厚小于公称尺寸值</td><td rowspan="2"></td><td rowspan="2">如果实际喉厚经更大的熔深补偿而与公称值相当，则外形上喉厚小于规定值的角焊缝不应看成是缺欠
名义焊缝
实际焊缝
h
a</td><td colspan="2">长缺欠；不允许</td><td rowspan="2">不允许</td></tr>
<tr><td>短缺欠
$h \leq 0.3\text{mm}+0.1a$
最大 2mm</td><td>短缺欠
$h \leq 0.3\text{mm}+0.1a$
最大 1mm</td></tr>
<tr><td>16</td><td>下塌</td><td>504</td><td>t
h
b</td><td>$h \leq 1\text{mm}+1.2b$
最大 5mm</td><td>$h \leq 1\text{mm}+0.6b$
最大 4mm</td><td>$h \leq 1\text{mm}+0.3b$
最大 3mm</td></tr>
<tr><td>17</td><td>局部凸起</td><td>5041</td><td></td><td>允许</td><td colspan="2">允许偶然性的局部凸起</td></tr>
<tr><td rowspan="4">18</td><td rowspan="4">错边</td><td rowspan="4">507</td><td rowspan="4">这些限值涉及偏离正确位置，除非另有规定，正确位置就是指中心线对齐一致。
t 为较小的厚度
图a)
图b)</td><td colspan="3">图 a）板材及纵向焊缝</td></tr>
<tr><td>$h \leq 0.25t$
最大 5mm</td><td>$h \leq 0.15t$
最大 4mm</td><td>$h \leq 0.1t$
最大 3mm</td></tr>
<tr><td colspan="3">图 b）环缝
$h \leq 0.5t$</td></tr>
<tr><td>最大 4mm</td><td>最大 3mm</td><td>最大 2mm</td></tr>
<tr><td rowspan="3">19</td><td rowspan="3">未焊满
下垂</td><td rowspan="3">511
509</td><td rowspan="3">要求圆滑过渡
b
h
t</td><td colspan="3">长缺欠；不允许</td></tr>
<tr><td colspan="3">短缺欠</td></tr>
<tr><td>$h \leq 0.2t$
最大 2mm</td><td>$h \leq 0.1t$
最大 1mm</td><td>$h \leq 0.05t$
最大 0.5mm</td></tr>
</table>

（续）

序号	缺欠名称	GB/T 6417.1—2005 代号	说明	缺欠质量分级限值 一般 D	中等 C	严格 B
20	角焊缝焊脚不对称	512	假设规定角焊缝应对称 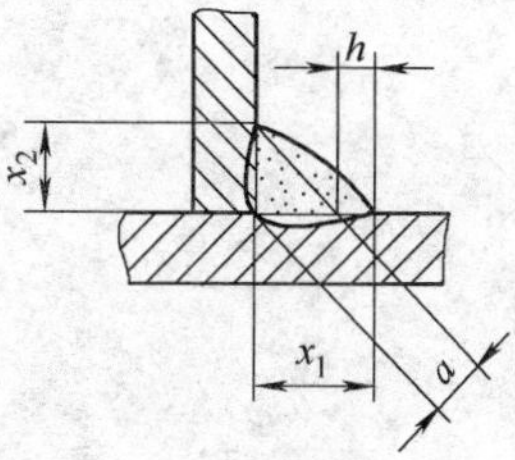	$h \leqslant 2mm + 0.2a$	$h \leqslant 2mm + 0.15a$	$h \leqslant 1.5mm + 0.15a$
21	根部收缩缩沟	515 5013	要求圆滑过渡 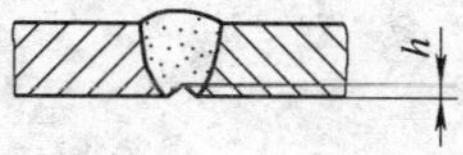 	$h \leqslant 1.5mm$	$h \leqslant 1mm$	$h \leqslant 0.5mm$
22	焊瘤	506	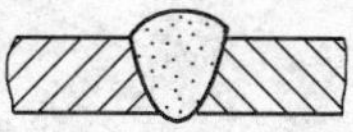	允许短缺欠	不允许	
23	接头不良	517		允许	不允许	
24	电弧擦伤	601		验收准则可能受热处理影响，是否允许取决于母材种类，特别是母材对裂纹的敏感性		
25	飞溅	602		允许	不允许	
26	任一截面内的多重缺欠		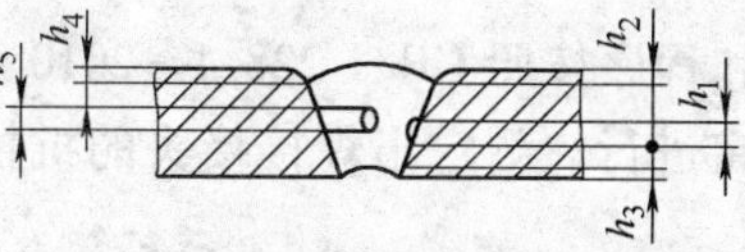 $h_1 \cdot h_2 \cdot h_3 \cdot h_4 \cdot h_5 \leqslant \sum h$ 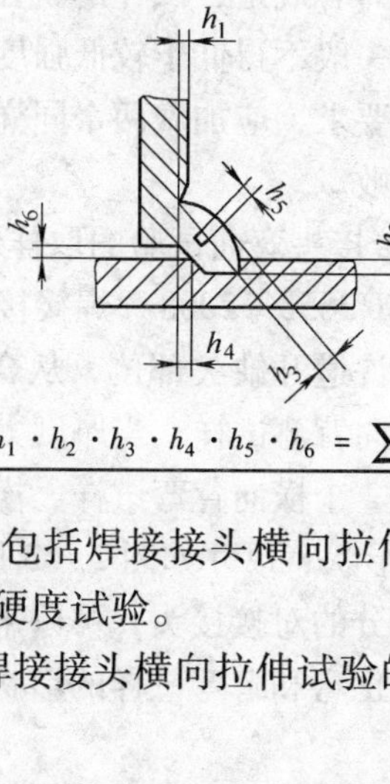 $h_1 \cdot h_2 \cdot h_3 \cdot h_4 \cdot h_5 \cdot h_6 = \sum h$	短缺欠高度的最大总和$\sum h$ 0.25s 或 0.25a 最大 10mm	0.2s 或 0.2a 最大 10mm	0.15s 或 0.15a 最大 10mm

（2）破坏性试验　破坏性试验包括焊接接头横向拉伸试验、焊接接头弯曲试验、低倍金相检验、焊接接头冲击试验和硬度试验。

1）焊接接头横向拉伸试验。焊接接头横向拉伸试验的取样位置如图 3-13、图 3-14

所示。试样的形状、尺寸应符合 GB/T 2651—2008《焊接接头拉伸试验方法》的规定，如图 2-27 所示。用机械加工方法制取 2 个横向拉伸试样。试样允许避开缺欠部位，从合格的部位截取。对于外径大于 50mm 的管子，应去除两面多余的焊缝金属，使得试样厚度与管壁厚相同；对于外径小于或等于 50mm 的管子，采用较小管子的整个截面时，允许保留管子内表面的焊缝余高。

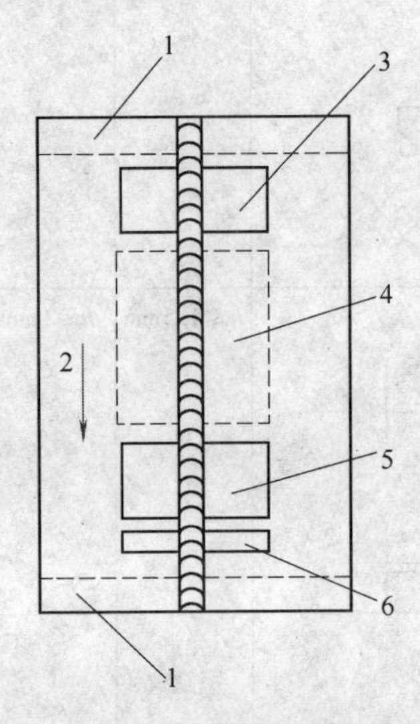

图 3-13　板对接接头试样位置

1—去除 25mm　2—焊接方向

3—一个拉伸试样和弯曲试样

4—有要求时为冲击和附加试样

5—一个拉伸试样和弯曲试样

6—一个金相试样，一个硬度试样

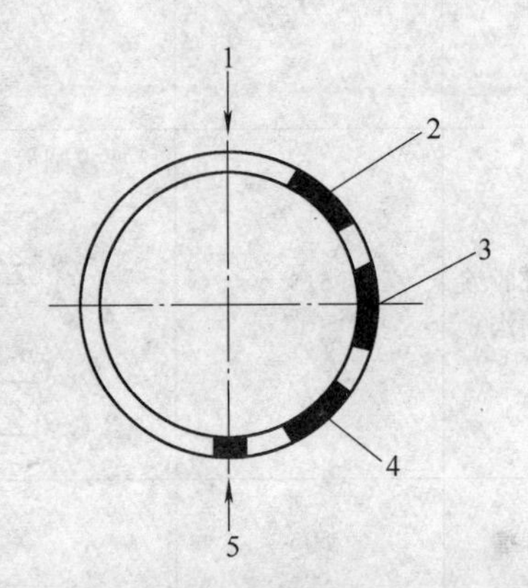

图 3-14　管子对接接头试样的位置

1—固定管的顶端

2—一个拉伸试样和弯曲试样

3—有要求时为冲击和附加试样

4—一个拉伸试样和弯曲试样

5—一个金相试样和一个硬度试样

横向拉伸试验的方法和程序按照 GB/T 228.1—2010《金属材料　拉伸试验　第 1 部分：室温试验方法》的规定进行，测定出焊接接头的抗拉强度、屈服强度、伸长率和断面收缩率。

合格指标为：除非试验之前另有规定，试样的抗拉强度一般不得低于母材的下限值。对于异种母材的接头，抗拉强度一般不得低于较低强度母材的下限值。

如果试样的抗拉强度不符合要求，应加做两个同样的拉伸试样进行试验，如果仍不符合要求，可判定焊接工艺评定失败。

2）焊接接头弯曲试验。焊接接头弯曲试验的取样位置如图 3-13、图 3-14 所示。弯曲试样的形状、尺寸应符合 GB/T 2653—2008《焊接接头弯曲试验方法》的规定，用机械加工方法制取弯曲试样，试样允许避开缺欠部位，从合格的部位截取。当厚度小于 12mm 时，应做 2 个横向正弯和 2 个横向背弯试样；当厚度大于或等于 12mm 时，建议用 4 个横向侧弯试样代替 2 个横向正弯和 2 个横向背弯试样。横向正弯和背弯试样的形状、尺寸如图 2-32 所示；横向侧弯试样的形状、尺寸如图 2-33 所示。

对于板子的异种钢或异种成分的对接接头，可以采用 1 个纵向背弯和 1 个纵向正弯试样代替 4 个横向弯曲试验。纵向正弯和背弯试样的形状、尺寸如图 2-34 所示。

伸长率大于（或等于）20%的母材，弯头（或内辊）的直径应为试样厚度的4倍，弯曲角度应为180°；伸长率低于20%的母材，弯曲角度也应为180°，而弯头（或内辊）的直径可按下列公式确定：

$$d = (100 \times t)/A - t$$

式中　d——弯头（或内辊）的直径；

t——弯曲试样的厚度；

A——材料规程要求的最低伸长率。

弯曲试验按照GB/T 2653—2008《焊接接头弯曲试验方法》的规定进行。

合格指标为：试验过程中，试样不应在任何方向出现大于3mm的缺欠。评估时在试样边角出现的缺欠可以忽略。

3）低倍金相检验。低倍金相检验也称为宏观金相分析试验，低倍金相检验取样位置如图3-13、图3-14、图3-15、图3-16所示。其中，板对接焊缝和管对接焊缝的金相试样各为1个，T形接头和支接管接头的金相试样各为2个。应在试样的一侧截面制备和腐蚀试样，试样应包括未受影响母材。试验方法参见第2章。

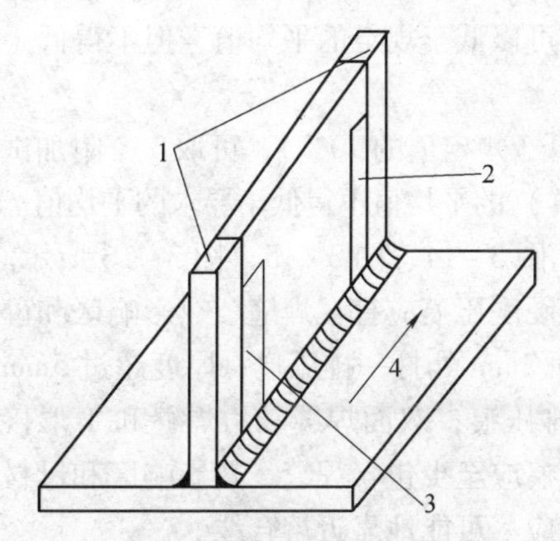

图3-15　T形接头试样的位置

1—去除25mm　2—金相试样

3—金相试样及硬度试样　4—焊接方向

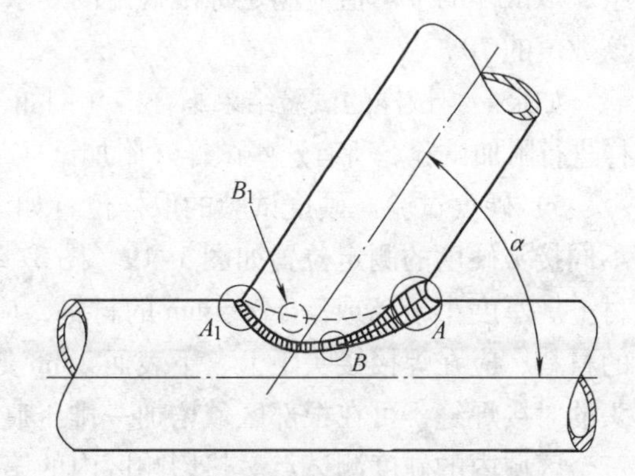

图3-16　支接管或管子角焊缝试样的位置

A、A_1—金相试样及硬度试样的取样位置

B、B_1—金相试样的取样位置　α—支接管角度

合格指标为：试样经腐蚀以后，应能清晰地显示出熔合线、热影响区、各层焊道和未受到影响的母材。图3-17所示的试样能基本符合上述要求，而图3-18所示的试样则达不到上述要求。

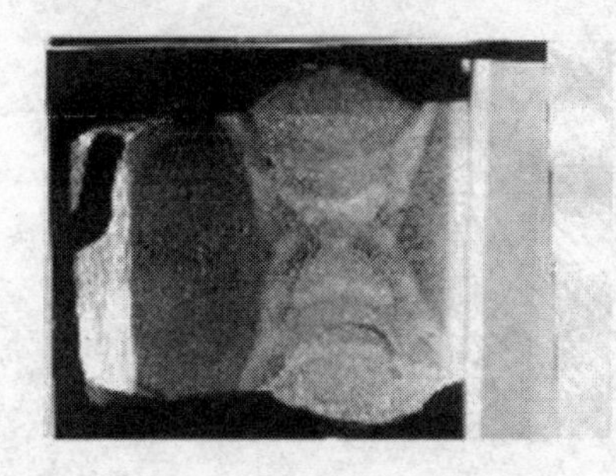

图3-17　低倍金相示例一

图3-18　低倍金相示例二

4）焊接接头冲击试验。焊接接头冲击试样的取样位置如图 3 - 13 和图 3 - 14 所示。试样形状、尺寸应符合 GB/T 2650—2008《焊接接头冲击试验方法》的规定，如图 2 - 38 所示。一般采用 V 型缺口，根据需要可以开在焊缝或热影响区上。试样应在母材表面 2mm（最大）以下沿焊缝垂直截取。每个规定部位各截取一组试样，每组 3 个试样。热影响区缺口应距离熔合线 1 ~ 2mm，焊缝金属缺口则开在焊缝中心线上。

厚度大于 50mm 时，除在母材表面 2mm（最大）以下截取 2 组冲击试样外，还应取 2 组附加试样。附加试样的取样位置：在试板厚度的中间部位或在焊缝根部，一组取自焊缝，一组取自热影响区。

对于异种钢接头，应采用每侧母材热影响区的试样进行冲击试验。

用一个试件评定多个焊接方法时，冲击试样应取自包括每个焊接方法施焊的焊缝金属和热影响区。

冲击试验的方法和程序按照 GB/T 229—2007《金属材料夏比摆锤冲击试验方法》的规定进行，测定出焊接接头的冲击吸收能量。

合格指标为：除非产品标准另有要求，冲击吸收能量一般应符合对应的母材标准。每组 3 个试样的平均值应满足标准规定的要求，单个值可以低于规定的平均值，但不得低于该数值的 70%。

如果一组试样的试验结果不合格（例如，单个值低于规定值的 70%），可取 3 个附加试样进行附加试验。所有这些试样（附加试样与原始试样）的平均值不得低于要求的平均值。

5）硬度试验。硬度试验的取样位置如图 3 - 13、图 3 - 14、图 3 - 15、图 3 - 16 所示。不同接头硬度的测定位置如图 3 - 19、图 3 - 20 所示。硬度压痕应打在焊缝、热影响区和母材上。厚度小于（或等于）5mm 的材料，应在距表面 2mm 处打一排压痕；厚度超过 5mm 的材料，应在焊接接头距上、下表面 2mm 处各打一排压痕；双面焊缝、角焊缝和 T 形接头的对接焊缝，可在根部区域增加一排压痕。每排压痕应至少包含焊缝、热影响区和母材三个区域内的硬度测试点。热影响区内的第一个压痕应尽可能地靠近熔合线。

硬度试验的方法和程序按照 GB/T 4340.1—2009《金属材料 维氏硬度试验 第 1 部分：试验方法》的规定进行，测定出维氏硬度值。

合格指标为：试验结果应符合表 3 - 13 的要求。而 6 组（未经热处理）、7 组、10 组和 11 组材料及任何异种材料接头的硬度要求应在试验之前规定。

如果单个硬度值高于表 3 - 13 规定的值，应附加进行硬度试验。附加试验可在原试样的反面或原试样表面做充分打磨后进行。附加试验的硬度值不得高于表 3 - 13 给出的最大硬度值。

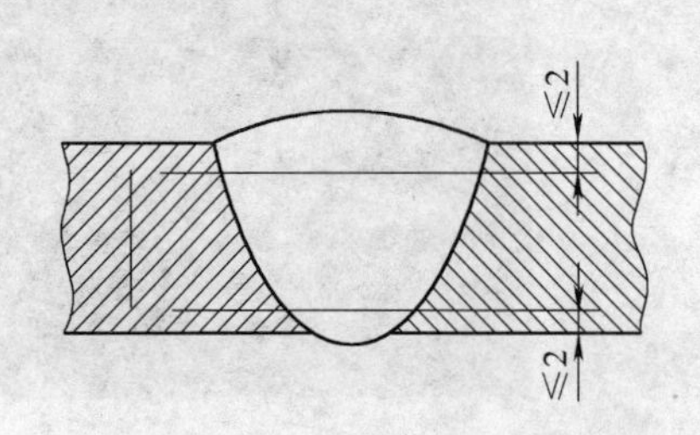

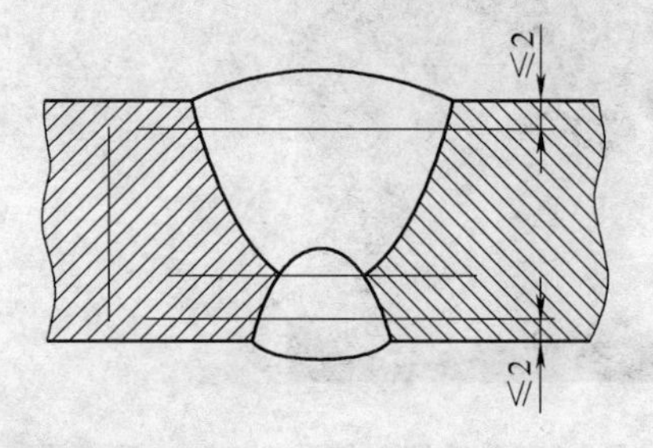

图 3 - 19　对接接头硬度测试点的选取

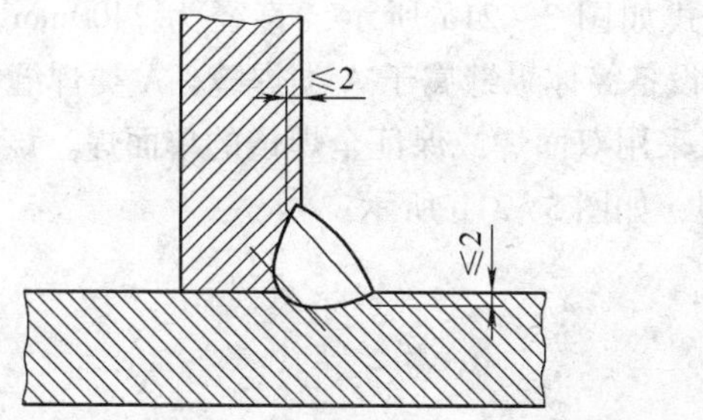

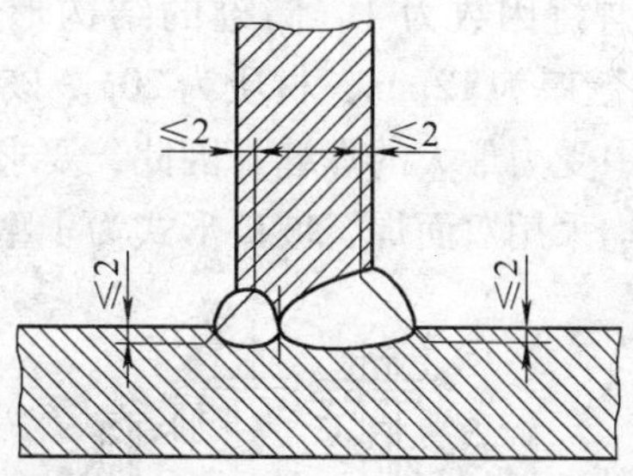

图3-20　角焊缝接头硬度测试点的选取

表3-13　允许的最大硬度值

钢　组	未经热处理	经热处理
1①、2	380HV	320HV
3②	450HV	380HV
4、5	380HV	320HV
6		350HV
9.1	350HV	300HV
9.2	450HV	350HV
9.3	450HV	350HV

① 如果有硬度试验要求。

② 对于上屈服强度 $R_{eH}>890N/mm^2$ 的钢，需要作特殊规定。

3.6.2　基于预生产焊接试验进行评定的试验方法及合格指标

1. 试件的制备

如前所述，预生产焊接试验采用的试件是非标准试件。试件的制取和焊接应在一般焊接生产条件下进行，以保证试件的形状和尺寸模拟结构的实际焊接条件。这也包括焊接位置和其他主要参数，如应力条件、热效应、拘束方法、边缘条件等。当预生产焊接试验采用辅助装置时，应使用实际生产中的夹具和固定装置。如果定位焊缝最终熔入接头，试件中也应包含定位焊缝。

2. 试验和检验

预生产焊接试验所包含的各项试验的试验方法及合格指标，与前面介绍的焊接工艺评定试验相同，在此不再赘述。

3.7　焊接工艺评定综合试验工程应用实例

3.7.1　$15m^3$ 油漆储罐及所拟定的筒体纵缝焊接工艺简介

某厂制造的 $15m^3$ 油漆储罐为二类压力容器，工作压力为 0.6MPa，设计压力为

0.6MPa，焊缝因数为1。储罐的结构形式如图3-21a所示，直径为2400mm，筒体长3300mm，壁厚为12mm，材质为20g。该设备筒体纵缝属于A类焊缝，A类焊缝是容器在使用过程中受力最大的焊缝，因此，要求采用双面焊或保证全焊透的单面焊。该设备所有筒体纵缝均采用双面焊，坡口形式为I型，如图3-21b所示。

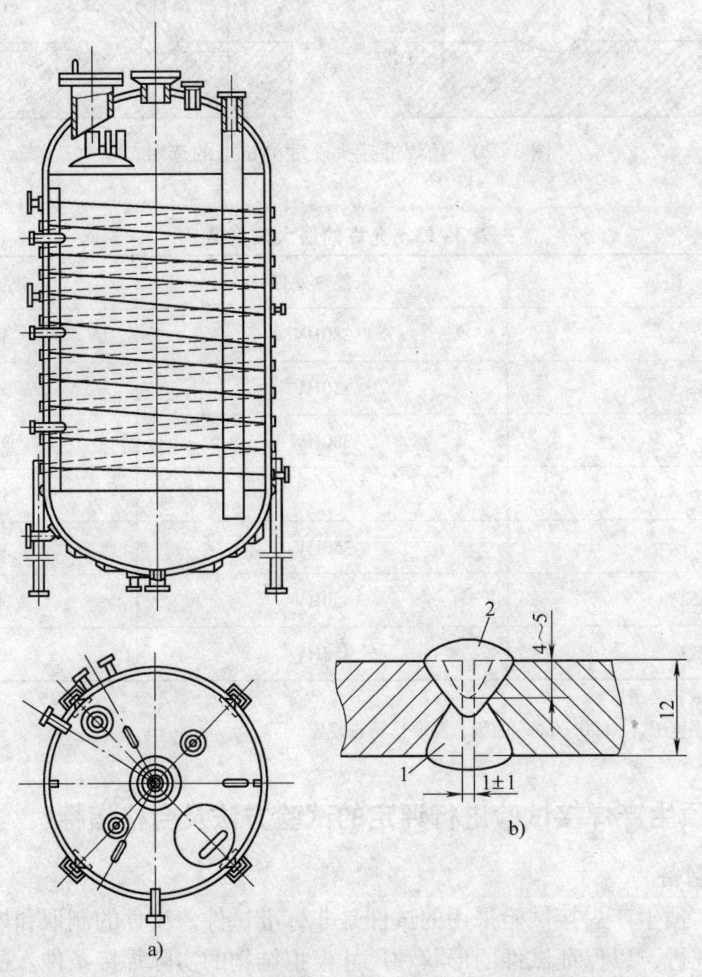

图3-21　15m³ 油漆储罐结构简图和A、B类焊缝的坡口尺寸

根据有关技术资料和生产经验，对筒体纵缝拟定了如下焊接工艺：

① 焊接方法为埋弧焊。

② 焊接材料：焊丝-焊剂型号为F4A0-H08A，焊剂牌号为HJ431，焊丝直径为4mm。

③ 焊接位置为平焊。

④ 焊缝次序为：正、背面各焊一道，先焊正面焊缝，后焊背面焊缝；衬垫为焊剂槽。

⑤ 采用直流正接，焊接参数为：正面焊接电流为640~650A，电弧电压为31~32V，焊接速度为30cm/min；背面焊接电流为620~630A，电弧电压为31~32V，焊接速度为30cm/min。

⑥ 焊前不预热，层间温度不大于200℃。

⑦ 技术措施：焊丝不摆动；焊前，焊丝调直、除锈，坡口打磨清理、除锈；用手工碳弧气刨进行背面清根；导电嘴至工件距离为25~30mm；焊丝为单丝；焊剂焊前在

150℃下烘干，保温2h。

为了验证上述焊接工艺的正确性，按照GB/T 19869.1—2005《钢、镍及镍合金的焊接工艺评定试验》标准对上述焊接工艺进行了评定。

3.7.2　编制焊接工艺预规程

焊接工艺预规程按照GB/T 19867.1—2005《电弧焊焊接工艺规程》编制。所编制的焊接工艺预规程见表3-10。经审批后，作为进行焊接工艺评定的指导性文件。

3.7.3　焊接工艺评定综合试验

1. 试件制备

试件用两块600mm×150mm×12mm的板材制作，如图3-22所示。按照焊接工艺预规程给出的焊接工艺焊接试件。

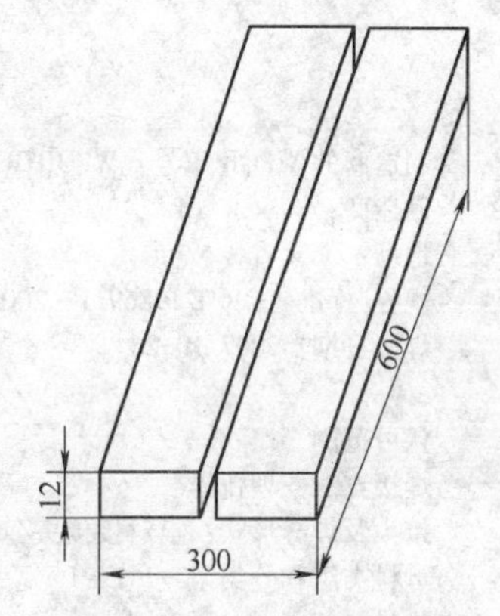

图3-22　焊缝试件形式

2. 试件和试样的检验

（1）外观检查　用放大镜检查焊接接头表面。经检查，焊接接头无裂纹、未熔合、气孔、夹渣等缺欠；焊缝的余高为：正面2.0mm，背面3.0mm；对接焊缝试件焊后角变形小于2°。试验结果为合格，将试验结果填入“焊接接头外观检查记录表”内。

（2）射线检测　射线检测的仪器型号为XY2515，管电压180kV，管电流12mA；软片类别；天津Ⅲ型，透照厚度为16mm；像质指数为12；黑度范围1.2～3.5；增感方法Pb0.03～0.4；曝光时间5min；焦距1200mm，显影温度20℃；焊缝总长度为600mm，摄片总长为360mm×2，底片规格为360mm×80mm，有效评片长为306mm，检测比例为100%。

评片结果：试件内的缺欠符合GB/T 19418—2003《钢的弧焊接头 缺陷质量分级指南》规定的B级限值。将试验结果填入“焊接接头射线检测报告”内。

（3）表面裂纹检测　采用渗透检测检查焊接接头表面裂纹。采用自乳化型渗透剂进行焊接接头表面着色，用肉眼观察，未发现裂纹。将试验结果填入“焊接接头渗透检测报告”内。

（4）焊接接头横向拉伸试验　试件经过无损检测以后，按照GB/T 2651—2008《焊接接头拉伸试验方法》的规定，从试件上用机械加工方法制取两个紧凑型板接头带肩板形试样。

拉伸试验按GB/T 228.1—2010《金属材料 拉伸试验 第1部分：室温试验方法》的规定进行，试验结果为：抗拉强度分别为472MPa和466MPa，均大于410MPa。将试验结果填入“焊接接头力学性能试验报告”内。

（5）焊接接头弯曲试验　按照GB/T 2653—2008《焊接接头弯曲试验方法》的规定，用机械加工方法从试件上制取四个横向侧弯试样。弯曲试验按GB/T 2653——2008《焊接接头弯曲试验方法》的规定进行。

试验结果为合格，将试验结果填入“焊接接头力学性能试验报告”内。

（6）焊接接头低倍金相试验　按照GB/T 19869.1—2005《钢、镍及镍合金的焊接工艺评定试验》的规定，用机械加工方法从试件上制取一个金相试样。试样侧面经磨光、抛光和腐蚀后，在10倍金相显微镜下可以清晰地分辨出熔合线、热影响区、两层焊道和未受到影响的母材。将试验结果填入“焊接接头低倍金相试验报告”内。

3.7.4 编制焊接工艺评定报告

焊接工艺评定报告选用GB/T 19869.1—2005《钢、镍及镍合金的焊接工艺评定试验》标准中推荐的格式（见表3-14）。将各种焊接工艺因素和试验结果填入焊接工艺评定报告内。评定结论为：合格。

经审批后，焊接工艺评定报告作为制订焊接工艺规程的依据，应用于实际生产。

表3-14 焊接工艺评定报告（WPQR）

焊接工艺评定—试验证书

制造商的WPQR编号：WPQR18　　考官或考试机构：××××考试机构
制造商：××××厂　　代号：××
地址：××省××市
规程/标准：GB/T 19869.1—2005
焊接日期：2007.10.26

认可范围
焊接方法：埋弧焊
接头及焊缝形式：板对接接头/对接焊缝
母材类组和分类组：1.1-1
母材厚度（mm）：3~24
焊缝金属厚度（mm）：3~24
焊缝有效厚度（mm）：/
单焊道/多焊道：多焊道
管子外径（mm）：/
焊接材料型号：焊丝-焊剂型号为F4A0-H08A
焊接材料型号：焊剂牌号为HJ431
焊接材料规格：焊丝直径为4mm
保护气体/焊剂型号：焊丝-焊剂型号为F4A0-H08A
背面气体型号：/
焊接电流种类、极性：直流反极性
金属过渡形态：熔滴渣壁过渡
热输入：38.4~41.6kJ/cm
焊接位置：平焊
预热温度：无
道间温度：≤200℃
后热：无
有无焊后热处理：无
其他信息：无

兹证明考试焊缝的制备、焊接及检验符合上述规程/考核标准的要求。

地点：××××厂　　颁发日期：2007.10.30　　考官或考试机构：××××考试机构
姓名、日期及签名：×××
2007.10.30

（续）

焊接试验报告

地点：××××厂
制造商的 PWPS 编号：PWPS18
制造商的 WPQR 编号：WPQR18
制造商：××××厂
焊工姓名：×××
焊接方法：埋弧焊
接头种类：板对接接头
焊接接头详述（草图）：

考官或考试机构：××××考试机构
制备方法及清理：机械加工，砂轮除锈
母材规程：GB713—2008，钢号 20g
材料厚度（mm）：12
管子外径（mm）：/
焊接位置：平焊

接头设计	焊接顺序
2 4 12 1 2	1. 按图先焊正面焊缝 1，后焊背面焊缝 2； 2. 焊接 1 时用焊剂槽背面保护熔池； 3. 焊接 2 前，先用手工碳弧气刨清根，深度为 4mm。

焊接详述

焊道	焊接方法	焊材规格（焊丝）	电流/A	电压/V	电流种类/极性	送丝速度	焊接速度/(cm/min)	热输入/(kJ/cm)	金属过渡形态
1	埋弧焊	ϕ4mm	650	32	直流反极性	/	30	41.6	熔滴渣壁过渡
2	埋弧焊	ϕ4mm	630	32	直流反极性	/	30	40.3	渣壁过渡

焊接材料型号及牌号：焊丝 - 焊剂型号为 F4A0 - H08A，
　　　　　　　　　　焊剂牌号为 HJ431。
特殊烘干或干燥要求：焊剂焊前在 150℃下烘干 2h。
气体、焊剂：正面：焊剂
　　　　　　背面：焊剂槽

气体流量：正面：/
　　　　　背面：/
钨极种类/尺寸：/
背面清根/衬垫详述：用手工碳弧气刨背面清根，
　　　　　　　　　深度为 4mm。
预热温度：无
道间温度：≤200℃
后热：无
焊后热处理：无
时间、温度、方法：/
加热及冷却速度：/

其他信息：
摆动（焊道的最大宽度）：不摆动。
摆动：振幅、频率、停留时间：/
脉冲焊接详述：/
干伸长度：30mm

等离子焊接详述：/
焊枪角度：90°

制造商：××××厂
姓名、日期及签名：×××
2007.10.28

考官或考试机构：××××考试机构
姓名、日期及签名：×××
2007.10.28

（续）

试验结果

制造商的 WPQR 编号：WPQR18

考官或考试机构：××××考试机构

代号：××

外观检验：无焊接缺欠。

射线检验：缺欠符合 GB/T 19418—2003 规定的 B 级限值要求。

渗透/磁粉检验：经渗透检测未发现表面裂纹。

超声波检验：/

拉伸试验：

温度：20℃

种类/编号	R_{eH}/(N/mm^2)	R_m/(N/mm^2)	A(%)	Z(%)	断裂部位	备注
要求		≥410				
1	/	472	/	/	断于母材	/
2	/	466	/	/	断于母材	/

弯曲试验：

压辊直径：40mm

种类/编号	弯曲角度	伸长率	结果
横向侧弯 NO1	180°	/	合格
横向侧弯 NO2	180°	/	合格
横向侧弯 NO3	180°	/	合格
横向侧弯 NO4	180°	/	合格

低倍金相检验：合格

冲击试验：不要求　　种类：/　　尺寸：/　　要求：/

缺口位置/方向	温度/℃	冲击吸收能量 1 2 3	平均值	备注
/	/	/	/	/

硬度试验：不要求
种类/载荷
母材：/
热影响区：/
焊缝金属：/
其他试验：/
备注：/

测定部位（草图）：/

试验按照GB/T 19869.1—2005 标准的要求进行。
试验室报告编号：××
试验结果符合/不符合：符合
试验在××××考试机构监督下进行。

考官或考试机构：××××考试机构
姓名、日期及签名：×××
2007.10.28

思　考　题

1. 什么是焊接工艺评定？其目的是什么？

2. 根据国家标准规定，焊接工艺评定方法有哪五种？分别有何特点？

3. 什么是基于焊接工艺评定试验的评定方法？其适用条件是什么？

4. 什么是基于焊接经验的评定方法？其适用条件是什么？

5. 什么是基于试验焊接材料的评定方法？其适用条件是什么？

6. 什么是基于预生产焊接试验的评定方法？其适用条件是什么？

7. 什么是基于标准焊接规程的评定方法？其适用条件是什么？

8. 对于基于焊接工艺评定试验的评定方法，GB/T 19869.1—2005 对焊接条件中的各主要变量的认可范围作了哪些规定？

9. 试述基于焊接工艺评定试验的工艺评定的一般程序。

10. 利用焊接工艺评定试验对板对接焊缝和管对接焊缝的焊接工艺进行评定时，有哪些试验内容？如何进行试验？

11. 利用焊接工艺评定试验对T形接头对接焊缝和支接管接头对接焊缝的焊接工艺进行评定时，有哪些试验内容？如何进行试验？

12. 利用焊接工艺评定试验对T形接头角焊缝和支接管接头角焊缝的焊接工艺进行评定时，有哪些试验内容？如何进行试验？

13. 利用焊接工艺评定试验进行焊接工艺评定时，当同一条焊缝使用两种或两种以上焊接方法时，可以采用哪两种焊接工艺评定方法？如何评定？

第 4 章　焊接材料质量检验综合试验

在焊接产品和结构生产中，焊接材料质量检验综合试验是在焊接施工之前对即将大量使用的焊接材料的质量进行复验时所采用的方法。

焊接材料是焊接时所消耗材料（包括焊条、焊丝、焊剂、气体等）的通称。大多数焊接方法都需要焊接材料，例如，焊条电弧焊时需要焊条，埋弧焊时需要焊剂、焊丝，气体保护焊时需要气体、焊丝等。焊接材料不仅能影响焊接过程的稳定性，而且还能影响焊缝的外观质量和内在质量。特别是有些焊接材料如焊丝、焊芯等熔化后进入熔池，成为组成焊缝的一部分，对焊缝的化学成分和性能产生举足轻重的影响。因此，对于许多重要的焊接产品和结构，在施工前都要对所使用的焊接材料进行质量检验综合试验。

本章将介绍生产中大量使用的焊条、焊剂和焊丝的质量检验综合试验的目的、内容和方法，以及在工程中应用的实例。

4.1　焊接材料的种类和作用

生产中常用的焊接材料分类如图 4-1 所示。

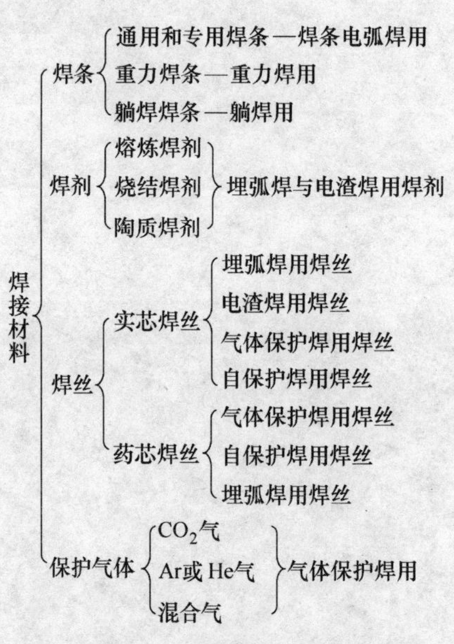

图 4-1　焊接材料分类

焊接材料不同，其作用也不尽相同。概括一下焊接材料的作用，不外乎有以下几个方面：

（1）机械保护作用　所谓机械保护作用是指在焊接过程中，通过焊接材料产生熔渣或气体，或者从外界通入气体，将熔化金属与外界空气隔离，从而防止金属被空气氮化和氧化的作用。例如，焊条的药皮在加热熔化过程中既能产生熔渣，又能产生气体，对熔化金属能产生气－渣联合保护作用；埋弧焊的焊剂加热熔化以后在电弧空腔周围能形成熔渣液膜，起到隔离空气的作用；采用气体保护焊时从外界向焊接区通入气体，将电弧空间的空气排除，也能起到机械保护的作用。

（2）冶金处理作用　所谓冶金处理作用，包括两层含义：一是通过焊接材料与被焊金属之间产生化学冶金反应，清除焊缝中的氧、氢、氮、硫、磷等杂质；二是通过焊接材料对被焊金属的冶金处理作用，向焊缝中过渡有益的合金元素，以得到所需要的化学成分。

（3）填充作用　对于较厚的金属板，为了焊透，焊前都需要开坡口，如V形坡口、U形坡口、X形坡口等。这些坡口都存在一定空间，焊接时需要将其填满，这需要靠焊接材料完成。

（4）改善焊接工艺性能作用　焊接材料的焊接工艺性能是指焊接材料在焊接操作过程中所表现的各种特性，如稳弧性、脱渣性、焊缝成形性等。这些性能如果很差，焊接将难以进行。为了改善焊接工艺性能，焊接材料中通常都加入一些具有改善作用的物质。

（5）传导焊接电流　为了构成焊接回路，有些焊接材料同时还起着传导焊接电流的作用，例如，埋弧焊、熔化极气体保护焊、电渣焊所使用的焊丝，以及焊条电弧焊所使用的焊条等。

4.2　焊接材料质量检验综合试验的目的

对于焊接产品和结构制造厂来说，焊接材料质量检验综合试验的目的是在焊接施工前对即将大量使用的焊接材料的质量进行复验，以免造成焊接质量事故。对于一些重要的焊接产品（例如，三类及三类以上的压力容器）一般都要求在使用之前对焊接材料进行复验。特别是当焊接材料放置时间过长，或怀疑已经失效时，更需要通过焊接材料质量检验综合试验决定焊接材料能否继续使用。在JB/T 3223—1996《焊接材料质量管理规程》中明确规定："库存期超过规定期限的焊条、焊剂及药芯焊丝需经有关职能部门复验后方可发放使用。""对于严重受潮、变质的焊接材料，应由有关职能部门进行必要的检验，并作出降级使用或报废的处理决定之后，方可准许出库。"

对于焊接材料制造厂来说，焊接材料质量检验综合试验也称为成品检验。进行的目的是检验所生产的焊接材料质量是否符合有关标准的要求，以便决定是否可以生产或出厂。

对于研制单位来说，其目的是通过试验研制出新型焊接材料。

对于质量认证机构，其目的则是对焊接材料制造厂的产品质量进行合格审查和监督检验。

4.3　焊条质量检验综合试验

根据焊条的用途，焊条可分为结构钢焊条、不锈钢焊条、低温钢焊条、钼及铬钼耐热钢焊条、堆焊焊条、铸铁焊条、铜及铜合金焊条、铝及铝合金焊条、镍及镍合金焊条等。结构钢焊条又分为碳钢焊条、低合金钢焊条等。目前已制定国家标准的有：GB/T 5117—1995《碳钢焊条》、GB/T 5118—1995《低合金钢焊条》、GB/T 983—1995《不锈钢焊条》、GB/T 984—1995《堆焊焊条》、GB/T 10044—2006《铸铁焊条及焊丝》、GB/T 3670—1995《铜及铜合金焊条》、GB/T 3669—2001《铝及铝合金焊条》、GB/T 13814—2008《镍及镍合金焊条》等。对各种焊条进行质量检验综合试验时，应按其相应的产品标准和试验标准进行。

以下以结构钢焊条为例，根据 GB/T 5117—1995《碳钢焊条》、GB/T 5118—1995《低合金钢焊条》、GB/T 25776—2010《焊接材料焊接工艺性能评定方法》、GB/T 25777—2010《焊接材料熔敷金属化学分析试样制备方法》等标准，并参考以往全国焊条行业评比中采用的试验方法，介绍焊条质量检验综合试验的内容和方法。

4.3.1 焊条质量检验综合试验的内容

焊条的外形如图 4-2 所示，它是由焊芯和药皮两部分组成的。其中焊芯起着填充金属和传导电流的作用，药皮起着机械保护、冶金处理和改善焊接工艺性能的作用。

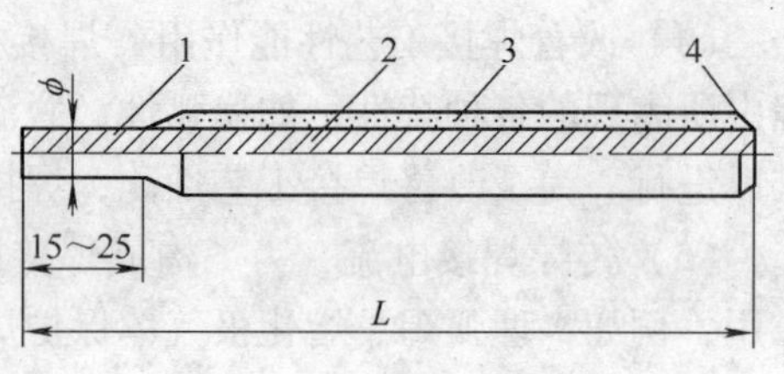

图 4-2 焊条的外形

1—夹持端 2—焊芯 3—药皮 4—引弧端

各类焊条质量检验综合试验的内容不完全相同，但总体上都包括外观质量检验、焊接工艺性能试验、焊接冶金性能试验三部分。

1. 外观质量检验

各类焊条外观质量检验内容基本相同，主要测定以下项目：

(1) 焊条尺寸和形状 主要测定：

1) 焊条长度。焊条长度是指焊芯的长度。

2) 焊条直径。焊条直径是指焊芯的直径。

3) 焊条弯曲度。通常用焊条弯曲的最大挠度来反映焊条弯曲度。

(2) 焊条偏心度 焊条偏心度是指焊条药皮沿焊芯直径方向偏心的程度。

(3) 药皮强度 药皮强度是指焊条药皮抵抗机械破坏的能力。药皮强度应保证焊条在正常的搬运和使用过程中不容易损坏。

(4) 药皮耐潮性 药皮耐潮性是指焊条药皮抵抗潮气的能力。药皮耐潮性应保证焊条开启包装后药皮不会很快吸潮和损坏。

(5) 焊条夹持端质量 主要测定：

1) 夹持端长度。夹持端长度是指焊条端部供焊钳夹持之用而未涂药皮的焊芯长度。

2) 磨尾情况。为了便于夹持和导电，将焊条夹持端的药皮去掉一段，称为磨尾。主要检查磨尾区内是否残存药粉。

(6) 焊条引弧端质量 主要测定：

1) 磨头情况。为了便于引弧，将焊条引弧端的药皮沿外径进行倒角以露出焊芯端头，称为磨头。主要检查倒角痕迹是否明显。

2) 包头情况。所谓焊条包头是指焊条引弧端的焊芯被药皮包覆而未露出的情况。

3) 露芯情况。焊条露芯是指焊条引弧端的药皮沿焊条长度方向和沿圆周方向露出焊芯的情况。

(7) 药皮外观质量 主要测定：

1）药皮杂质。药皮杂质是指药皮表面是否有木屑、竹片、细钢丝、过大的涂料颗粒或有明显不同颜色的颗粒等。

2）药皮损伤。药皮损伤是指焊条在制造过程中，在表面是否产生擦伤、压痕、划痕、破损等缺欠。

3）药皮裂纹。药皮裂纹是指焊条药皮开裂的情况，有纵裂、环裂和不规则的微裂之分。

4）毛条。毛条是指焊条药皮疏松而不细密，呈现倒刺状。

5）竹节。竹节是指焊条表面呈现整个环形凸起，形似竹子的竹节。

6）发泡、橘皮。药皮发泡是指焊条药皮表面上凸起的小疙瘩，去除表皮，可见疙瘩中为小孔隙；药皮橘皮是指焊条药皮表面起皱的现象。

7）印字。主要检查靠近焊条夹持端的药皮上是否印有清晰的焊条型号或牌号。

2. 焊接工艺性能试验

焊条的焊接工艺性能是指焊条在焊接操作过程中所表现的各种特性，其好坏不仅影响到焊接过程的稳定性和焊缝的外观质量，而且影响焊缝的内在质量和焊接生产率。无论是哪一种焊条，即使能焊出内在质量很高的焊缝，如果焊接工艺性能太差，也不能算是一种好的焊条。

GB/T 25776—2010《焊接材料焊接工艺性能评定方法》中规定了焊条焊接工艺性能试验的内容。按照规定，应测定以下性能指标：

(1) 交流电弧稳定性　电弧稳定性是指焊条施焊时电弧保持稳定燃烧的程度。如果电弧稳定性很差，电弧不稳或经常断弧，焊接过程将无法进行，而且使焊缝的成形变坏。由于交流电弧稳定性相对较差，通常只测定交流电弧稳定性。

(2) 脱渣性　脱渣性是指焊后渣壳从焊缝表面脱落的难易程度。脱渣性差的焊条不仅会增加清渣的工作量，降低生产率，而且在多层焊时如果中间焊道清理不净，还会造成夹渣等缺欠。

(3) 再引弧性能　再引弧性能是指焊条焊接一段时间停弧后，重新引燃电弧的能力。

(4) 飞溅率　焊接飞溅是指焊接过程中熔化的金属颗粒和熔渣向周围飞散的现象。飞溅大的焊条使工件表面粘上一些金属颗粒和熔渣，不仅影响美观，而且由于减少了进入焊缝的金属量而降低生产率。焊接飞溅大小用焊接飞溅率来衡量，它等于焊接时飞溅损失的量与熔化的焊条量的百分比（%）。

(5) 熔化系数　熔化系数是焊条熔化焊过程中，单位焊接电流和单位时间内焊芯的熔化量，单位为g/(A·h)。

(6) 熔敷效率　熔敷效率是焊条焊后熔敷金属量与熔化的焊芯量的百分比（%）。它反映了焊条实际的效率。

(7) 焊接发尘量　焊接发尘量是焊接时单位质量的焊条所产生的烟尘量，单位为g/kg。这些烟尘是焊接时由焊条材料蒸发、氧化所产生的烟雾状的微粒，其中有些成分是致毒物质，如可溶性氟（NaF、KF）、锰尘（MnO）等，对人体健康能产生有害影响。

(8) T形接头角焊缝试验　T形接头角焊缝试验虽未列入GB/T 25776—2010《焊接材料焊接工艺性能评定方法》标准，但在以往全国焊条行业评比中将其也作为焊接工艺性能试验的一项内容。这是因为通过该试验可以检查焊条的焊缝成形性。例如，可以直接观察焊缝表面的咬边、焊瘤、夹缝、焊脚尺寸（即在角焊缝横截面中画出的最大等腰直角三角形中的直角边的长度）及两焊脚长度之差、焊缝凸度等，同时还能很经济地检验焊缝根部的熔透性，焊缝根部的熔透性也是评价焊接工艺性能的一个重要指标。该试验对碳钢、低合金钢、不锈钢焊条质量的评定尤为重要。

此外，T形接头角焊缝试验还可以直接观察焊缝表面的裂纹、气孔等，进而评定焊条的抗裂性、抗气孔性等冶金性能，因此，有的资料将其看做是一项具有综合考核作用的试验。

3. 焊接冶金性能试验

焊条的焊接冶金性能也称为焊条的“内在质量”，是指焊条在焊接冶金过程中所表现出来的特性。焊接时，焊条药皮要产生熔渣和气体，焊芯和母材局部会熔化形成液体金属。熔渣、气体和液体金属这三种物质之间在电弧强烈的高温作用下能发生激烈而复杂的冶金反应。这里，既有氧化、脱氧、脱硫、脱氢、脱磷以及焊缝合金化等化学反应，又有金属和熔渣蒸发、气体溶解和析出等物理反应。反应的结果决定了焊缝的化学成分、力学性能、抗裂性、抗气孔性以及特种焊条的耐蚀、耐磨等性能。因此，焊接冶金性能也是评定焊条质量好坏的一个重要方面。

对于结构钢焊条来说，焊接冶金性能试验内容主要有以下几个方面：

（1）熔敷金属化学成分测定　熔敷金属是完全由焊条金属熔化以后形成的金属，不含有母材成分。熔敷金属中的化学成分反映了焊条焊接时自身冶金反应后的最终结果。不良的化学成分将导致焊缝力学性能严重下降，或产生裂纹、气孔、夹杂等缺欠，因此，熔敷金属的化学成分必须满足有关技术标准的要求。

（2）熔敷金属和焊接接头力学性能试验　熔敷金属和焊接接头力学性能试验主要包括以下试验内容：

1）熔敷金属拉伸试验。测定的指标有抗拉强度 R_m、屈服强度 R_{eL}和伸长率 A。

除碳钢焊条 E4322 外，一般都需要进行熔敷金属拉伸试验。

2）熔敷金属冲击试验。测定指标为所要求温度下的冲击吸收能量。

许多碳钢焊条和低合金焊条都需要做熔敷金属冲击试验。

3）焊接接头横向拉伸和纵向弯曲试验。这是碳钢焊条 E4322 需要做的试验。焊接接头横向拉伸试验的目的是检查焊接接头的强度和塑性，测定的指标也包括抗拉强度 R_m、屈服强度 R_{eL}和伸长率 A。

（3）焊缝射线探伤试验　这是一项检测焊条产生裂纹、气孔、夹杂等焊接缺欠敏感性的试验，在美国 ANSI/AWSA5. 1 标准中被称为“无缺欠试验”。射线探伤可直接显示焊缝内部缺欠的形状、大小和走向，便于缺欠的定性、定量和定位。射线探伤底片还可留作永久性的记录。

E4312、E4322 型碳钢焊条无射线探伤试验要求。

（4）熔敷金属扩散氢含量试验　焊缝中的氢与钢的淬硬性、焊接接头的拘束应力是产生焊接延迟裂纹的三大因素。焊缝中扩散氢含量越高，焊接接头产生延迟裂纹的倾向越大。因此，生产中一般需要了解该种焊条焊后熔敷金属中扩散氢的含量，以便间接地评定该焊条的冷裂倾向。

（5）焊条药皮含水量试验　焊条药皮中的水分是焊条中氢的来源之一。焊条药皮中的水一方面来自从空气中吸附的潮气，另一方面也来自药皮组成物中结晶水的析出。为了了解焊条药皮中水的含量，需要进行焊条药皮含水量试验。

对于其他类型的焊条，焊接冶金性能试验还包括另外一些内容。例如，不锈钢焊条还需要做熔敷金属耐蚀性能试验和铁素体含量测定试验；堆焊焊条和铜及铜合金焊条还需要做熔敷金属硬度试验等，可详见相应的产品标准。

4.3.2　焊条质量检验综合试验的方法

1. 焊条外观质量检验的方法

（1）焊条偏心度　使用焊条偏心仪测量焊条偏心度。对于磁性焊芯焊条，采用磁性偏心仪（如 PX－1 型偏心仪），它是利用铁磁物质与非铁磁物质具有不同的磁导率来测量的；对于非磁性焊芯焊条，采用非磁性偏心仪（如 PX－2 型偏心仪），它是根据电容差值法原理制成的。

PX－1 型焊条偏心仪的工作原理如图 4-3 所示。在焊条测量间隙两侧有两个铁心，上面分别绕了参数完全一致的线圈 N_1 和 N_2。当焊条放进测量间隙时，如果焊条不偏心，不论焊条旋转到哪个位置，δ_1 与 δ_2 始终相等，N_1 和 N_2 各自对焊芯的磁路对称，磁导率 μ_1 和 μ_2 相等。根据线圈电感 L 的计算公式

$$L = \frac{N\mu S}{l}$$

式中　N——线圈匝数；

l——线圈长度；

μ——磁导率；

S——线圈截面积。

可知，两线圈的电感 L 相等，两线圈的阻抗也相等，因此外部环形电路中的检流计无电流通过，指针不动。如果焊条存在偏心，则 $\delta_1 \neq \delta_2$。如果 $\delta_1 > \delta_2$，则 $\mu_1 < \mu_2$，因而 $L_1 < L_2$，线圈 N_1 的阻抗小于 N_2 的阻抗，使外部环形电路中的检流计有电流通过，指针有指示。根据指示值，通过计算就可以测得焊条的偏心度。

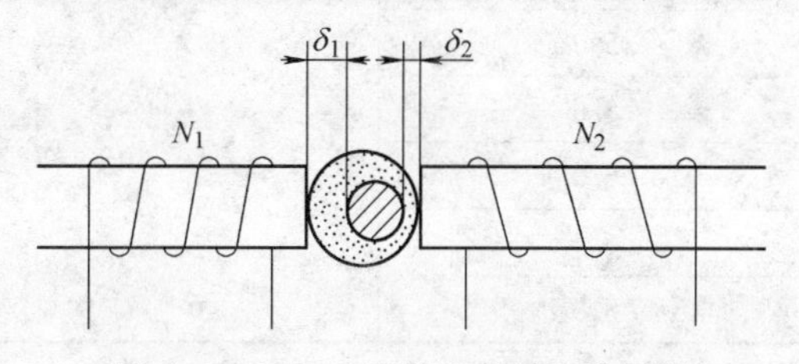

图 4-3　PX－1 型偏心仪的工作原理

具体测量方法：每根被检测焊条测定其任意两处，两处相距 100mm 以上，但测量点距离焊条端头应大于 25mm。被测焊条在偏心仪支架上旋转一周。偏心度以最高值计算，测量点不宜选择在会影响偏心度测量的缺欠部位。

技术要求：

1）直径不大于 2.5mm 的焊条，偏心度不应大于 7%。

2）直径为 3.2mm 和 4.0mm 的焊条，偏心度不应大于 5%。

3）直径不小于 5.0mm 的焊条，偏心度不应大于 4%。

（2）药皮强度　将水平放置的焊条自由落到厚度不小于 14mm 的水平放置的光滑平整的钢板上。当焊条直径小于 4mm 时，试验高度为 1m；当直径大于或等于 4mm 时为

0.5m。焊条落下后，观察受检焊条药皮破裂的情况。每次测试5根。

技术要求：只允许受检焊条两端的药皮有破裂，但破裂总长度不大于30mm。

(3) 药皮耐潮性　将焊条静置于常温（15~25℃）水中，4h后观察药皮是否有胀开或脱落的情况。每次测试5根。

技术要求：药皮不应有胀开或脱落现象。

(4) 其他项目　对于焊条尺寸和形状、焊条夹持端质量、焊条引弧端质量、药皮外观质量等项目，有些采用钢直尺、千分尺等测量，有些采用目测。

1）焊条尺寸和形状的技术要求

①焊条长度及其极限偏差应符合相应焊条国家标准中的要求。碳钢焊条长度及其极限偏差要求见表4-1。

②焊条直径及其极限偏差应符合相应焊条国家标准中的要求。碳钢焊条直径其极限偏差要求见表4-1。

③焊条弯曲最大挠度不得超过1mm；当焊条长度大于450mm时，不得超过1.5mm。

表4-1　碳钢焊条尺寸　　（单位：mm）

<table>
<tr><th colspan="2">焊条直径</th><th colspan="2">焊条长度</th></tr>
<tr><th>基本尺寸</th><th>极限偏差</th><th>基本尺寸</th><th>极限偏差</th></tr>
<tr><td>1.6</td><td rowspan="10">±0.05</td><td>200~250</td><td rowspan="10">±2.0</td></tr>
<tr><td>2.0</td><td rowspan="2">250~350</td></tr>
<tr><td>2.5</td></tr>
<tr><td>3.2</td><td rowspan="3">350~450</td></tr>
<tr><td>4.0</td></tr>
<tr><td>5.0</td></tr>
<tr><td>5.6</td><td rowspan="4">450~700</td></tr>
<tr><td>6.0</td></tr>
<tr><td>6.4</td></tr>
<tr><td>8.0</td></tr>
</table>

2）焊条夹持端质量的技术要求

① 对夹持端长度的要求是：当焊条的直径小于等于4.0mm时，夹持端长度为10~30mm；当焊条的直径大于等于5.0mm时，夹持端长度为15~35mm；用于重力焊的焊条，夹持端长度不得小于25mm。

② 磨尾情况：直径不大于4.0mm的焊条夹持端在8mm内，直径大于4.0mm的焊条夹持端在12mm内，不允许有明显的药粉色存在。

3）焊条引弧端质量的技术要求

① 磨头情况：焊条引弧端的药皮无倒角痕迹为不合格。不允许焊芯端部与药皮端部外缘在同一端面，或药皮超过焊芯端面。

② 包头情况：引弧端药皮包住焊芯截面一半以上判为不合格。

③ 对于露芯，凡属下列情况之一者，判为不合格：

a. 各种直径的焊条沿圆周方向的露芯大于圆周的一半。

b. 焊条露芯虽小于半圆周，而沿长度方向的露芯长度过长：对于低氢型焊条，大于其直径的1/2或1.6mm两者中的较小值；对于其他型号的焊条，大于其直径的2/3或2.4mm两者中的较小值。

4）对药皮外观质量的技术要求

① 对于药皮损伤，凡属下列情况之一者，均判为不合格：

a. 擦伤宽度和长度大于或等于焊芯直径。

b. 擦伤宽度大于1mm，总长度大于或等于40mm。

c. 擦伤宽度大于1mm，一处长度大于或等于30mm。

d. 擦伤宽度大于1mm，长度大于或等于2mm，深度大于或等于1/2药皮厚度。

e. 擦伤宽度小于或等于1mm，总长度大于或等于200mm。

f. 凹坑尺寸大于2mm，超过一处；凹坑尺寸小于或等于2mm，超过两处。

g. 除磨头、磨尾部分外，药皮表面露芯者。

h. 焊条有压痕，按擦伤处理。

② 杂质：药皮表面不允许有杂质存在。药皮表面上的木屑、竹片、细钢丝、过大的涂料颗粒（超过企业原材料标准）或有明显不同颜色的颗粒等均视为杂质。

③ 对于裂纹，凡属下列情况之一者，均判为不合格：

a. 纵向裂纹总长度大于20mm。

b. 横向裂纹超过焊条半圆周。

c. 龟裂纹总长度大于20mm。

④ 毛条：药皮表面不允许有毛条存在。

⑤ 竹节：药皮表面不允许有竹节存在。

⑥ 发泡和橘皮：药皮表面不允许有发泡或橘皮存在。

⑦ 印字：如果靠近焊条夹持端的药皮上没有清晰的焊条型号或牌号，判为不合格。

2. 焊条焊接工艺性能试验方法

根据GB/T 25776—2010《焊接材料焊接工艺性能评定方法》的规定，试验时，如无特殊要求，焊接电流采用制造厂推荐的最大电流的90%，交直流两用的焊条采用交流施焊，焊接电压和烘干等规范采用制造厂推荐的规范。除镍、铜、铝采用相应的试板外，其他焊条采用与其熔敷金属化学成分相当的试板或w_C不超过0.2%的碳锰结构钢，试板的表面应经打磨或机械加工，以去除油污、氧化皮等。

（1）交流电弧稳定性　通过测定灭弧次数、喘息次数来评定焊条的电弧稳定性。有的还采用断弧长度评定焊条的电弧稳定性。

1）灭弧、喘息次数。试验采用空载电压较低（通常为60V）的交流焊接电源，用烘干好的焊条在尺寸为400mm×100mm×（12~20）mm的试板上焊一条焊道，焊条剩余长度为50mm。在施焊过程中，由三人观察并记录灭弧、喘息次数，以两人及两人以上的观察结果为准。每种焊条测定3根，取其算术平均值。

然后用下式计算出折合灭弧次数：

$$折合灭弧次数=灭弧次数+1/2喘息次数$$

2）断弧长度。测定方法如图4-4所示。将已烘干的焊条垂直地夹在支架上，试板尺寸为 200mm × 200mm × （12 ~ 20）mm。焊条引弧端距试板 2.5mm，焊接电源一极接焊条，另一极接试板。预先调整好焊接参数后，起动焊机，用石墨片引燃电弧。待焊条燃烧到一定长度后，自行断弧。断弧后，轻轻地将焊道上的焊渣敲掉，并去除焊条端部的焊渣和药皮。然后垂直地测量焊条端部与焊道之间的距离，即为焊条断弧长度。每种焊条测定 3 根，取其算术平均值。

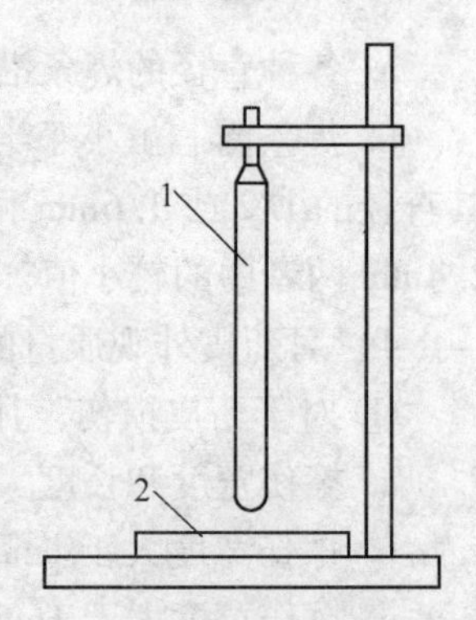

图 4-4 断弧长度测定装置示意图
1—焊条 2—试板

（2）脱渣性 试验时，在单块尺寸为 400mm × 100mm × (14 ~ 16)mm 的两块试板对接坡口内焊接。焊接前点固试板，直径不大于 5.0mm 的焊条坡口角度为 70° ± 1°，直径大于 5.0mm 的焊条坡口角度为 90° ± 1°，钝边为 1 ~ 3mm，不留根部间隙。焊接时采用单道焊，焊条不摆动。焊道长度与熔化焊条长度的比值约为 1∶1.3，焊条的剩余长度约为 50mm。试板焊接后，立即将焊道朝下水平置于锤击平台上，保证落球锤击在试板的中心位置。将质量为 2kg 的铁球置于 1.3m 高的支架上。焊后 1min 时，使铁球从固定的落点，以初速度为零的自由落体状态锤击试板中心。

酸性焊条连续锤击 3 次，碱性焊条连续锤击 5 次。每种焊条测定 2 根，取其算术平均值。

脱渣率 D（%）按下式计算：

$$D = \frac{l_0 - l}{l_0} \times 100\%$$

式中 l_0——焊道总长度（mm）；

l——未脱渣总长度（mm）。

其中，未脱渣总长度 l 按下式计算：

$$l = l_1 + l_2 + 0.2l_3$$

式中 l_1——未脱渣长度（mm）；

l_2——严重粘渣（渣表面脱落，仍有薄渣层，不露焊道表面）长度（mm）；

l_3——轻微粘渣（焊道侧面有粘渣，焊道部分露出焊道金属或渣表面脱落，断续地露出焊道金属）长度（mm）。

（3）再引弧性能 试验前准备尺寸为 400mm × 100mm × (12 ~ 20)mm 的施焊试板和尺寸为 200mm × 100mm × (12 ~ 20)mm 的再引弧试板。再引弧试板必须无氧化皮和锈蚀，且平整光洁，与导线接触良好。

试验时，焊条在施焊试板上焊接 15s 停弧，停弧至规定的“间隔”时间后，在再引弧试板上进行再引弧。再引弧时，用焊条熔化端与钢板垂直接触，不做敲击动作，不得破坏焊条套筒。同一“间隔”时间用同 3 根焊条分别进行，每次再引弧前均须焊接 15s，3 根焊条中有 2 根及以上出现电弧闪光或短路状态即判定为通过。

通过后，延长“间隔”时间，另换一组焊条进行同样的试验。这种重复的试验直至不能通过为止。将能够再次引弧的最大间隔时间用于评定焊条的再引弧性能。

酸性焊条“间隔”时间从 5s 起，碱性焊条从 1s 起。

（4）飞溅率 将尺寸为 300mm × 50mm × 20mm 的试板立放在厚度大于 3mm 的纯铜板

上，在纯铜板上放置一个用约1mm厚的纯铜薄板围成的高400mm的圆筒，其周长为1500～2000mm，以防止飞溅物散失。

试验在圆筒内进行，在试板的侧面进行平堆焊，焊条熔化至剩余长度约50mm处灭弧。每组试验取3根焊条，分别在3块试板上施焊。焊前称量焊条质量，焊后称量焊条头和飞溅物的质量，称量精确至0.01g，按下式计算飞溅率S（%）：

$$S = \frac{m}{m_1 - m_2} \times 100\%$$

式中　m——飞溅物总质量（g）；

m_1——焊条总质量（g）；

m_2——焊条头总质量（g）。

（5）熔化系数　试板尺寸为300mm×50mm×20mm。每组试验取3根焊条，分别在三块试板上施焊，焊条剩余长度约为50mm。焊前测量焊条长度。焊接时要准确记录焊接电流和焊接时间。焊后将剩余的焊条去掉药皮，用细砂纸磨光，测量焊后焊芯长度，并称量焊后焊芯质量，称量精确至0.1g。按下式计算熔化系数M[g/(A·h)]：

$$M = \frac{m_1 - m_2}{It}$$

式中　m_1——焊前焊芯的总质量（g）；

m_2——焊后焊芯的总质量（g）；

I——焊接电流（A）；

t——焊接时间（h）。

其中，焊前焊芯的总质量m_1按下式计算：

$$m_1 = \frac{l_0 m_2}{l}$$

式中　l_0——焊条总长度（mm）；

m_2——焊后焊芯的总质量（g）；

l——焊后焊芯总长度（mm）。

（6）熔敷效率　试板尺寸为300mm×50mm×20mm。每组试验取3根焊条，分别在三块试板上施焊，焊条剩余长度约为50mm。焊前测量焊条长度和称量试板质量，焊后再称量试板质量，称量精确至0.1g。将剩余的焊条去掉药皮，用细砂纸磨光，测量焊后焊芯长度和称量质量，称量精确至0.1g。按下式计算熔敷效率E（%）：

$$E = \frac{m_1}{m_2} \times 100\%$$

式中　m_1——焊条熔敷金属总质量（g）；

m_2——熔化焊芯的总质量（g）；

其中，焊条熔敷金属的总质量m_1按下式计算：

$$m_1 = m_4 - m_3$$

式中　m_3——焊前试板总质量（g）；

m_4——焊后试板总质量（g）。

熔化焊芯的总质量m_2按下式计算：

$$m_2 = \frac{l_0 - l}{l} \times m_5$$

式中 l_0——焊条总长度（mm）；

l——焊后焊芯总长度（mm）；

m_5——焊后焊芯的总质量（g）。

（7）焊接发尘量　焊接发尘量采用抽气捕集法进行测定。试验装置为一个直径约500mm、高约600mm、体积约0.12m^{3}的半封闭容器，如图4-5所示。

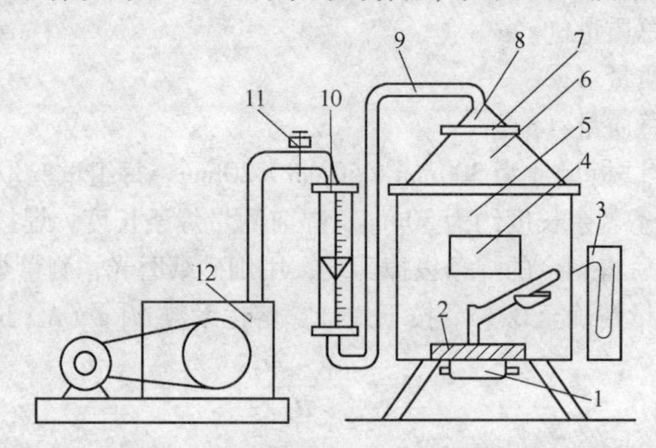

图4-5　抽气捕集法测尘装置

1—冷却水　2—试板　3—U形水压计　4—观察孔　5—筒体　6—大锥体
7—滤纸和铜网　8—小锥体　9—胶管　10—流量计　11—二通活塞　12—真空泵

试板尺寸为300mm×200mm×(12～20)mm。每组试验采用3根焊条，试验前称量3根焊条的质量，精确至0.1g。将3张慢速定量滤纸及装有约5g脱脂棉的纸袋同时放入干燥皿中干燥2h以上，然后分别迅速用1/10000分析天平称量其质量。试验前擦净测尘装置的筒体和大小锥体的内壁，然后用吹风机吹干。

将试板及焊条放在筒体内，然后将一张滤纸放在小锥体开口处的铜网下面并紧固大小锥体。接通冷却水，开动真空泵，打开二通活塞，抽气量调节到5m^3/h，观察U形水压计的水压差是否正常，筒体内应为负压，然后进行施焊。焊接时，焊条应尽量垂直不摆动，两个焊道相距10mm以上，焊条剩余长度约为50mm。停焊后继续抽气5min，关闭二通活塞，打开小锥体，取下集尘滤纸，折叠后单独放在小纸袋中保存。用称过质量的少量脱脂棉擦净小锥体内壁的尘，将带尘的棉花放回原处。

重复上述操作，焊完3根焊条后打开大小锥体帽，用剩余的脱脂棉擦净大筒体和大小锥体内壁的尘，将带尘的棉花放回原处。为了避免混入飞溅颗粒，大筒体下部180mm处以下不擦。

将带尘的脱脂棉及滤纸一同放入干燥皿中，干燥时间与称量原始质量前的干燥时间相同，然后进行第二次称重，并称量3根焊条头的质量。按下式计算焊接发尘量F(g/kg)：

$$F = \frac{\Delta g_1 + \Delta g_2}{\Delta g_3} \times 1000$$

式中 Δg_1——3张滤纸集尘前后质量差（g）；

Δg_2——棉花集尘前后质量差（g）；

Δg_3——3 根焊条焊接前后质量差（g）。

（8）T 形接头角焊缝试验

1）焊接条件

① 试验用母材：对于碳钢焊条，试验用母材应符合 GB/T 700—2006《碳素结构钢》中规定的 Q235A 级、B 级或与焊条熔敷金属化学成分和力学性能相当的其他材料；对于低合金钢焊条，试验用母材应采用抗拉强度相当于试验焊条熔敷金属规定抗拉强度的低合金钢。

② 焊条烘干与焊接电流种类：低氢型碳钢焊条和低氢型 E××15－×、E××16－×及 E××18－×低合金钢焊条如果在储存或运输中没有很好的防潮措施，试验前应分别进行 260～430℃保温 1h 以上和 300～430℃保温 2h，或按制造厂推荐的烘焙规范烘干，而其他型号焊条可在供货状态下试验。电流类型应按焊条标准规定的电流类型进行，对于交直流两用的，采用交流。焊接电流、焊接电压、焊接速度等焊接条件应符合相关产品标准的规定。如果相关产品标准中未规定焊接条件，应采用制造商推荐的最大电流的 70%～90% 进行焊接。

2）试件制备及试验方法

① 试件制备、焊接位置应符合图 4-6、图 4-7、表 4-2、表 4-3 的规定，对每种所要求的焊接位置都制备一套试件。

② 试件由立板和底板组成，立板与底板的结合面应进行机械加工，底板应平直、光洁，以保证两板结合处无明显缝隙。

③ 试件的最低温度为 16℃，在接头的一侧焊一条单道角焊缝。第一根焊条应连续焊到焊条残头不大于 50mm 时为止，然后用第二根焊条完成整个接头的焊接。第一根焊条的焊道末端距试件末端小于 100mm 时，可采用引弧板或较长的试件。

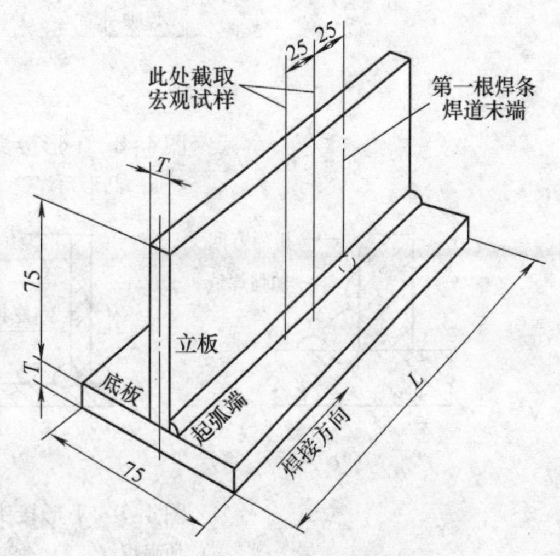

图 4-6　T 形接头角焊缝试件

④ 立焊时，碳钢焊条 E5048 应向下立焊，低合金钢焊条 E5010－×、E5510－×、E6010－×、E7010－×可以向上立焊或向下立焊。其他型号的焊条应向上立焊。

⑤ 焊后的焊缝应首先进行肉眼检查，然后按图 4-6 截取一个宏观试样。截得两断面中任意一面均可用于检验。

⑥ 断面经抛光和腐蚀后，按图 4-8 所示位置画线，测量焊脚尺寸、焊脚及凸形角焊缝的凸度。测量误差精确到 0.1mm。

⑦ 剩余的两块接头，按图 4-9 所示的折断方向沿整个角焊缝纵向弯断，检查断裂表面。如果断在母材上，不能认为焊缝金属不合格，应重新试验。

⑧ 为了保证断于焊缝，可采用下述的一种或几种方法：

a. 在焊缝的每个焊趾处焊一条加强焊缝，如图 4-9a 所示。

b. 改变立板在底板上的位置，如图 4 - 9b 所示。

c. 在焊缝表面中心开一缺口，如图 4 - 9c 所示。

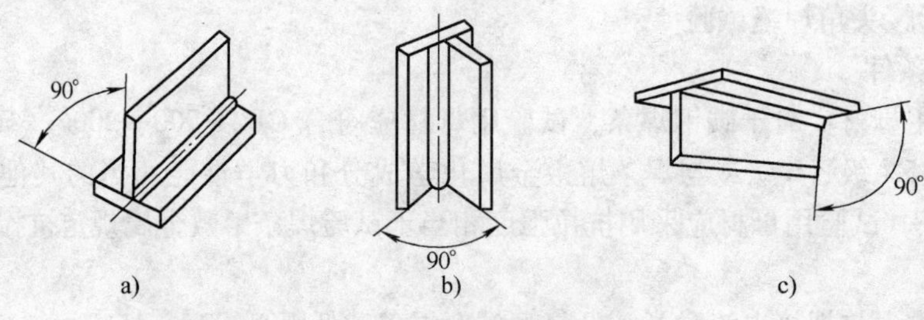

图 4 - 7　T 形接头角焊位置

a）平角焊　b）立角焊　c）仰角焊

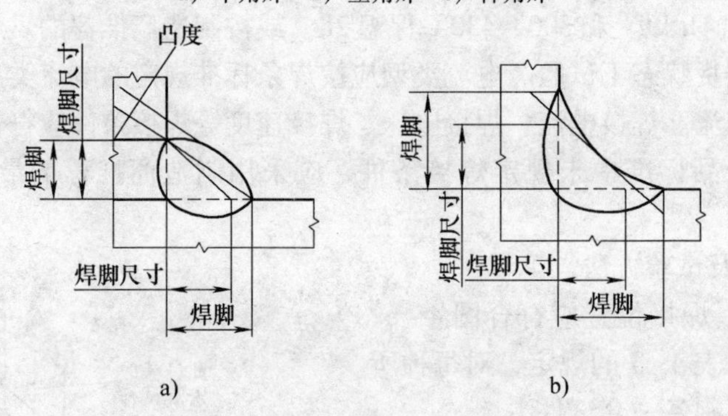

图 4 - 8　T 形接头角焊缝断面图示

a）凸形角焊缝　b）凹形角焊缝

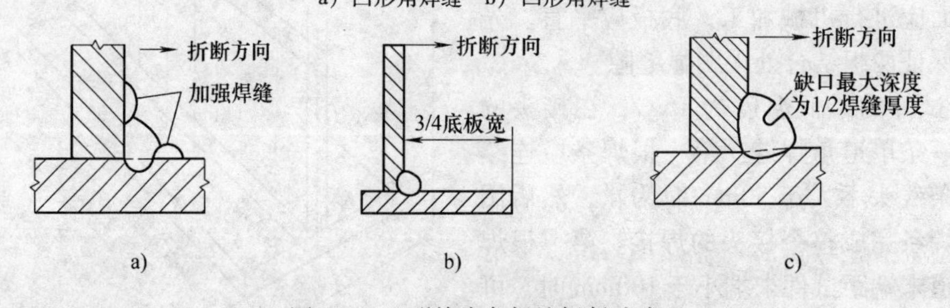

图 4 - 9　T 形接头角焊缝折断试验

a）加强焊缝　b）改变立板位置　c）开缺口

3）技术要求

① 角焊缝表面经肉眼检查应无裂纹、焊瘤、夹渣及表面气孔，允许有个别短而且深度小于 1mm 的咬边。

② 角焊缝的焊脚尺寸应符合表 4 - 2、表 4 - 3 中的规定。凸形角焊缝的凸度及角焊缝的两焊脚长度之差应符合表 4 - 4 中的规定。

③ 角焊缝的两纵向断裂表面经肉眼检查应无裂纹。焊缝根部未熔合的总长度应不大于焊缝总长度的 20%。对于 E4312、E4313、E5014 碳钢焊条施焊的角焊缝，当未熔合的深度不大于最小焊脚的 25% 时，允许连续存在；对于其他型号的碳钢焊条，当未熔合的深度不大于最小焊脚的 25% 时，连续未熔合的长度不应大于 25mm。对于低合金钢焊条，则要求连续未熔合的长度均不应大于 25mm。角焊缝试验不检验内部气孔。

表4-2　碳钢焊条T形接头角焊缝试验试件
尺寸、焊接位置及焊脚尺寸

（单位：mm）

焊条型号	焊条直径	试件尺寸		焊接位置	焊脚尺寸
		板厚 T	板长 L（不小于）		
E4300 E××01 E××03 E4312 E4313	1.6　2.0	4.0	150	立、仰	≤3.2
	2.5		250		
	3.2	5.0	300		≤4.8
	4.0	10.0			≤6.4
	5.0	12.0			≤9.5
	5.6		300　400	平	≥6.4
	6.0				
	6.4　8.0		400		≥8.0
E××10 E××11	2.5	4.0	250	立、仰	≤4.0
	3.2	5.0	300		≤4.8
	4.0	10.0			≤6.4
	5.0				≤8.0
	5.6　6.0 6.4　8.0	12.0	400	平	≥6.4
E5014	2.5	4.0	300	立、仰	≤4.0
	3.2	5.0			≤4.8
	4.0	10.0			≤8.0
	5.0			平	≥6.4
	5.6　6.0		300　400		
	6.4　8.0	16.0	400		≥8.0
E××15 E××16	2.5	4.0	250	立、仰	≤4.0
	3.2	6.0	300		≤4.8
	4.0	10.0			≤8.0
	5.0			平	≥4.8
	5.6　6.0	12.0	300　400		≥6.4
	6.4　8.0		400		≥8.0
E5018	2.5	4.0	250　300	立、仰	≤4.8
	3.2	6.0	300		≤6.4
	4.0	10.0			≤8.0
	5.0			平	≥6.4
	5.6　6.0	12.0	300　400		
	6.4　8.0		400		≥8.0

（续）

焊条型号	焊条直径	试件尺寸		焊接位置	焊脚尺寸
		板厚 *T*	板长 *L*（不小于）		
E4320	3.2	6.0	300	平	≥3.2
	4.0	10.0			≥4.0
	5.0		300　400		≥4.8
	5.6　6.0	12.0	400		≥6.4
	6.4　8.0				≥8.0
E××23 E××24 E××27 E××28	2.5	6.0	250		≥4.0
	3.2		300		
	4.0	10.0			≥4.8
	5.0	10.0	300　400		≥6.4
	5.6　6.0	12.0	400　650		
	6.4　8.0				≥8.0
E5048	3.2	6.0	300	立向下、仰	≤6.4
	4.0	10.0			≤8.0
	5.0		300、400	平、立向下	≥6.4

注：焊条型号中的“××”代表“43或50”。

表4-3　低合金钢焊条T形接头角焊缝试验试件尺寸、焊接位置及焊脚尺寸

（单位：mm）

焊条型号	焊条直径	试件尺寸		焊接位置	焊脚尺寸
		厚度 *T*	最小长度 *L*		
E××10－× E××11－×	2.0　2.5	4	250	立、仰	≤4.0
	3.2	6	300		≤4.8
	4.0	10	350		≤6.4
	5.0				≤8.0
	5.6　6.0　6.4	12	450	平	≥6.4
E××00－× E××03－× E××13－×	2.0　2.5	4	250	立、仰	≤4.0
	3.2	6	300		≤4.8
	4.0	10	350		≤6.4
	5.0	12			≤9.6
E××15－× E××16－×	2.0　2.5	4	250		≤4.0
	3.2	6	300		≤4.8
	4.0	10	350		≤8.0
	5.0			平	≥4.8
	5.6　6.0　6.4	12	450		≥7.2

（续）

焊条型号	焊条直径	试件尺寸		焊接位置	焊脚尺寸
		厚度 T	最小长度 L		
E××18－×	2.0　2.5	4	250	立、仰	≤4.8
	3.2	6	300		≤6.4
	4.0	10	350		≤8.0
	5.0			平	≥6.4
	6.0	12	450		≥8.0
E5020－× E5027－×	3.0	6	300		≥3.2
	4.0	10	350		≤8.0
	5.0				≥6.4
	5.6　6.0　6.4	12	450		≥7.2

表4-4　凸形角焊缝的凸度及角焊缝两焊脚长度之差　（单位：mm）

实际焊脚尺寸	凸度，不大于	两焊脚长度之差，不大于
≤3.2	1.2	0.8
≤4.0		1.2
≤4.8	1.6	1.6
≤5.6		2.0
≤6.4		2.4
≤7.2		2.8
≤8.0	2.0	3.2
≤8.7		3.6
≤9.6		4.0

3. 焊条焊接冶金性能试验方法

结构钢焊条焊接冶金性能试验方法如下：

（1）熔敷金属化学成分的测定

1）焊接条件。碳钢焊条试验用母材、焊条烘干及焊接电流种类与T形接头角焊缝试验相同；低合金钢焊条试验用母材采用符合GB/T 700—2006《碳素结构钢》中规定的Q235A级、B级，GB/T 1591—2008《低合金高强度结构钢》中规定的Q345或与试验焊条熔敷金属化学成分相当的其他牌号低合金钢，焊条烘干及焊接电流种类与T形接头角焊缝试验相同。

2）试样制备及试验方法。熔敷金属化学分析试样制备应在平焊的位置进行。焊条熔敷金属化学分析试样制备有多种方式，如图4-10所示，可以采用其中任一种形式。最小熔敷金属尺寸见表4-5。焊接采用多层堆焊。焊条在保持电弧稳定燃烧的情况下，尽可能采用短弧焊接，最大摆动宽度不超过焊芯直径的2.5倍。每一道焊后，试件允许在水中冷却30s，表面干燥后进行下一道焊接。每道焊后应清渣，每层焊接应以交替焊接方向进行。化学分析取样部位表面的氧化物应采用机械或打磨的方法去除。试样制备应采用铣床、刨床或钻床，不能使用气割方法。取样位置应按相关产品标准规定，如果产品标准没有规定，则应取自堆焊金属的第5层或5层以上，不允许在起弧和收弧处取样。

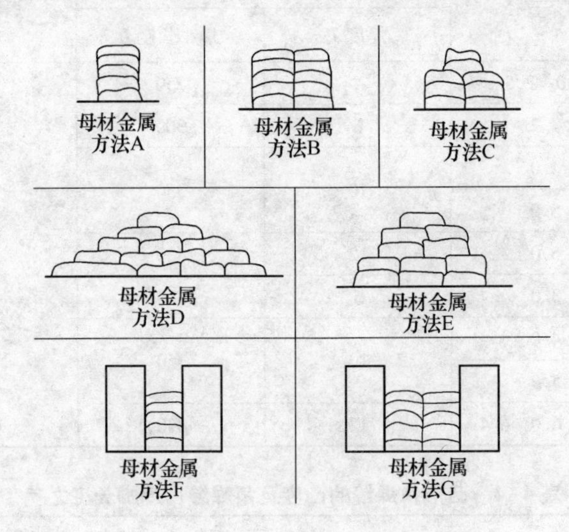

图4-10　熔敷金属化学分析取样试件

注：方法F和方法G的熔敷金属两侧是铜板。

表4-5　最小熔敷金属尺寸

焊条直径 ϕ/mm	熔敷金属尺寸		最少焊接层数
	宽度/mm	长度/mm	
$1.6\leqslant\phi\leqslant2.6$	12	30	5
$2.6<\phi\leqslant5$	12	40	5
$5<\phi\leqslant8$	12	55	5

化学分析试样也可以从拉断后的熔敷金属拉伸试样上或力学性能试板的焊缝中取样，但不允许在起弧和收弧处取样。仲裁试验的试样仅允许从堆焊金属上取样。

熔敷金属化学分析试验可采用供需双方同意的任何适宜的方法。仲裁试验应按GB/T 223.1~223.24《钢铁及合金化学分析方法》进行。

技术要求：熔敷金属化学成分应符合相关产品标准中的规定。表4-6是碳钢焊条熔敷金属应满足的化学成分含量。

表4-6　碳钢焊条熔敷金属的化学成分　　（%）

焊条型号	w_{C}	w_{Mn}	w_{Si}	w_{S}	w_{P}	w_{Ni}	w_{Cr}	w_{Mo}	w_{V}	MnNiCrMoV总的质量分数
E4300、E4301、E4303、E4310、E4311、E4312、E4313、E4320、E4322、E4323、E4324、E4327、E5001、E5003、E5010、E5011				0.035	0.040	—				—

（续）

焊条型号	w_C	w_{Mn}	w_{Si}	w_S	w_P	w_{Ni}	w_{Cr}	w_{Mo}	w_V	MnNiCrMoV 总的质量分数
E5015、E5016、E5018、E5027	—	1.60	0.75							1.75
E4315、E4316 E4328、E5014 E5023、E5024	—	1.25	0.90			0.30	0.20	0.30	0.08	1.50
E5028、E5048	—	1.60								1.75
E5018M	0.12	0.40～1.60	0.80	0.020	0.030	0.25	0.15	0.35	0.05	—

注：表中单值均为最大值。

（2）熔敷金属和焊接接头力学性能试验

1）焊接条件

① 试验用母材：碳钢焊条试验用母材与T形接头角焊缝试验相同；低合金钢焊条采用与试验焊条熔敷金属化学成分相当的低合金钢。如果母材化学成分与试验焊条熔敷金属化学成分不相当，应先用试验焊条在试件的坡口面及垫板面堆焊隔离层，隔离层厚度加工后不小于3mm。

② 焊条烘干与焊接电流种类：与T形接头角焊缝试验相同。

2）试件制备

① 碳钢焊条：除E5018M外，试件均应按图4-11及表4-7的规定制备，E5018M型焊条试件应按图4-12及表4-7的规定制备。长度大于450mm的焊条的试件长度不小于500mm。试件焊前予以反变形或拘束以防止角变形。角变形超过5°的试件应予以报废。焊后的试件不允许矫正。

试件应先进行定位焊，并预热到不低于105℃，道间温度应控制在110～180℃之间（E5018M型焊条预热温度和道间温度控制在95～120℃之间）。在图4-11、图4-12规定的点上用测温笔或表面温度计测量预热温度和道间温度，并在焊接过程中予以保持。

焊层数和每层焊道数应符合表4-7的规定，每一焊道在射线探伤区至少有一个熄弧点和起弧点。

除E5018M外，其他焊条试件根部焊道均可以用直径为2.5mm或3.2mm的焊条焊接。

直径不大于4.0mm的E5018M型焊条采用立向上焊接，直径大于4.0mm的采用平焊焊接。

直径为2.5mm的E5018M型焊条的焊接热输入为12～16kJ/cm，直径大于2.5mm的为20～24kJ/cm。

焊后的焊缝金属至少与试件齐平。E5018M型焊条的焊缝余高不大于5.0mm，不允许打平焊道。

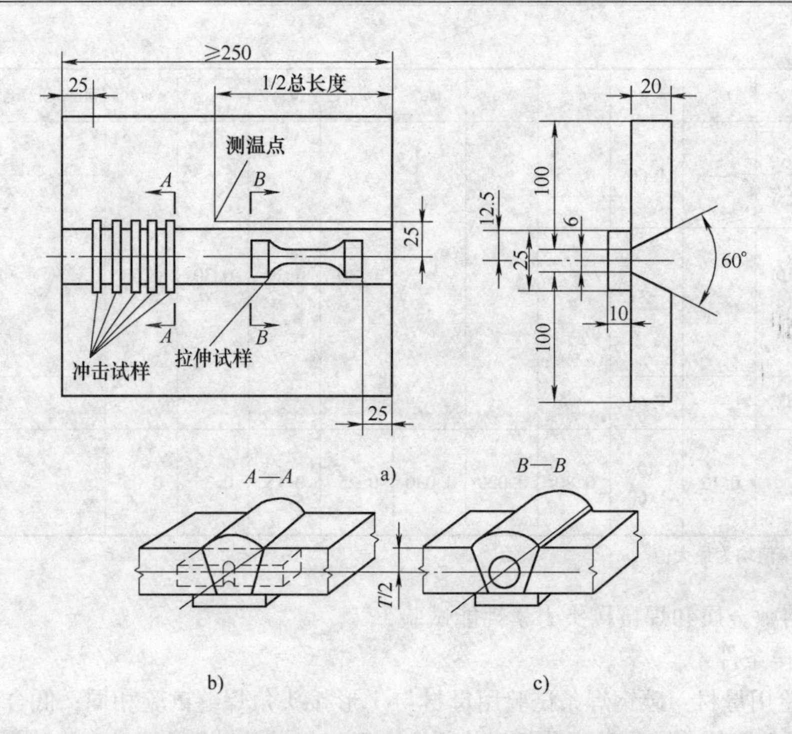

图 4-11　碳钢焊条射线探伤和力学性能试件的制备

a）试样位置及试件尺寸　b）冲击试样位置　c）拉伸试样位置

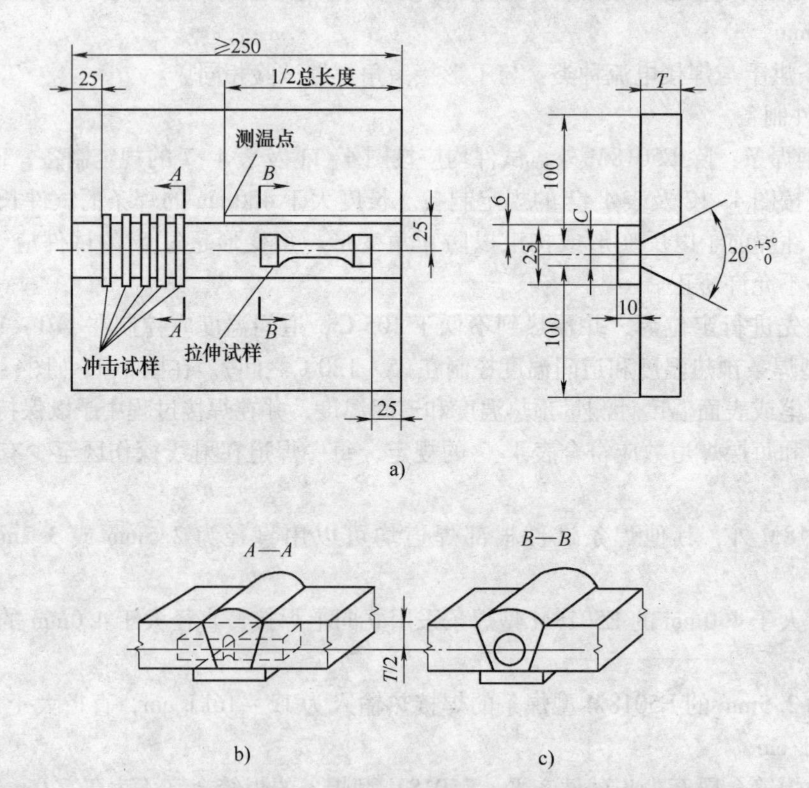

图 4-12　E5018M 型焊条射线探伤和力学性能试件的制备

a）试样位置及试件尺寸　b）冲击试样位置　c）拉伸试样位置

表4-7　碳钢焊条射线探伤和力学性能试件的制备

焊条直径/mm	最小板厚 T/mm	根部间隙 C/mm	每层焊道数（道）	焊层数（层）
25	12	10	2	—
32		13		5~7
40	20	16		7~9
50		20		6~8
56		23		
60				
64	25	25		9~11
80	32	28		10~12

② 低合金钢焊条：低合金钢焊条试件应按图4-13及表4-8的规定制备。试件焊前予以反变形或拘束以防止角变形。角变形超过5°的试件应予以报废。焊后的试件不允许矫正。

试件应先进行定位焊，并预热到表4-9所规定的温度。在图4-13规定的点上用测温笔或表面温度计测量预热温度和道间温度，并在焊接过程中予以保持。

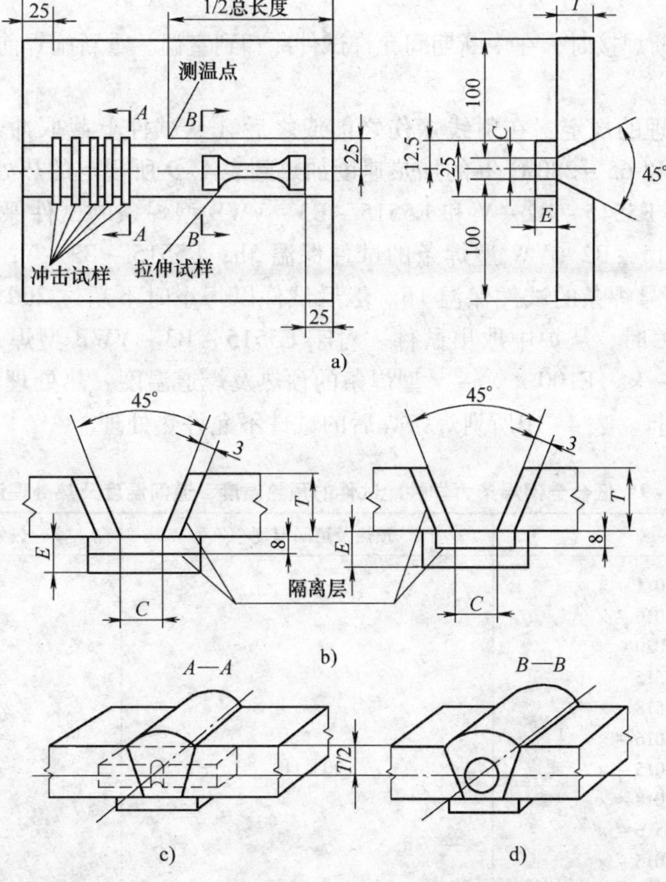

图4-13　低合金钢焊条射线探伤和力学性能试件的制备

a）试样位置及试件尺寸　b）试板坡口加工　c）冲击试样位置　d）拉伸试样位置

焊层数和每层焊道数应符合表4-8的规定，每一焊道在射线探伤区至少有一个熄弧点和起弧点。同一焊道的焊接方向不应改变，不同焊道的焊接方向可以改变。试件根部焊道可以用直径为2.5mm或3.2mm的焊条焊接。

表4-8　低合金钢焊条射线探伤和力学性能试件的制备

<table>
<tr><th rowspan="2">焊条直径/mm</th><th rowspan="2">最小板厚T/mm</th><th rowspan="2">根部间隙C/mm</th><th rowspan="2">垫板厚E/mm</th><th rowspan="2">全摆动焊层（层）</th><th colspan="3">不全摆动焊层</th></tr>
<tr><th>焊层（层）</th><th>每层焊道数（道）</th><th>焊层数（层）</th></tr>
<tr><td>2.0　2.5</td><td rowspan="2">12</td><td rowspan="2">6</td><td rowspan="2">6</td><td>—</td><td>—</td><td>—</td><td>—</td></tr>
<tr><td>3.2</td><td rowspan="2">1</td><td rowspan="2">2～顶层</td><td rowspan="5">2</td><td>5～7</td></tr>
<tr><td>4.0</td><td rowspan="2">20</td><td rowspan="4">13</td><td rowspan="2">10</td><td>7～9</td></tr>
<tr><td>5.0　5.6</td><td>1～2</td><td>3～顶层</td><td>6～8</td></tr>
<tr><td>6.0　6.4</td><td>25</td><td rowspan="2">12</td><td rowspan="2">1～3</td><td rowspan="2">4～顶层</td><td>9～11</td></tr>
<tr><td>8.0</td><td>32</td><td>10～12</td></tr>
</table>

注：1. 直径2.0mm和2.5mm焊条的射线探伤试验试件厚度可为6.0mm。
2. 记录直径2.0mm和2.5mm焊条焊道数和焊层数。

如果必须中断焊接时，在中断期间允许试件冷却到室温。重新施焊前试件应预热到所需温度。

对试件热处理的规定：在射线探伤之前或之后（从试件上截取冲击或拉伸试样之前）试件在炉中以65～280℃/h的加热速度加热到表4-9所规定的热处理温度。其中，E5500-B2-V、E5515-B2-V和E5515-B3-VWB型焊条的试件保温2h；E5515-B2-VNb和E5515-B2-VW型焊条的试件保温5h；E5515-B3-VNb型焊条的试件保温4h；其余型号焊条的试件保温1h。然后试件以每小时不超过200℃的速度随炉冷却，冷却到320℃时，从炉中取出试件。对于E5515-B3-VWB型焊条的试件应随炉冷却。E90××-×、E100××-×型焊条的预热及焊道温度、热处理温度应按焊条使用说明书要求进行。表4-10所列焊条焊后的试件不允许热处理。

表4-9　低合金钢焊条力学性能试件的预热温度、道间温度及热处理温度

焊条型号	预热及道间温度/℃	热处理温度/℃
E5010-×　E5011-× E5015-×　E5016-× E5018-×　E5020-× E5027-×　E5515-× E5516-×　E5518-× E6015-×　E6016-× E6018-×　E7015-× E7016-×　E7018-× E7515-×　E7516-× E7518-×　E8015-× E8016-×　E8018-× E8515-×　E8516-× E8518-×	90～110	620±15

（续）

<table>
<tr><th>焊条型号</th><th>预热及道间温度/℃</th><th>热处理温度/℃</th></tr>
<tr><td>E5003 - ×　E5500 - ×
E5503 - ×　E5510 - ×
E5511 - ×　E5513 - ×
E6010 - ×　E6011 - ×
E6013 - ×
E7010 - ×　E7011 - ×
E7013 - ×</td><td rowspan="2">160 ~ 220</td><td>620 ± 15</td></tr>
<tr><td>E5515 - B2L
E5510 - B2
E5511 - B2
E5513 - B2
E5515 - B2
E5516 - B2
E5518 - B2
E5518 - B2L</td><td>690 ± 15</td></tr>
<tr><td>E5500 - B2 - V
E5515 - B2 - V
E5515 - B2 - VW
E5515 - B2 - VNb
E5515 - B3 - VNb</td><td>250 ~ 300</td><td>730 ± 15</td></tr>
<tr><td>E5515 - B3 - VWB</td><td>320 ~ 360</td><td>760 ± 15</td></tr>
<tr><td>E6000 - B3
E6015 - B3L
E6015 - B3
E6016 - B3
E6018 - B3
E6018 - B3L
E5515 - B4L
E5516 - B5</td><td>160 ~ 200</td><td>690 ± 15</td></tr>
<tr><td>E5018 - W
E5516 - C3
E5518 - C3
E5518 - NM
E5518 - W
E6018 - M
E7018 - M
E7518 - M
E8518 - M</td><td>90 ~ 110</td><td rowspan="2">—</td></tr>
<tr><td>E8518 - M1</td><td>110 ~ 140</td></tr>
</table>

注：本表中的后缀字母"×"代表除B2、B3、B4、B5、C3、M、M1、NM、W以外的所有后缀字母（A1、B1等）。

表4-10　试件不允许热处理的焊条

<table>
<tr><td>E5010 - G</td><td>E5518 - NM</td><td>E7513 - M</td></tr>
<tr><td>E5018 - W</td><td>E5518 - W</td><td>E8518 - M</td></tr>
<tr><td>E5510 - G</td><td>E6010 - G</td><td rowspan="3">E8518 - M1</td></tr>
<tr><td>E5516 - G3</td><td>E6018 - M</td></tr>
<tr><td>E5518 - C3</td><td>E7018 - M</td></tr>
</table>

3）试验方法

① 熔敷金属拉伸试验。按图 4-14 和表 4-11，从射线探伤后的试件上加工一个熔敷金属拉伸试样。

对于低氢型碳钢焊条的熔敷金属拉伸试样不允许去氢处理，其他型号碳钢焊条的熔敷金属拉伸试样应在（100±5）℃下保温 46～48h，或者在（250±10）℃下保温 6～8h 去氢处理。在表 4-10 所列的焊后试件不允许热处理的低合金钢焊条中，E5010-G、E5510-G 和 E6010-G 型焊条的熔敷金属拉伸试样，应在（100±5）℃下保温 46～50h 或者在（250±10）℃下保温 6～8h 去氢处理。

熔敷金属拉伸试验按照 GB/T 2652—2008《焊缝及熔敷金属拉伸试验方法》在拉伸试验机上进行。

技术要求：测得的熔敷金属的抗拉强度 R_m、屈服强度 R_{eL} 和伸长率 A 应符合 GB/T 5117—1995《碳钢焊条》、GB/T 5118—1995《低合金钢焊条》标准中对该种型号焊条的规定。

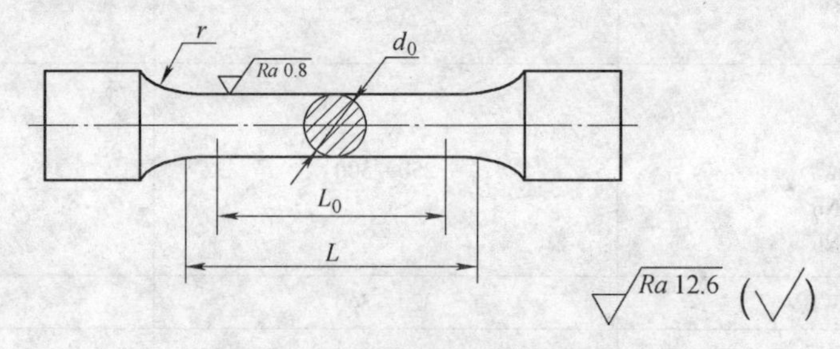

图 4-14　熔敷金属拉伸试样

表 4-11　熔敷金属拉伸试样尺寸　（单位：mm）

焊条直径	d_0	r_{min}	L_0	L
≤3.2	6±0.1	3	30	36
≥4.0	10±0.2	4	50	60

注：用引伸计测量屈服强度时，可以增加试样长度，但测量伸长率的标距长度不能改变。

② 熔敷金属冲击试验。按图 2-38 所示从截取熔敷金属拉伸试样的同一块试件上截取 5 个试样。在每组冲击试样中，至少有一个试样应在最小放大 50 倍的投影仪或金相照片上测量 V 型缺口的图形尺寸。

熔敷金属冲击试验按照 GB/T 2650—2008《焊接接头冲击试验方法》在冲击试验机上进行。试验温度应符合 GB/T 5117—1995《碳钢焊条》、GB/T 5118—1995《低合金钢焊条》标准中对该种型号焊条的规定。

技术要求：除碳钢焊条中的 E5018M 型焊条和低合金钢焊条中的 E8518-M1、E××××-E 焊条有下列冲击吸收能量要求外，其他焊条在所要求试验温度下的冲击吸收能量平均值应不小于 27J，其中，低合金钢焊条中的 E××××-C1、E××××-C1L、E××××-C2 及 E××××-C2L 型焊条的冲击吸收能量平均值为消除应力后的冲击性能。确定方法是：5 个试样的冲击吸收能量中，舍去最大值和最小值，余下的三个值要有两个值不小于 27J，另一个值不小于 20J，三个值的平均值不小于 27J。

碳钢焊条中的 E5018M 型焊条要求在 -30℃下的冲击吸收能量平均值不小于 67J。确定方法是：5个试样的冲击吸收能量中，要有四个值不小于67J，另一个值不小于54J，五个值的平均值不小于67J。

低合金钢焊条中的E8518－M1型焊条要求在－20℃下的冲击吸收能量平均值不小于68J。确定方法是：5个试样的冲击吸收能量中，舍去最大值和最小值，余下的三个值要有两个值不小于68J，另一个值不小于54J，三个值的平均值不小于68J。

低合金钢焊条中的E××××－E型焊条要求在－40℃下的冲击吸收能量平均值不小于54J。确定方法是：5个试样的冲击吸收能量中，舍去最大值和最小值，余下的三个值要有两个值不小于54J，另一个值不小于47J，三个值的平均值不小于54J。

③ 焊接接头横向拉伸和纵向弯曲试验。试件应按图4-15所示制备。试件焊前应予以反变形或拘束，以防止角变形。角变形超过5°的试件应予以报废。焊后的试件不允许矫正。焊前试件温度不低于室温，道间温度不超过180℃。除两端的起弧点和收弧点外，在每道焊缝的两端之间至少有一个起弧点和收弧点。焊后的焊缝金属表面至少与试件表面齐平。

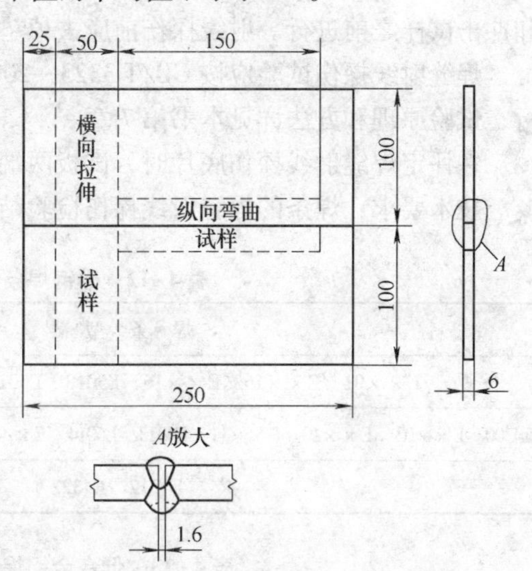

图4-15　制取横向拉伸和纵向弯曲试样的试件

焊接接头横向拉伸试验方法：按图4-16所示，从试件上截取一个横向拉伸试样。试样应在（100±5）℃下保温46～48h或者在（250±10）℃下保温6～8h作去氢处理。焊接接头横向拉伸试验应按GB/T 2651—2008《焊接接头拉伸试验方法》在拉伸试验机上进行。

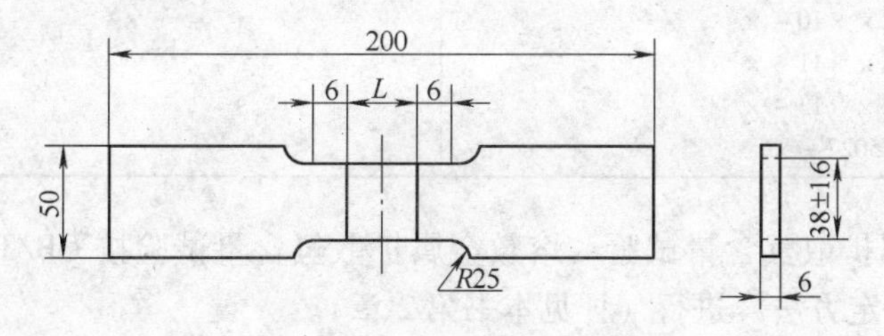

图4-16　碳钢焊条横向拉伸试样

注：焊缝表面经研磨或机械加工后应与试板表面平齐，研磨或机械加工表面的方向应平行于试件的长度方向。

焊接接头纵向弯曲试验方法：按图4-17所示从截取横向拉伸试样的同一块试件上加工一个纵向弯曲试样。试样应在（100±5）℃下保温46～48h或者在（250±10）℃下保温6～8h作去氢处理。弯曲时，应使最后一道焊缝表面处于弯曲外表面。焊接接头纵向弯曲试验应按

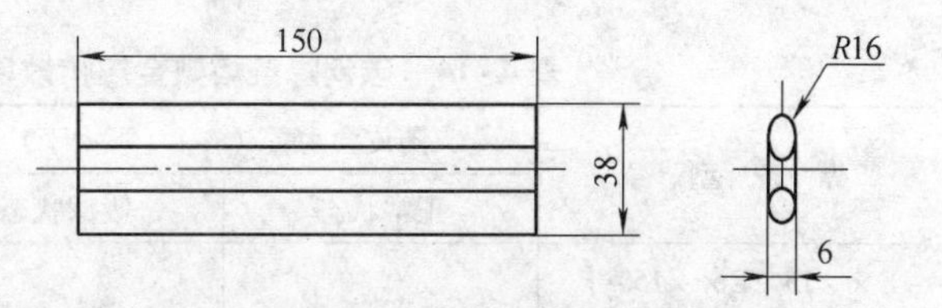

图4-17　碳钢焊条纵向弯曲试样

注：焊缝表面经研磨或机械加工后应与试板表面平齐，研磨或机械加工表面的方向应平行于试件的长度方向。

GB/T 2653—2008《焊接接头弯曲及压扁试验方法》在拉伸试验机上进行，压头直径或内辊直径为38mm，弯曲角为180°。

技术要求：E4322碳钢焊条焊接接头横向抗拉强度 R_m 不应小于420MPa，焊接接头纵向弯曲试样经弯曲后在焊缝上不应有大于3.2mm的裂纹。

(3) 焊缝射线探伤试验　焊缝射线探伤试验在从熔敷金属力学性能试件上截取拉伸和冲击试样之前进行。射线探伤前应去掉垫板。

焊缝射线探伤试验应按GB/T 3323—2005《金属熔化焊焊接接头射线照相》的规定进行，试验原理和方法详见本书第7章。

在评定焊缝射线探伤底片时，试板两端25mm应不考虑。

技术要求：焊条的焊缝射线探伤检验结果应符合表4-12、表4-13中的规定。

表4-12　碳钢焊条焊缝射线探伤底片要求

焊条型号	焊缝金属射线探伤底片要求
E××01　E××15　E××16　E5018　E5018M　E4320　E5048	Ⅰ级
E4300　E××03　E××10　E××11　E4313　E5014　E××23　E××24　E××27　E××28	Ⅱ级
E4312　E4322	—

表4-13　低合金钢焊条焊缝射线探伤底片要求

焊条型号	射线探伤要求
E××15-× E××16-× E××18-× E5020-×	Ⅰ级
E××00-× E××03-× E××10-× E××11-× E××13-× E5027-×	Ⅰ级

(4) 熔敷金属扩散氢含量试验　熔敷金属扩散氢含量试验按GB/T 3965—1995《熔敷金属中扩散氢测定方法》进行（详见本书第2章）。

技术要求：所测试焊条的熔敷金属扩散氢含量检验结果应符合表4-14、表4-15中的规定。

表4-14　碳钢焊条熔敷金属扩散氢含量及药皮含水量要求

焊条型号	药皮含水量（%）（不大于）		熔敷金属扩散氢含量，（不大于）/(mL/100g)	
	正常状态	吸潮状态	甘油法	色谱法或水银法
E××15　E××15-1 E××16　E××16-1 E5018　E5018-1 E××28　E5048	0.60	—	8.0	12.0

（续）

焊 条 型 号	药皮含水量（%）（不大于）		熔敷金属扩散氢含量，（不大于）/(mL/100g)	
	正常状态	吸潮状态	甘油法	色谱法或水银法
E××15R E××15-1R E××16R E××16-1R E5018R E5018-1R E××28R E5048R	0.30	0.40	6.0	10.0
E5018M	0.10	0.40		4.0

表4-15 低合金钢焊条熔敷金属扩散氢含量要求

焊条型号	熔敷金属扩散氢含量，不大于/(mL/100g)	
	甘 油 法	色谱法或水银法
E5015-× E5016-× E5018-× E5515-× E5516-× E5518-×	6.0	10.0
E6015-× E6016-× E6018-× E7015-× E7016-× E7018-× E7515-× E7516-× E7518-× E8015-× E8016-× E8018-×	4.0	7.0
E8515-× E8516-× E8518-× E9015-× E9016-× E9018-× E10015-× E10016-× E10018-×	2.0	5.0
E8518-M1 E××××-E	—	4.0

（5）焊条药皮含水量试验　焊条药皮含水量用水分质量与试样质量的百分比表示。

1）测定装置。焊条药皮含水量的测定装置如图4-18所示，由如下几部分组成：①一台带有足够长的加热元件的管式炉，加热管中间部分至少有150mm能被加热到1100℃；②一套包括针阀、流量计、96%的浓硫酸干燥瓶、喷射分离器及无水高氯酸镁干燥塔的氧气提纯系统；③内径为22mm的石英玻璃加热管，两端为平口（也可采用高温陶瓷管，但空白值较高），在加热管出口端的足够长度内放入过滤气体的玻璃纤维塞，并被加热到200～260℃；④水分吸收系统包括装有无水高氯酸镁的U形管及一个浓硫酸密封瓶。

2）试验方法。将同一包中三根焊条中部的药皮混合后，取约4g药皮作为试样，并立即放入干燥且带盖的试样瓶内。可以采用弯曲焊条或清洁干燥的钳子取样。

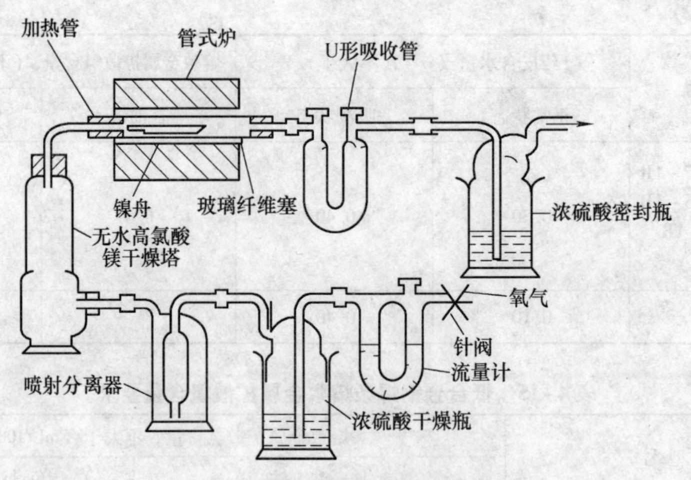

图 4-18　焊条药皮含水量测定装置

炉温控制在（980±15）℃，氧气流量为 200～250mL/min。把镍舟或磁舟放在加热管内干燥，并接上水分吸收系统。30min 后，取下 U 形吸收管，并放到干燥皿中，待 20min 后称量 U 形吸收管。取出的镍舟或磁舟放到装有无水高氯酸镁干燥剂的干燥皿内。

空白值的测定应遵循实际测定水分的程序和时间，唯一不同的是镍舟或磁舟中不放试样，测得 U 形吸收管的增重即为空白值。

测完空白值后，立即将药皮试样放在天平上称重，并尽快放入舟中，打开加热管，将盛有试样的舟放入加热管中，同时接上 U 形吸收管，然后封闭加热管。加热 30min 后取下 U 形吸收管，放到干燥皿中，待 20min 后称量 U 形吸收管的增重。如果还要测定另一个试样，在取下 U 形吸收管的同时，也将舟从加热管中取出，清除加热过的试样，放入干燥皿内。接着可用同一个镍舟或磁舟测定另一个试样，不必测量空白值。

焊条药皮含水量按下式计算：

$$含水量=\frac{A-B}{试样质量}\times 100\%$$

式中　A——实际实验时 U 形吸收管的增重；

B——空白值。

3）技术要求。被测焊条的药皮含水量检测结果应符合表 4-14、表 4-16 中的规定。

表 4-16　低合金钢焊条药皮含水量要求

焊条型号	药皮含水量，不大于（%）	
	正常状态	吸潮状态
E5015－×　E5016－× E5018－×　E5515－× E5516－×　E5518－×	0.30	—
E5015－×R　E5016－×R E5018－×R　E5515－×R E5516－×R　E5518－×R		0.40
E6015－×　E6016－× E6018－×	0.15	

（续）

焊 条 型 号	药皮含水量，不大于（%）	
	正常状态	吸潮状态
E6015 - ×R　E6016 - ×R E6018 - ×R	0.15	0.25
E7015 - ×　E7016 - × E7018 - ×　E7515 - × E7516 - ×　E7518 - × E8015 - ×　E8016 - × E8018 - ×　E8515 - × E8516 - ×　E8518 - × E9015 - ×　E9016 - × E9018 - ×　E10015 - × E10016 - ×　E10018 - ×	0.15	—
E8515 - M1　E××××-E	0.10	—

4.4 焊剂质量检验综合试验

焊剂根据用途，可分为碳钢用焊剂、低合金钢用焊剂、高合金钢用焊剂、铜及铜合金用焊剂、镍及镍合金用焊剂、钛及钛合金用焊剂等。目前已制定的国家标准有：GB/T 5293—1999《埋弧焊用碳钢焊丝和焊剂》、GB/T 12470—2003《埋弧焊用低合金钢焊丝和焊剂》、GB/T 17854—1999《埋弧焊用不锈钢焊丝和焊剂》等。对各种焊剂进行质量检验综合试验时，应按其相应的国家标准、行业标准或企业标准进行。

以下以碳钢用焊剂和低合金钢用焊剂为例，根据国家标准，并参考一些企业的做法，介绍焊剂质量检验综合试验的内容和方法。

4.4.1 焊剂质量检验综合试验的内容

焊剂质量检验综合试验内容也分为三部分：外观质量检验、焊接工艺性能试验和焊接冶金性能试验。

1. 外观质量检验

外观质量检验主要测定以下性能指标：

（1）焊剂颗粒度　焊剂均为颗粒状，它应能自由地通过标准焊接设备的焊剂供给管道、阀门和喷嘴。其颗粒度一般有普通颗粒度和细颗粒度两种。普通颗粒度焊剂的粒度为0.45～2.50mm，细颗粒度焊剂的粒度为0.28～2.00mm。

（2）焊剂机械夹杂物　机械夹杂物是指碳粒、铁屑、原材料颗粒、铁合金凝珠及其他杂物。通常用机械夹杂物的百分含量来反映焊剂机械夹杂物的多少。

（3）焊剂颗粒强度　国家标准中没有要求测定焊剂的颗粒强度，但由于有些非熔炼焊剂极易碎化，因此在许多情况下也常常需要进行检验。通常采用经过振动撞击试验后的焊剂细粉百分含量来反映焊剂的颗粒强度，焊剂细粉百分含量越低，说明焊剂的颗粒强度越大。

2. 焊接工艺性能试验

焊剂的焊接工艺性能试验主要测定以下性能指标：

（1）稳弧性　要求焊剂具有较强的稳定电弧燃烧作用，焊接时不熄弧、燃烧平稳。

（2）脱渣性　要求渣壳容易脱离焊缝表面。

（3）焊缝成形性和焊道熔合情况　要求焊缝成形美观，焊道整齐，焊道与焊道之间、焊道与母材之间过渡平滑，不应产生较严重的咬边现象。

3. 焊接冶金性能试验

焊剂的焊接冶金性能试验主要包括以下内容：

（1）焊剂中硫、磷含量的测定　焊剂中的硫、磷是焊缝中杂质硫、磷的主要来源之一，因此必须严格控制焊剂中硫、磷的含量。

（2）熔敷金属的力学性能试验　该试验包括熔敷金属拉伸试验和熔敷金属冲击试验。要求测定熔敷金属的抗拉强度 R_m、屈服强度 R_{eL} 和伸长率 A，以及熔敷金属在所要求温度下的冲击吸收能量。

（3）焊缝射线探伤试验　试验的目的是检测焊剂产生裂纹、气孔、夹渣、未焊透、未熔合等各种焊接缺欠的倾向。

（4）焊剂含水量测定试验　碳钢用焊剂的含水量是指焊剂在（150±10)℃下烘干2h后水的含量，低合金钢用焊剂的含水量是指焊剂在（350±10)℃下烘干2h后水的含量。

（5）熔敷金属扩散氢含量试验　低合金钢用焊剂须测定熔敷金属扩散氢含量。

4.4.2　焊剂质量检验综合试验的方法

1. 焊剂外观质量的检验方法

（1）焊剂颗粒度　检验普通颗粒度焊剂时，取不少于100g的焊剂，用称样天平称量，然后分别用孔径为0.45mm和2.50mm的筛子筛分，并对通过孔径为0.45mm的和不能通过孔径为2.50mm筛子的超标焊剂分别用天平称量；检验细颗粒度焊剂时，取不少于100g的焊剂，用称样天平称量，然后分别用孔径为0.28mm和2.00mm的筛子筛分，并对通过孔径为0.28mm的和不能通过孔径为2.00mm筛子的超标焊剂分别用天平称量。以上所用称样天平感量均不大于1mg。然后，按下式分别计算颗粒度超标焊剂的百分含量；

$$\text{颗粒度超标焊剂百分含量} = \frac{m}{m_0} \times 100\%$$

式中　m——颗粒度超标焊剂的质量（g）；

　　m_0——焊剂总质量（g）。

技术要求：普通颗粒度焊剂，要求小于0.45mm的不得大于5.0%，大于2.50mm的不得大于2.0%；细颗粒度焊剂，要求小于0.28mm的不得大于5.0%，大于2.00mm的不得大于2.0%。对于其他颗粒度的焊剂，可由供需双方协商确定颗粒度的要求。

（2）焊剂机械夹杂物　取不少于100g的焊剂，用感量不大于1mg的称样天平称量。用目测法从焊剂中选出碳粒、铁屑、原材料颗粒、铁合金凝珠及其他机械夹杂物，并用感量不大于1mg的称样天平称量。然后按下式计算机械夹杂物的百分含量：

$$\text{机械夹杂物百分含量} = \frac{m}{m_0} \times 100\%$$

式中　m——机械夹杂物的质量（g）；

m_0——焊剂总质量（g）。

技术要求：要求机械夹杂物百分含量不大于0.30%。

（3）焊剂的颗粒强度　取250g焊剂样品，在（350±10）℃下烘干2h。将样品过孔径为0.28mm的筛子去除细粉后，称取200g焊剂（精确到0.1g），并将其和直径为14mm的15个钢球一起放到孔径为0.28mm的筛子中，置于自动振动筛选机上，开机振动，使焊剂与钢球之间相互撞击。15min后，停机取出焊剂，并称量经筛子筛下的细粉（精确到0.1g）。然后按下式计算焊剂细粉百分含量：

$$焊剂细粉百分含量 = \frac{m}{m_0} \times 100\%$$

式中　m——经钢球振动撞击筛选后的细粉质量（g）；

m_0——未经钢球振动撞击筛选前的焊剂质量（g）。

技术要求：由供需双方协商确定。

2. 焊接工艺性能试验方法

在GB/T 5293—1999《埋弧焊用碳钢焊丝和焊剂》和GB/T 12470—2003《埋弧焊用低合金钢焊丝和焊剂》中，是将焊接工艺性能试验与熔敷金属力学性能试验结合起来进行，即在焊接熔敷金属力学性能试件时，同时检验焊剂的焊接工艺性能。焊接时，采用目测的方法，逐道观察脱渣性能、焊道熔合、焊道成形及咬边情况。其中有一项不能满足要求时，即认为该批焊剂焊接工艺性能不合格。

除采用上述方法外，还可采用我国焊接行业系统中常采用的下列试验方法：

（1）稳弧性试验　可以采用图4-19所示的试验装置，通过测定电弧燃烧最大长度来评定焊剂的稳弧性。具体做法如下：

在水平放置的金属试件上方垂直放置一根焊丝，焊丝用铜夹持器固定。金属试件和焊丝各为一极，与电焊机相连。为便于引弧，在焊丝与金属试件之间放置几颗细小的钢屑。在焊丝周围堆放待试的焊剂。为防止焊剂流散，可在焊丝外围放置一个圆形挡板。待准备工作就绪后，接通电源产生电流。当电弧燃烧到一定长度时自然熄灭，此时可测量从焊丝端部到焊缝上表面的距离 s，即为电弧燃烧最大长度。每种焊剂要测5次以上，取其平均值。焊接参数不同，测出的 s 也不同，因此试验结果只能在相同焊接参数条件下进行对比分析。

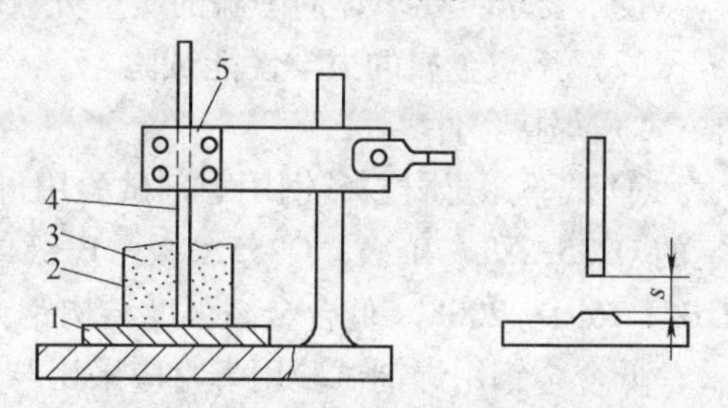

图4-19　焊剂稳弧性测定装置
1—金属试件　2—焊剂挡圈　3—待试焊剂　4—焊丝　5—铜夹持器

（2）脱渣性试验　通常采用“落锤试验”，通过测定脱渣率来评定焊剂的脱渣性。试件尺寸为400mm×200mm×20mm，材质为Q235A钢。在试件中部刨出一道80°的V形坡口，采用表4-17中的焊丝和焊接参数在坡口内焊接。试板焊后静置1min，看其自动脱渣情况，记录自动脱渣的长度。然后将试件坡口朝下放置，用2.5kg重的钢球在距试件1.3m处自由落下，连续锤击3次。要求每次锤击点基本在试件长度和宽度的中点处。测量已脱渣的长度和焊道全长，然后按下式计算脱渣率：

$$脱渣率 = \frac{L_S}{L} \times 100\%$$

式中　L_S——渣壳脱落长度（mm）；

L——焊道全长（mm）。

渣壳脱落后往往在焊缝边缘粘有少量的一条渣，在评定时应加以说明。只有在没有任何粘渣的情况下，才能认为脱渣良好，焊缝光洁。

表 4-17　脱渣试验焊接参数

试板材质	焊丝牌号	焊丝直径/mm	焊丝伸出长度/mm	电流种类和极性	焊接电流/A	电弧电压/V	焊接速度/(m/h)
Q235A	H08A	4	35	直流反极性	550±10	30±1	30

（3）焊缝成形性和焊道熔合情况测试　在焊接熔敷金属力学性能试件时，用目测观察焊缝成形是否美观，焊道是否整齐，焊道与焊道之间、焊道与母材之间过渡是否平滑，是否有严重的咬边现象。此外，还可以在试件上沿垂直于焊缝方向切取腐蚀磨片，以观察焊缝的形状以及焊道与焊道之间、焊道与母材之间的熔合情况。

3. 焊接冶金性能试验方法

（1）焊剂中硫、磷含量的测定　各种焊剂中硫、磷的含量，均按 JB/T 7948.11—1999《熔炼焊剂化学分析方法　燃烧-碘量法测定硫量》和 JB/T 7948.8—1999《熔炼焊剂化学分析方法　钼蓝光度法测定磷量》中的方法进行测定。

技术要求：要求焊剂中硫的质量分数不大于0.06%，磷的质量分数不大于0.08%。

（2）熔敷金属的力学性能试验

1）焊接条件

① 试验用母材。碳钢用焊剂试验用母材应符合 GB/T 700—2006《碳素结构钢》中规定的 Q235A 级、B 级，Q255A 级、B 级或与焊丝化学成分相当的其他材料，也可采用 GB/T 1591—2008《低合金高强度结构钢》中规定的 Q345 或其他相当的材料。

低合金钢用焊剂试验用母材应采用与熔敷金属化学成分相当的低合金钢板。如果母材化学成分与熔敷金属化学成分不相当，应先用被检测的焊丝-焊剂组合或用相同类型的其他焊接材料，在试件的坡口面及垫板面堆焊隔离层，隔离层厚度加工后不小于3mm。

② 焊剂烘干。焊前，焊剂应在 250～400℃ 烘干 1～2h 或按制造厂推荐的烘干规范进行。

2）焊丝-焊剂组合试件制备。熔敷金属的力学性能试件按图 4-20 所示在平焊位置制备。当要求试件在焊态和热处理状态时，应制备两块试件或一块能足够提供两种状态试样的试件，如采用一块试件，将这块试件横切成两块，一块为焊态，另一块为热处理状态。

试件焊前应予以反变形或拘束，以防止角变形。焊后角变形大于5°的试件应予报废，不允许矫正。

采用直径为4.0mm 的焊丝进行焊接，其中，碳钢用焊剂应符合表 4-18 中的规定，低合金钢用焊剂应符合表 4-19 中的规定。也可按供需双方协议，采用制造厂推荐的焊接规范进行其他直径焊丝的试验。

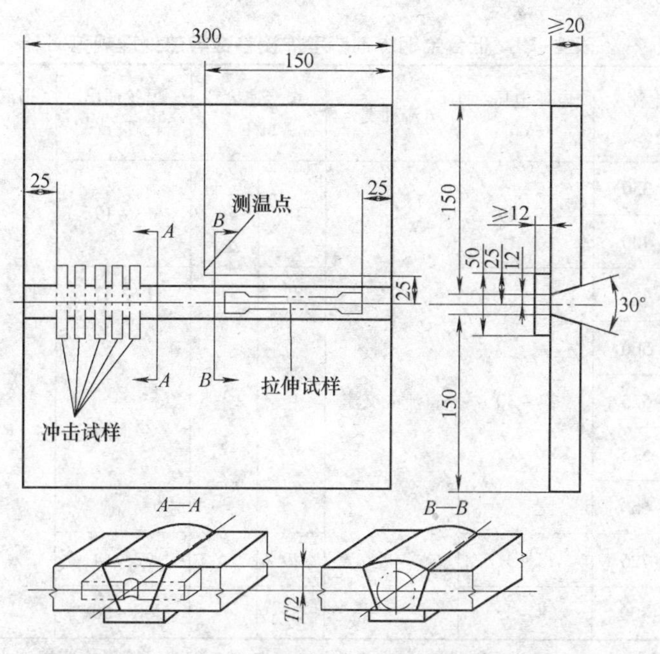

图4-20　焊剂射线探伤和力学性能试件的制备

每一焊道施焊前，用测温笔或表面温度计测量试件中部距焊缝中心线5mm处的温度，其中，碳钢用焊剂应控制在表4-18规定的范围内，低合金钢用焊剂应控制在表4-19规定的范围内。如果焊接中断，重新起焊时，需将试件预热到表4-18或表4-19规定的道间温度范围内。

第一层焊1~2道，焊接电流可以比规定值适当低一些。最后一层焊3~4道，其余各层焊2~3道。焊缝与母材之间应平滑过渡，余高要均匀，其高度不得超过3mm。

试件的热处理：对于碳钢用焊剂的试件，装炉时的炉温不得高于300℃，然后以不大于200℃/h的升温速度加热到（620±15）℃，保温1h，保温后以不大于190℃/h的冷却速度炉冷至320℃，然后炉冷或空冷至室温；对于低合金钢用焊剂的试件，装炉时的炉温不得高于315℃，然后以不大于220℃/h的升温速度加热到（620±15）℃，保温1h，保温后以不大于195℃/h的冷却速度炉冷至315℃以下任一温度出炉，然后空冷至室温。

表4-18　碳钢焊剂参考焊接参数

焊丝直径/mm	焊接电流/A		电弧电压/V	电流种类	焊接速度/(m/h)		道间温度/℃	焊丝伸出长度/mm
1.6	350				18			13~19
2.0	400				20			
2.5	450				21			19~32
3.2	500	±20	30±2	直流或交流	23	±1.5	135~165	22~35
4.0	550				25			25~38
5.0	600				26			
6.0	650				27			

表 4-19　低合金钢焊剂参考焊接参数与热处理规范

<table>
<tr><th>焊丝直径/mm</th><th>焊接电流/A</th><th>电弧电压/V</th><th>电流种类①</th><th colspan="2">焊接速度/m/h</th><th>焊丝伸出长度/mm</th><th>道间温度/℃</th><th>焊后热处理温度②③/℃</th></tr>
<tr><td>1.6</td><td>250～350</td><td rowspan="2">26～29</td><td rowspan="9">直流或交流</td><td rowspan="2">18</td><td rowspan="9">±1.5</td><td rowspan="2">13～19</td><td rowspan="9">150±15</td><td rowspan="9">620±15</td></tr>
<tr><td>2.0</td><td>300～400</td></tr>
<tr><td>2.5</td><td>350～450</td><td rowspan="5">27～30</td><td>22</td><td>19～32</td></tr>
<tr><td>3.0</td><td>400～500</td><td rowspan="2">23</td><td rowspan="4">25～38</td></tr>
<tr><td>3.2</td><td>425～525</td></tr>
<tr><td>4.0</td><td>475～575</td><td rowspan="2">25</td></tr>
<tr><td>5.0</td><td>550～650</td></tr>
<tr><td>6.0</td><td>625～725</td><td>28～31</td><td>29</td><td>32～44</td></tr>
<tr><td>6.4</td><td>700～800</td><td>28～32</td><td>31</td><td>38～50</td></tr>
</table>

注：1. 当熔敷金属中 w_{Cr} 为 1.00%～1.50%、w_{Mo} 为 0.40%～0.65% 时，预热及道间温度为（150±15）℃，焊后热处理温度为（690±15）℃。

2. 当熔敷金属 w_{Cr} 为 1.75%～2.25%、w_{Mo} 为 0.40%～0.65%、w_{Cr} 为 2.00%～2.50%、w_{Mo} 为 0.90%～1.20% 时，预热及道间温度为（205±15）℃，焊后热处理温度为（690±15）℃。

3. 当熔敷金属 w_{Cr} 在 0.60% 以下、w_{Ni} 为 0.40%～0.80%、w_{Mo} 为 0.25% 以下、$w_{Ti}+w_{V}+w_{Zr}$ 在 0.03% 以下，w_{Cr} 在 0.65% 以下、w_{Ni} 为 2.00%～2.80%、w_{Mo} 0.30%～0.80%、w_{Cr} 在 0.65% 以下、w_{Ni} 为 1.50%～2.25%、w_{Mo} 在 0.60% 以下时，预热及道间温度为（150±15）℃，焊后热处理温度为（565±15）℃。

① 仲裁试验时，应采用直流反接施焊。

② 试件装炉时的炉温不得高于 315℃，然后以不大于 220℃/h 的升温速度加热到规定温度，保温 1h，保温后以不大于 195℃/h 的冷却速度炉冷至 315℃ 以下任一温度出炉，然后空冷至室温。

③ 根据供需双方协议，也可采用其他热处理规范。

3）试验方法

① 熔敷金属拉伸试验。按图 4-14 的规定，从射线探伤后的试件上截取一个熔敷金属拉伸试样。

对于低合金钢用焊剂，其焊后不进行热处理的试样，拉伸试验前可在 105℃ 下保温 8h，或在（250±10）℃下保温 6～8h 进行去氢处理。

熔敷金属拉伸试验按照 GB/T 2652—2008《焊缝及熔敷金属拉伸试验方法》在拉伸试验机上进行。

技术要求：碳钢用焊剂熔敷金属拉伸试验结果应符合表 4-20 的规定；低合金钢用焊剂熔敷金属拉伸试验结果应符合表 4-21 的规定。

表 4-20　碳钢焊剂熔敷金属拉伸试验结果要求

焊剂型号	抗拉强度 R_m/MPa	屈服强度 R_{eL}/MPa	伸长率 A（%）
F4××-H×××	415～550	≥330	≥22
F5××-H×××	480～650	≥400	≥22

表4-21　低合金钢焊剂熔敷金属拉伸试验结果要求

焊剂型号	抗拉强度 R_m/MPa	屈服强度 R_{eL}/MPa	伸长率 A（%）
F48××-H×××	480~660	400	22
F55××-H×××	550~700	470	20
F62××-H×××	620~760	540	17
F69××-H×××	690~830	610	16
F76××-H×××	760~900	680	15
F83××-H×××	830~970	740	14

注：表中单值均为最小值。

② 熔敷金属冲击试验。按图2-38的规定，从截取熔敷金属拉伸试样的同一试件上截取一组5个试样。

熔敷金属冲击试验按照GB/T 2650—2008《焊接接头冲击试验方法》和表4-22、表4-23中规定的温度在冲击试验机上进行。

在计算平均值时，应舍去5个值中的最大值和最小值，余下的3个值中有2个值不小于27J，另一个值不小于20J，三个值的平均值不小于27J。

技术要求：碳钢用焊剂熔敷金属冲击试验结果应符合表4-22的规定；低合金钢用焊剂熔敷金属冲击试验结果应符合表4-23的规定。

表4-22　碳钢焊剂熔敷金属冲击试验结果要求

焊剂型号	冲击吸收能量/J	试验温度/℃
F××0-H×××	≥27	0
F××2-H×××		-20
F××3-H×××		-30
F××4-H×××		-40
F××5-H×××		-50
F××6-H×××		-60

表4-23　低合金钢用焊剂熔敷金属冲击试验结果要求

焊剂型号	冲击吸收能量/J	试验温度/℃
F×××0-H×××	≥27	0
F×××2-H×××		-20
F×××3-H×××		-30
F×××4-H×××		-40
F×××5-H×××		-50
F×××6-H×××		-60
F×××7-H×××		-70
F×××10-H×××		-100
F×××Z-H×××	不要求	

（3）焊缝射线探伤试验　焊缝射线探伤试验应在从熔敷金属力学性能试件上截取拉伸和冲击试样之前进行。射线探伤前应去掉垫板。试件需做焊后热处理时，射线探伤在热处理前后均可进行。

焊缝射线探伤试验应按 GB/T 3323—2005《金属熔化焊焊接接头射线照相》的规定进行，详见本书第 7 章。

在评定焊缝射线探伤底片时，试件两端 25mm 不予考虑。

技术要求：熔敷金属力学性能试件上的焊丝 - 焊剂组合焊缝金属射线探伤检验结果应符合 GB/T 3323—2005《金属熔化焊焊接接头射线照相》中的Ⅰ级。

（4）焊剂含水量测定试验　取不少于 100g 的焊剂，用感量不大于 1mg 的称样天平称量。将其放在具有一定温度的炉中烘干 2h（其中碳钢用焊剂温度为 150℃ ±10℃，低合金钢用焊剂为 350℃ ±10℃），从炉中取出后立即放入干燥器中冷却至室温，并用感量不大于 1mg 的称样天平称量。然后按下式计算焊剂含水量：

$$焊剂含水量 = \frac{m_0 - m}{m_0} \times 100\%$$

式中　m——烘干后焊剂质量（g）；

m_0——烘干前焊剂质量（g）。

技术要求：要求焊剂含水量不大于 0.10%。

（5）熔敷金属扩散氢含量试验　熔敷金属扩散氢含量测定方法按 GB/T 3965—1995《熔敷金属中扩散氢测定方法》进行（详见本书第 2 章）。

技术要求：所测定的低合金钢用焊剂熔敷金属扩散氢含量应符合表 4-24 的规定。

表 4-24　低合金钢焊剂熔敷金属扩散氢含量要求

焊剂型号	扩散氢含量/(mL/100g)
F×××× - H××× - H16	16.0
F×××× - H××× - H8	8.0
F×××× - H××× - H4	4.0
F×××× - H××× - H2	2.0

注：1. 表中单值均为最大值。
2. 此分类代号为可选择的附加性代号。
3. 如标注熔敷金属扩散氢含量代号时，应注明采用的测定方法。

4.5　焊丝质量检验综合试验

焊丝根据其构成可以分为实芯焊丝和药芯焊丝，其中，药芯焊丝是由薄钢带卷成圆形钢管或异型钢管以后，填进一定成分的药粉料，经拉制而成的一种焊丝。根据焊丝的材质可以分为碳钢焊丝、低合金钢焊丝、铸铁焊丝、有色金属焊丝等；根据其所适用的焊接方法可以分为埋弧焊用焊丝、气体保护焊用焊丝、气焊用焊丝、自保护电弧焊用焊丝等。各种焊丝质量检验综合试验应按其产品标准的规定进行。

本节主要介绍应用于埋弧焊的实芯钢焊丝和用于气体保护焊、自保护电弧焊的药芯钢焊丝质量检验综合试验的内容和方法。

4.5.1　实芯钢焊丝

1. 实芯钢焊丝质量检验综合试验的内容和技术要求

根据 GB/T 5293—1999《埋弧焊用碳钢焊丝和焊剂》、GB/T 12470—2003《埋弧焊用低合金钢焊丝和焊剂》的规定，实芯钢焊丝质量检验综合试验包括以下内容：

（1）外观质量检查　外观质量检查包括焊丝尺寸和表面质量两方面。

1）焊丝尺寸。焊丝直径应符合相应产品标准的规定。以埋弧焊用碳钢实芯焊丝为例，焊丝直径应符合表4-25的规定。

表4-25　碳钢实芯焊丝直径与极限偏差　（单位：mm）

公称直径	极限偏差
1.6，2.0，2.5	0 -0.10
3.2，4.0，5.0，6.0	0 -0.12

注：根据供需双方协议，也可生产其他尺寸的焊丝。

2）焊丝表面质量。焊丝表面应光滑，无毛刺、凹陷、裂纹、折痕、氧化皮等缺欠，也没有不利于焊接操作及对焊缝金属性能有不利影响的外来物质；焊丝表面允许有不超过直径允许偏差之半的划伤及不超出直径偏差的局部缺欠存在；根据供需双方协议，焊丝表面可镀铜，其镀层表面光滑，不得有肉眼可见的裂纹、麻点、锈蚀及镀层脱落等。

（2）化学成分测定　焊丝的化学成分应符合相应产品标准的规定。以埋弧焊用碳钢实芯焊丝为例，其化学成分应符合表4-26的规定。

表4-26　碳钢实芯焊丝化学成分要求

<table>
<tr><th rowspan="2">焊丝牌号</th><th colspan="8">化学成分（%）</th></tr>
<tr><th>w_C</th><th>w_{Mn}</th><th>w_{Si}</th><th>w_{Cr}</th><th>w_{Ni}</th><th>w_{Cu}</th><th>w_S</th><th>w_P</th></tr>
<tr><td colspan="9">低　锰　焊　丝</td></tr>
<tr><td>H08A</td><td rowspan="3">≤0.10</td><td rowspan="3">0.30～0.60</td><td rowspan="4">≤0.03</td><td rowspan="2">≤0.20</td><td rowspan="2">≤0.30</td><td rowspan="4">≤0.20</td><td>≤0.030</td><td>≤0.030</td></tr>
<tr><td>H08E</td><td>≤0.020</td><td>≤0.020</td></tr>
<tr><td>H08C</td><td>≤0.10</td><td>≤0.10</td><td>≤0.015</td><td>≤0.015</td></tr>
<tr><td>H15A</td><td>0.11～0.18</td><td>0.35～0.65</td><td>≤0.20</td><td>≤0.30</td><td>≤0.030</td><td>≤0.030</td></tr>
<tr><td colspan="9">中　锰　焊　丝</td></tr>
<tr><td>H08MnA</td><td>≤0.10</td><td rowspan="2">0.80～1.10</td><td>≤0.07</td><td rowspan="2">≤0.20</td><td rowspan="2">≤0.30</td><td rowspan="2">≤0.20</td><td>≤0.030</td><td>≤0.030</td></tr>
<tr><td>H15Mn</td><td>0.11～0.18</td><td>0.03</td><td>≤0.035</td><td>≤0.035</td></tr>
<tr><td colspan="9">高　锰　焊　丝</td></tr>
<tr><td>H10Mn2</td><td>≤0.12</td><td>1.50～1.90</td><td>≤0.07</td><td rowspan="3">≤0.20</td><td rowspan="3">≤0.30</td><td rowspan="3">≤0.20</td><td rowspan="2">≤0.035</td><td rowspan="2">≤0.035</td></tr>
<tr><td>H08Mn2Si</td><td rowspan="2">≤0.11</td><td>1.70～2.10</td><td rowspan="2">0.65～0.95</td></tr>
<tr><td>H08Mn2SiA</td><td>1.80～2.10</td><td>≤0.030</td><td>≤0.030</td></tr>
</table>

注：1. 如存在其他元素，则这些元素总的质量分数不得超过0.5%。

2. 当焊丝表面镀铜时，w_{Cu}应不大于0.35%。

3. 根据供需双方协议，也可生产其他牌号的焊丝。

4. 根据供需双方协议，H08A、H08E、H08C非沸腾钢允许w_{Si}不大于0.10%。

5. H08A、H08E、H08C焊丝中锰含量按GB/T 3429—2002。

2. 实芯钢焊丝质量检验综合试验的方法

焊丝取样时从每批焊丝中抽取3%，但不少于2盘（卷、捆）。

（1）外观质量检查　测量焊丝直径，可用精度为0.01mm的量具，在同一横截面的两个互相垂直方向测量，每盘焊丝测量的部位不少于两处。

检查焊丝表面的质量，可用肉眼检查焊丝的任意部位。为确定表面缺欠的深度，可用砂纸或锉刀清除表面缺欠后再测量焊丝的直径。

（2）化学成分测定　从焊丝上取样进行焊丝化学成分分析，可采用任何适宜的分析方法进行。仲裁试验按照国家标准GB/T 223《钢铁及合金化学分析方法》中的规定进行。

4.5.2　药芯钢焊丝

1. 药芯钢焊丝质量检验综合试验的内容和技术要求

根据GB/T 10045—2001《碳钢药芯焊丝》、GB/T 17493—2008《低合金钢药芯焊丝》的规定，药芯钢焊丝质量检验综合试验包括以下内容：

（1）外观质量检查　外观质量检查包括焊丝尺寸、表面质量和送丝性能。

1）焊丝尺寸。焊丝直径应符合相应产品标准的规定。以碳钢药芯焊丝为例，焊丝直径应符合表4-27的规定。

表4-27　碳钢药芯焊丝直径与极限偏差　（单位：mm）

焊丝直径	0.8，1.0，1.2，1.4，1.6	2.0，2.4，2.8，3.2，4.0
极限偏差	±0.05	±0.08

2）焊丝表面质量。焊丝表面应光滑，无毛刺、凹坑、划痕、锈蚀、氧化皮和油污等缺欠，也不应有其他不利于焊接操作或对焊缝金属有不良影响的杂质；焊丝的药芯应填充均匀。

3）焊丝送丝性能。缠绕的焊丝应适于在自动和半自动焊机上连续送丝。

（2）焊接工艺性能试验　焊接工艺性能试验主要考察药芯焊丝对所规定位置的适应性、焊缝成形性，以及产生焊接缺欠的敏感性。试验方法是采用T形接头角焊缝试验。

要求：在所规定的焊接位置下焊接时，角焊缝无咬边、焊瘤、夹渣、裂纹和表面气孔；角焊缝两纵向断裂表面无裂纹、气孔和夹渣，焊缝根部未熔合的总长度不大于焊缝总长度的20%；焊脚尺寸不能过大，且其对应的焊缝凸度和两焊脚长度差应符合相应标准的规定。以碳钢药芯焊丝为例，焊脚尺寸应不大于9.5mm，不同的焊脚尺寸所对应的焊缝凸度和两焊脚长度差应符合表4-28的规定。

表4-28　角焊缝试样尺寸要求　（单位：mm）

测量的焊脚尺寸	最大凸度①	最大焊脚差
3.2	2.0	0.8
3.6	2.0	1.2
4.0	2.0	1.2
4.4	2.0	1.6

（续）

测量的焊脚尺寸	最大凸度[①]	最大焊脚差
4.8	2.0	1.6
5.2	2.0	2.0
5.6	2.0	2.0
6.0	2.0	2.4
6.4	2.0	2.4
6.7	2.4	2.8
7.1	2.4	2.8
7.5	2.4	3.2
8.0	2.4	3.2
8.3	2.4	3.6
8.7	2.4	3.6
9.1	2.4	4.0
9.5	2.4	4.0

① 使用E×××T-5和E×××T-5M型焊丝焊制的角焊缝的最大凸度可比表中列出来的要求大0.8mm。

（3）焊接冶金性能试验　焊接冶金性能试验包括：熔敷金属化学成分分析试验、射线探伤试验、熔敷金属拉伸试验、熔敷金属冲击试验、焊接接头拉伸和弯曲试验、熔敷金属扩散氢试验等。其中，熔敷金属扩散氢试验不是必做的试验，而由供需双方商定；低合金钢药芯焊丝不要求做焊接接头拉伸和弯曲试验。以碳钢药芯焊丝为例，不同型号焊丝所要求做的试验项目见表4-29。

表4-29　碳钢药芯焊丝所要求做的试验项目[①]

型　号[②]	化学分析	射线探伤试验	拉伸试验	弯曲试验	冲击试验	角焊缝试验
E×××T-1，E×××T-1M	要求	要求	要求	—	要求	要求
E×××T-4	要求	要求	要求	—	—	要求
E×××T-5，E×××T-5M	要求	要求	要求	—	要求	要求
E×××T-6	要求	要求	要求	—	要求	要求
E×××T-7	要求	要求	要求	—	—	要求
E×××T-8	要求	要求	要求	—	要求	要求
E×××T-9，E×××T-9M	要求	要求	要求	—	要求	要求
E×××T-11	要求	要求	要求	—	—	要求
E×××T-12，E×××T-12M	要求	要求	要求	—	要求	要求
E×××T-G	要求	要求	要求	—	—	要求
E×××T-2，E×××T-2M[③]	—	—	要求[④]	要求	—	要求
E××0T-3[③]	—	—	要求[④]	要求	—	—

（续）

型　号②	化学分析	射线探伤试验	拉伸试验	弯曲试验	冲击试验	角焊缝试验
E××0T-10③	—	—	要求④	要求	—	要求
E××1T-13③	—	—	要求④	要求	—	要求
E××1T-14③	—	—	要求④	要求	—	要求
E×××T-GS③	—	—	要求④	要求	—	要求

① 对角焊缝试验，E××0T-×类焊丝应在平角焊位置进行试验，对E××1T-×类焊丝，应在立焊位置和仰焊位置进行试验。
② 对于型号带有L和/或H标记的焊丝应按表4-31和/或表4-32对其进行进一步的验证试验。
③ 用于单道焊接。
④ 做横向拉伸试验，其他所有的型号要求进行熔敷金属拉伸试验。

1）熔敷金属化学成分测定。试验目的是测定熔敷金属中各种化学成分是否符合要求。以碳钢药芯焊丝为例，不同型号焊丝所要求的熔敷金属化学成分见表4-30。

表4-30　碳钢药芯焊丝熔敷金属化学成分要求①,②

型　号	化学成分（%）										
	w_C	w_{Mn}	w_{Si}	w_S	w_P	w_{Cr}③	w_{Ni}③	w_{Mo}③	w_V③	w_{Al}③,④	w_{Cu}③
E50×T-1 E50×T-1M E50×T-5 E50×T-5M E50×T-9 E50×T-9M	0.18	1.75	0.90	0.03	0.03	0.20	0.50	0.30	0.08	—	0.35
E50×T-4 E50×T-6 E50×T-7 E50×T-8 E50×T-11	—⑤	1.75	0.60	0.03	0.03	0.20	0.50	0.30	0.08	1.8	0.35
E×××T-G⑥	—⑤	1.75	0.90	0.03	0.03	0.20	0.50	0.30	0.08	1.8	0.35
E50×T-12 E50×T-12M	0.15	1.60	0.90	0.03	0.03	0.20	0.50	0.30	0.08	—	0.35
E50×T-2 E50×T-2M E50×T-3 E50×T-10 E43×T-13 E50×T-13 E50×T-14 E×××T-GS	无规定										

① 应分析表中列出值的特定元素。
② 单值均为最大值。
③ 这些元素如果是有意添加的，应进行分析并报出数值。
④ 只适用于自保护焊丝。
⑤ 该值不做规定，但应分析其数值并出示报告。
⑥ 该类焊丝添加的所有元素的质量分数总和不应超过5%。

2）熔敷金属和焊接接头力学性能试验。该试验包括：①熔敷金属拉伸试验；②熔敷金属冲击试验；③焊接接头拉伸和弯曲试验。

以碳钢药芯焊丝为例，E×××T-2、E×××T-2M、E××0T-3、E××0T-10、E××1T-13、E××1T-14、E×××T-GS需做焊接接头拉伸和弯曲试验，不需做熔敷金属拉伸试验，而其他均需做熔敷金属拉伸试验，不需做焊接接头拉伸和弯曲试验；E×××T-1、E×××T-1M、E×××T-5、E×××T-5M、E×××T-6、E×××T-8、E×××T-9、E×××T-9M、E×××T-12、E×××T-12M需做熔敷金属冲击试验，其他则不需做熔敷金属冲击试验。各种型号的碳钢药芯焊丝熔敷金属拉伸试验、焊接接头拉伸和弯曲试验、熔敷金属V型缺口冲击试验的结果均应符合表4-31的规定。

表4-31 碳钢药芯焊丝熔敷金属力学性能①

型号	抗拉强度 R_m/MPa	屈服强度 R_{eL}/MPa	伸长率 A(%)	V型缺口冲击吸收能量	
				试验温度/℃	冲击吸收能量/J
E50×T-1，E50×T-1M②	480	400	22	-20	27
E50×T-2，E50×T-2M③	480	—	—	—	—
E50×T-3②	480	—	—	—	—
E50×T-4	480	400	22	—	—
E50×T-5，E50×T-5M②	480	400	22	-30	27
E50×T-6②	480	400	22	-30	27
E50×T-7	480	400	22	—	—
E50×T-8②	480	400	22	-30	27
E50×T-9，E50×T-9M②	480	400	22	-30	27
E50×T-10③	480	—	—	—	—
E50×T-11	480	400	20	—	—
E50×T-12，E50×T-12M②	480~520	400	22	-30	27
E43×T-13③	415	—	—	—	—
E50×T-13③	480	—	—	—	—
E50×T-14③	480	—	—	—	—
E43×T-G	415	330	22	—	—
E50×T-G	480	400	22	—	—
E43×T-GS③	415	—	—	—	—
E50×T-GS③	480	—	—	—	—

① 表中所列单值均为最小值。

② 型号带有字母“L”的焊丝，其熔敷金属冲击性能应满足以下要求：

型号	V型缺口冲击性能要求
E50×T-1L，E50×T-1ML	-40℃，≥27J
E50×T-5L，E50×T-5ML	
E50×T-6L	
E50×T-8L	
E50×T-9L，E50×T-9ML	
E50×T-12L，E50×T-12ML	

③ 这些型号主要用于单道焊接而不用于多道焊接，因为只规定了抗拉强度，所以只要求做横向拉伸和纵向辊筒弯曲（缠绕式导向弯曲）试验。

3）射线探伤试验。射线探伤试验的目的是检测焊丝产生裂纹、气孔、夹渣、未焊透、未熔合等各种焊接缺欠的倾向。碳钢药芯焊丝的焊缝射线探伤结果应符合 GB/T 3323—2005《金属熔化焊焊接接头射线照相》的附录 C 中表 C.4 的Ⅱ级规定。

4）熔敷金属扩散氢含量试验。由供需双方商定是否做熔敷金属扩散氢含量试验。如果在焊丝型号后附加扩散氢等级标记（如 H15、H10、H5），熔敷金属扩散氢含量应符合表 4-32 的规定。

表 4-32　熔敷金属扩散氢含量要求

扩散氢等级标记	扩散氢含量（mL/100g）	
	水银法或色谱法	甘油法
H15	≤15.0	≤10.0
H10	≤10.0	≤6.0
H5	≤5.0	—

2. 药芯钢焊丝质量检验综合试验的方法

每批焊丝任选一盘（卷、捆）进行试验。焊接工艺性能试验和焊接冶金性能试验用的材料应按照药芯焊丝相应的技术标准的规定选取。以碳钢药芯焊丝为例，应选用 GB/T 700—2006《碳素结构钢》中规定的 Q235A 级、B 级或 GB 712—2011、GB 713—2008 中强度或化学成分与试验焊丝熔敷金属相当的板材。

（1）外观质量检查　测量焊丝直径，可用精度为 0.01mm 的量具，在同一横截面的两个互相垂直的方向测量，测量部位不少于两处。

检查焊丝表面质量，可用肉眼对焊丝的任意部位进行检查。

检查送丝性能，可在自动和半自动焊机上检查焊丝能否均匀、连续地送进。

（2）焊接工艺性能试验

1）T 形角焊缝试件制备。T 形角焊缝试件如图 4-6 所示，其中，板厚 T 为 12mm，板长 L 为 300mm。立板应有一纵向端面经过加工，底板应平直光洁。组装后应使立板与底板结合处无明显缝隙。板的两端先进行定位焊，然后应用试验焊丝和制造厂推荐的焊接参数，采用半自动或机械化方式，在接头的一侧焊接一条接近试板全长的单道焊角焊缝。

焊接位置：对于碳钢药芯焊丝来说，E××0T-×型焊丝应制备一块试件，在平角焊缝位置焊接；E××1T-×型焊丝应制备两块试件，一块在立焊位置焊接，另一块在仰焊位置焊接（图 4-7）。立焊位置的焊接方向应符合表 4-33 的规定。

表 4-33　焊接位置、保护类型、极性和适用性要求

型　号	焊接位置①	外加保护气②	极性③	适用性④
E500T-1	H，F	CO_2	DCEP	M
E500T-1M	H，F	75%～80% Ar + CO_2	DCEP	M
E501T-1	H，F，VU，OH	CO_2	DCEP	M
E501T-1M	H，F，VU，OH	75%～80% Ar + CO_2	DCEP	M

（续）

型号	焊接位置①	外加保护气②	极性③	适用性④
E500T-2	H，F	CO_2	DCEP	S
E500T-2M	H，F	75%～80% Ar + CO_2	DCEP	S
E501T-2	H，F，VU，OH	CO_2	DCEP	S
E501T-2M	H，F，VU，OH	75%～80% Ar + CO_2	DCEP	S
E500T-3	H，F	无	DCEP	S
E500T-4	H，F	无	DCEP	M
E500T-5	H，F	CO_2	DCEP	M
E500T-5M	H，F	75%～80% Ar + CO_2	DCEP	M
E501T-5	H，F，VU，OH	CO_2	DCEP 或 DCEN⑤	M
E501T-5M	H，F，VU，OH	75%～80% Ar + CO_2	DCEP 或 DCEN⑤	M
E500T-6	H，F	无	DCEP	M
E500T-7	H，F	无	DCEN	M
E501T-7	H，F，VU，OH	无	DCEN	M
E500T-8	H，F	无	DCEN	M
E501T-8	H，F，VU，OH	无	DCEN	M
E500T-9	H，F	CO_2	DCEP	M
E500T-9M	H，F	75%～80% Ar + CO_2	DCEP	M
E501T-9	H，F，VU，OH	CO_2	DCEP	M
E501T-9M	H，F，VU，OH	75%～80% Ar + CO_2	DCEP	M
E500T-10	H，F	无	DCEN	S
E500T-11	H，F	无	DCEN	M
E501T-11	H，F，VU，OH	无	DCEN	M
E500T-12	H，F	CO_2	DCEP	M
E500T-12M	H，F	75%～80% Ar + CO_2	DCEP	M
E501T-12	H，F，VU，OH	CO_2	DCEP	M
E501T-12M	H，F，VU，OH	75%～80% Ar + CO_2	DCEP	M
E431T-13	H，F，VD，OH	无	DCEN	S
E501T-13	H，F，VD，OH	无	DCEN	S
E501T-14	H，F，VD，OH	无	DCEN	S
E××0T-G	H，F	—	—	M

（续）

型　号	焊接位置①	外加保护气②	极性③	适用性④
E××1T-G	H, F, VD或VU, OH	—	—	M
E××0T-GS	H, F	—	—	S
E××1T-GS	H, F, VD或VU, OH	—	—	S

① H为横焊，F为平焊，OH为仰焊，VD为立向下焊，VU为立向上焊。
② 对于使用外加保护气的焊丝（E×××T-1, E×××T-1M, E×××T-2, E×××T-2M, E×××T-5, E×××T-5M, E×××T-9, E×××T-9M和E×××T-12, E×××T-12M），其金属的性能随保护气类型不同而变化，用户在未向焊丝制造商咨询前不应使用其他保护气。
③ DCEP为直流电源，焊丝接正极；DCEN为直流电源，焊丝接负极。
④ M为单道和多道焊，S为单道焊。
⑤E501T-5和E501T-5M型焊丝可在DCEN极性下使用以改善不适当位置的焊接性，推荐的极性请咨询制造商。

2）T形角焊缝试件检验。对焊后的焊缝首先用肉眼检查角焊缝有无咬边、焊瘤、夹渣、裂纹、表面气孔等缺欠，然后按图4-6所示从试件中部截取一个宽度约25mm的试样。试件的一面应抛光和腐蚀，按图4-8所示位置画线，测量焊脚尺寸、焊脚和凸形角焊缝的凸度，精确至0.1mm，所有测量值应被圆整到最接近的0.5mm。

剩余的两块接头，按图4-6或图4-9所示的折断方向沿整个角焊缝纵向弯断，检查断裂表面有无裂纹、气孔和夹渣，以及焊缝根部未熔合的总长度占焊缝总长度的比例。如果断在母材上，不能认为焊缝金属不合格，应重新试验。

为了保证断于焊缝，可采用下述的一种或几种方法：

① 在焊缝的每个焊趾处焊一个加强焊缝，如图4-9a所示。

② 改变立板在底板上的位置，如图4-9b所示。

③ 在焊缝表面中心开一条缺口，如图4-9c所示。

（3）焊接冶金性能试验

1）熔敷金属化学成分测定。熔敷金属化学成分分析试件应在平焊位置多层堆焊制成。试件的母材表面应清洁，道间温度和焊接参数应符合相应产品标准的要求。

对于碳钢药芯焊丝来说，堆焊的熔敷金属最小尺寸为40mm×13mm×13mm（长×宽×高），试件焊前温度不低于16℃，堆焊的道间温度不超过165℃，每道焊完后可将试件浸入水中冷却。

化学成分分析试样从试件上截取时，取样处至堆焊金属母材表面的距离应不小于10mm，制取方法可采用任何适合的机械方法。化学成分分析试样也可从力学性能试验用试件的熔敷金属上截取。

熔敷金属化学成分分析可采用任何适宜的方法，仲裁试验按GB/T 223.1～223.24《钢铁及合金化学分析方法》中的规定进行。

2）熔敷金属和焊接接头力学性能试验。具体包括如下内容：

① 试件制备。试件应按药芯焊丝相关产品标准制备。以碳钢药芯焊丝为例，试板按图4-21组装，按表4-33、表4-34要求焊接。试件焊接应在平焊位置进行，焊后角变形大于5°的试件应予以报废，焊后试件不允许矫正。为防止角变形超过5°，应预做反变形或在焊接过程中使试件受到拘束。试件应先定位焊，然后在试件温度不低于16℃时开始

焊接，道间温度应控制在（150±15)℃。用表面温度计或测温笔按图4-21a所示位置测量温度。如果中断焊接，允许试件在室温下的静止空气中冷却，重新施焊时试件应预热至(150±15)℃。

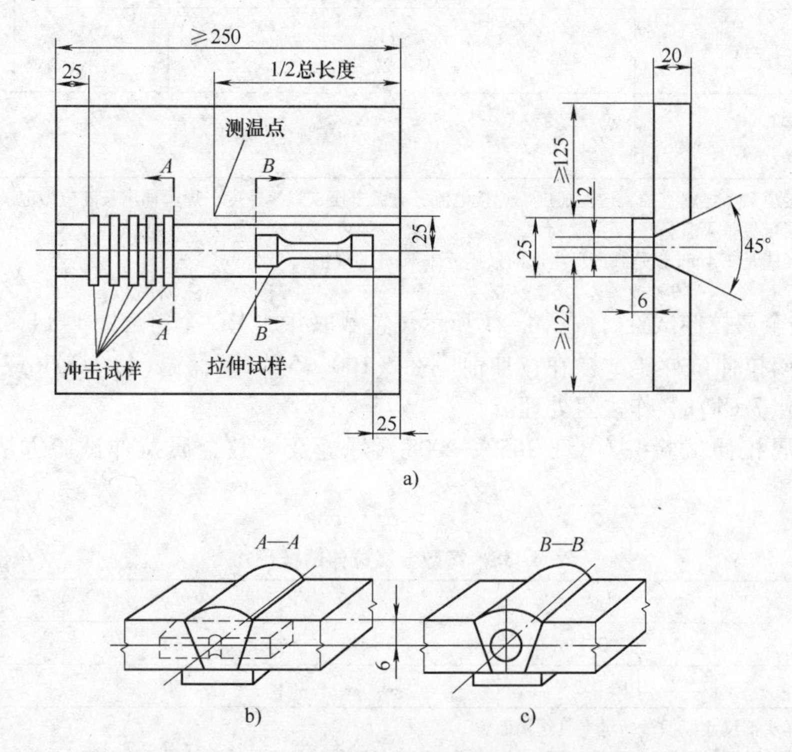

图4-21　射线探伤和力学性能试验的试件制备

a）试样位置及试件尺寸　b）冲击试样位置　c）拉伸试样位置

注：对于直径不大于1.0mm的E×××T-11类焊丝，试板厚度应为12mm，根部间隙应为6.5mm。

表4-34　焊接道数和层数规定[①]

型　　号	焊丝直径/mm	要求的总道数	每层推荐道数		推荐的层数
			第一层	第二层以上	
E50×T-1，E50×T-1M E50×T-5，E50×T-5M E50×T-9，E50×T-9M E50×T-12，E50×T-12M	0.8 1.0 1.2	12~19	1或2	2或3[②]	6~9
	1.4 1.6 2.0	10~17	1或2	2或3[②]	5~8
	2.4 2.8 3.2	7~14	1或2	2或3[②]	4~7
E50×T-4 E50×T-6 E50×T-7	2.4[③]	7~11	1	2	4~6
E50×T-8	2.4[③]	12~17	1	2或3	6~9

（续）

型　号	焊丝直径/mm	要求的总道数	每层推荐道数		推荐的层数
			第一层	第二层以上	
E50×T-11	2.4③ ≤1.2	7~11 18~27	1 2	2 3	4~6 6~9
E43×T-G E50×T-G	无规定，要求记录				

① 实际焊接道数、焊丝直径、送丝速度、焊接电流、电弧电压、焊接速度、焊丝伸出长度应做记录。
② 最后一层可以是4道。
③ 焊丝直径应是2.4mm或是制造厂生产的最接近2.4mm的规格。

② 熔敷金属拉伸试验。按图4-21所示位置截取并加工一个符合图4-14和表4-35要求的熔敷金属拉伸试样。试样在拉伸前应在（100±5）℃下保温(48±2)h或在（250±10)℃下保温(7±1)h，作去氢处理。

熔敷金属拉伸试验按GB/T 2652—2008《焊缝及熔敷金属拉伸试验方法》的规定进行。

表4-35　熔敷金属拉伸试样尺寸　（单位：mm）

板厚	d_0	r_{min}	L_0	L
12	6±0.1	3	30	36
20	10±0.2	4	50	60

注：1. 试样头部尺寸根据试验机夹具结构而定。
2. 用引伸计测量屈服强度时，可以增加试样长度，但测量伸长率的标距长度不能改变。

③ 熔敷金属冲击试验。按图4-21所示位置从截取熔敷金属拉伸试样的同一试件上加工出5个符合图2-38要求的冲击试样。试验温度符合表4-31中的规定，型号上带有“L”符号的焊丝试验温度按表4-31中的注②的规定。

熔敷金属冲击试验按GB/T 2650—2008《焊接接头冲击试验方法》的规定进行。

在计算冲击吸收能量的平均值时，应舍去5个值中的最大值和最小值，余下的3个值中应有2个值不小于27J，另一个值应不小于20J，然后求这3个值的平均值。

④ 焊接接头拉伸和弯曲试验。焊接接头拉伸和弯曲试件按图4-15制备，按表4-33的要求焊接。试件应先进行定位焊，然后在平焊位置，在试件温度不低于16℃时以单道焊焊接试件一面，然后焊接另一面，焊接过程不允许中断。在图4-15所示位置截取并加工一个符合图4-16要求的横向拉伸试样，以及一个符合图4-17要求的焊缝纵向辊筒弯曲试样。

横向拉伸试验按GB/T 2651—2008《焊接接头拉伸试验方法》的规定进行。断在母材上的试样应认为满足要求。

纵向辊筒弯曲试样在弯曲试验前应在（100±5）℃下保温(48±2)h或在（250±10)℃下保温(7±1)h作去氢处理，然后冷却至室温。

纵向辊筒弯曲试验按GB/T 2653—2008《焊接接头弯曲及压扁试验方法》的规定进行。可以采用其中任何适宜的标准夹具，以19mm的弯曲半径均匀弯曲180°，试样的放置应使最后焊接的一面作为受拉伸面。弯曲后的试样允许适度的回弹，在试样母材上出现的裂纹只要没有进入焊缝金属就可忽略，若裂纹进入焊缝金属，该试验即为无效，应重新进行试验，但不需加倍复验。

3）焊缝射线探伤试验。焊缝射线探伤试验在去掉垫板和截取拉伸和冲击试样之前的熔敷金属力学性能试件上进行。

焊缝射线探伤试验按 GB/T 3323—2005《金属熔化焊焊接接头射线照相》的规定进行，详见本书第7章。在评定焊缝射线探伤底片时，试件两端25mm处应不予考虑。

4）熔敷金属扩散氢含量试验。熔敷金属扩散氢含量试验按 GB/T 3965—1995《熔敷金属中扩散氢测定方法》进行（详见本书第2章）。

4.6　焊接材料质量检验综合试验应用实例

4.6.1　E5018型（J506Fe）焊条质量检验综合试验

E5018型（J506Fe）焊条是铁粉低氢钾型碳钢焊条，适于交流或直流反接，熔敷金属抗拉强度≥490MPa。原机械工业部焊接材料产品质量监督检测中心采用前述方法对某企业生产的E5018型焊条（J506Fe，ϕ4mm）进行的质量检验综合试验结果如下：

1. 外观质量检验

生产中，每批焊条在三个部位任抽取有代表性的样品110根，其中各取5根分别做药皮强度和药皮耐潮性实验，其余100根用于其他外观质量检验。

（1）焊条尺寸和形状

1）焊条长度。检测100根焊条长度，其偏差均小于2mm。

2）焊条直径。检测100根焊条直径，其偏差均小于0.05mm。

3）焊条弯曲度。检测100根焊条弯曲度，其最大挠度不超过1mm。

（2）焊条偏心度　采用PX-1型焊条偏心仪测量100根焊条，其偏心度均小于3%。

（3）药皮强度　检测5根焊条，试验后焊条的两端药皮破裂长度均小于30mm。

（4）药皮耐潮性　检测5根焊条，试验后药皮没有胀开或剥落的现象。

（5）焊条夹持端质量

1）焊条夹持端长度。检测100根焊条，偏差均小于5mm。

2）焊条磨尾情况。检测100根焊条，在焊条夹持端12mm之内均无明显药粉色。

（6）焊条引弧端质量

1）磨头情况。检测100根焊条，引弧端药皮均有倒角。

2）包头情况。检测100根焊条，在焊条引弧端没有药皮包住焊芯截面一半以上者。

3）露芯情况。检测100根焊条，均为合格。

（7）药皮外观质量

1）药皮杂质。检测100根焊条药皮表面，均无木屑、竹片、细钢丝、过大的涂料颗粒或有明显不同颜色的颗粒等杂质。

2）药皮损伤。检测100根焊条药皮表面，均无擦伤、压痕、划痕、破损等缺欠。

3）药皮裂纹。检测100根焊条药皮表面，纵向裂纹总长度均小于20mm，横向裂纹均小于焊条的半圆周，龟裂纹总长度均小于20mm。

4）毛条。检测100根焊条药皮表面，均无毛条。

5）竹节。检测100根焊条药皮表面，均无竹节。

6）发泡、橘皮。检测100根焊条药皮表面，均无发泡、橘皮现象。

7）印字。检测100根焊条，在靠近焊条夹持端的药皮上均有清晰的焊条型号。

经以上检验，该批焊条外观质量合格。

2. 焊接工艺性能试验

焊条在350℃下烘干1h后，进行下列试验：

（1）电弧稳定性

1）断弧长度。试验条件为：使用BX3—1—500型交流弧焊机，实测空载电压为78V，检测3根焊条的断弧长度分别为12.0mm、10.46mm、13.20mm，平均断弧长度为11.89mm。

2）灭弧、喘息次数。试验条件为：使用BX3—300型交流弧焊机，实测空载电压为64V，焊接电流为183A，焊条电弧焊焊接。检测3根焊条的结果是：①灭弧0次，喘息1次；②灭弧1次，喘息1次；③灭弧0次，喘息0次。平均折合灭弧次数为0.67次。

（2）焊缝脱渣性　试验条件为：使用BX3—300—2A型交流弧焊机，焊接电流为190A，电弧电压为22V。每种焊条测定2次。试验结果是：第一次，焊缝长度252mm，只有3mm有轻微粘渣现象，脱渣率为99.76%；第二次，焊缝长度215mm，未脱渣5mm，轻微粘渣3mm，脱渣率为97.40%。平均脱渣率为98.58%。

（3）再引弧性能　试验条件为：使用BX3—1—500型交流弧焊机，实测空载电压为82V，焊接电流为195A，电弧电压为20V。试验结果为：最大间隔时间为4s。

（4）焊接飞溅率　试验条件为：使用BX3—1—500型交流弧焊机，焊接电流为（185±5）A，电弧电压为22V。焊条熔化至剩余长度约50mm处灭弧，焊接3根焊条。试验结果为：焊接飞溅率为2.79%。

（5）熔化系数　试验条件为：使用BX3—1—500型交流弧焊机，焊接电流为（185±5）A，电弧电压为22V。焊条熔化至剩余长度约50mm处灭弧，焊接3根焊条。试验结果为：熔化系数为8.16g/(A·h)。

（6）熔敷效率　试验条件为：使用BX3—1—500型交流弧焊机，焊接电流为（185±5）A，电弧电压为22V。焊条熔化至剩余长度约50mm处灭弧，焊接3根焊条。试验结果为：熔敷效率为116%。

（7）焊接发尘量　试验条件为：使用BX3—1—500型交流弧焊机，焊接电流为180A，电弧电压为23V。试验结果为：焊条发尘量为9.93g/kg。

（8）焊条耗电量　试验条件为：使用BX3—1—500型交流弧焊机，焊接电流为（185±5）A，电弧电压为22V。焊条熔化至剩余长度约50mm处灭弧，焊接3根焊条。试验结果为：焊条耗电量为2.26kW·h/kg。

3. 焊接冶金性能试验

（1）熔敷金属化学成分的测定　熔敷金属化学成分分析试样从熔敷金属拉伸试验后的试样上制取。经测定，熔敷金属化学成分为：$w_C=0.064\%$、$w_{Mn}=1.35\%$、$w_{Si}=0.43\%$、$w_{Cr}=0.016\%$、$w_{Ni}=0.006\%$、$w_{Mo}=0.002\%$、$w_V=0.001\%$、$w_S=0.016\%$、$w_P=0.013\%$。

符合标准要求。

（2）熔敷金属力学性能试验 熔敷金属力学性能试样按照 GB/T 5117—1995《碳钢焊条》的规定制取。经检测，熔敷金属抗拉强度 R_m 为 527MPa，屈服强度 R_{eL} 为 437MPa，伸长率 A 为 30.3%；-30℃夏比 V 型缺口冲击吸收能量为：180J、29J、76J、117J、96J，平均值为 96.33J。符合标准要求。

（3）焊缝射线探伤试验 对截取熔敷金属力学性能试样前的焊接试件进行 X 射线检测，检测结果为 I 级。

（4）熔敷金属扩散氢含量测定试验 熔敷金属扩散氢含量按 GB/T 3965—1995《熔敷金属中扩散氢测定方法》进行测定，该焊条熔敷金属扩散氢含量为 2.22mL/100g，符合标准要求。

（5）焊条药皮含水量试验 按照 GB/T 5117—1995《碳钢焊条》中介绍的方法进行测定，该焊条药皮的含水量为 0.15%，符合标准要求

（6）T 形接头角焊缝试验 按照 GB/T 5117—1995《碳钢焊条》的规定，焊制立焊 T 形接头角焊缝试件和仰焊 T 形接头角焊缝试件。对焊缝表面产生的裂纹、焊瘤、夹渣、表面气孔、咬边情况，纵断面产生裂纹、未熔合情况和横断面的焊脚尺寸、凸度尺寸、焊脚长度差进行检查和评定。试验结果为合格。

由上述试验结果得出结论：该焊条质量合格。

4.6.2 SJ101 烧结焊剂质量检验综合试验

SJ101 烧结焊剂是锦州天鹅焊材股份有限公司在 20 世纪 80 年代从瑞士奥利康焊接工业公司引进，并根据我国原材料资源特点对原 OP122 配方和生产工艺进行调整研制出的焊剂。其主要化学成分为：$w_{SiO_2}+w_{TiO_2}\approx25\%$，$w_{CaO}+w_{MgO}\approx30\%$，$w_{Al_2O_3}+w_{MnO}\approx25\%$，$w_{CaF_2}\approx20\%$，渣系类型为氟碱型，碱度（$B_{IIW}$）约为 1.8。采用前述方法对 SJ101 烧结焊剂进行的质量检验综合试验结果如下：

1. 外观质量检验

（1）焊剂颗粒度 经检测，焊剂中颗粒小于 0.28mm 的小于 5.0%，颗粒大于 2.00mm 的小于 2.0%，达到细颗粒度焊剂的要求。

（2）焊剂机械夹杂物 经检测，焊剂中的机械夹杂物的百分含量小于 0.30%，符合标准要求。

（3）焊剂颗粒强度 经检测，在相同的试验条件下，SJ101 焊剂的细粉百分含量为 1%，而进口的 OP122 焊剂为 2%，可见 SJ101 优于 OP122。

2. 焊接工艺性能试验

在焊接熔敷金属力学性能试件的同时检测焊剂的焊接工艺性能。检测结果是：焊接电弧稳定，焊缝表面成形良好，无气孔、咬边等缺欠。焊接时无烟、无气味。当焊剂吸潮时有少量的烟，但无味。在焊接第一层时能自动脱渣。

为了进一步检测脱渣性，在 90°坡口中焊接。采用的焊接电流为 550～600A，电弧电压为 30～32V，焊接速度为 25m/h。第一层也可自动脱渣。

3. 焊接冶金性能试验

（1）测定焊剂中硫、磷含量 经化学分析，SJ101 烧结焊剂中硫的质量分数不大于

0.06%，磷的质量分数不大于0.08%，符合标准要求。

（2）熔敷金属的力学性能试验　熔敷金属力学性能试样按照GB/T 12470—2003《埋弧焊用低合金钢焊丝和焊剂》的规定制取。经检测，熔敷金属力学性能见表4-36。

表4-36　熔敷金属的力学性能

焊丝	抗拉强度 R_m/MPa	屈服强度 R_{eL}/MPa	伸长率 A（%）	夏比V型缺口冲击吸收能量/J				
				+20℃	0℃	-20℃	-40℃	-60℃
H08MnA	479	404	30.4	157	144	118	92	—
H08MnMoA	631	552	26.8	127.3	108.3	68.7	62	—
H08Mn2MoA	688	589	23.0	127.3	102.6	106	—	—
H10Mn2	524	438	31.4	196	188	166	120	66

（3）焊缝射线探伤试验　经X射线检测，熔敷金属力学性能试件上的焊丝-焊剂组合焊缝达到GB/T 3323—2005《金属熔化焊焊接接头射线照相》中的Ⅰ级标准。

（4）焊剂含水量的测定　经检测，SJ101烧结焊剂的含水量为0.058%，符合标准要求。

（5）测定熔敷金属扩散氢的含量　采用甘油法测定的熔敷金属中的扩散氢含量为0.74mL/100g。

由上述试验结果得出结论：该焊剂质量合格。

思考题

1. 什么是焊接材料？焊接时焊接材料具有哪些作用？
2. 进行焊接材料质量检验综合试验的目的有哪些？
3. 焊条质量检验综合试验包括哪三方面内容？每一方面试验要考核哪些指标？
4. 焊条焊接工艺性能试验所包含的各个基础试验如何进行操作？
5. 焊条焊接冶金性能试验所包含的各个基础试验如何进行操作？
6. 焊剂质量检验综合试验包括哪三方面内容？每一方面试验要考核哪些指标？
7. 焊剂焊接工艺性能试验所包含的各个基础试验如何进行操作？
8. 焊剂焊接冶金性能试验所包含的各个基础试验如何进行操作？
9. 焊丝质量检验综合试验包括哪些内容？
10. 焊丝质量检验综合试验所包含的各个基础试验如何进行操作？

第5章　弧焊机器人软硬件配置及预施工综合试验

弧焊机器人软硬件配置及预施工综合试验是将弧焊机器人成功应用于焊接施工所需要进行的试验。随着科学技术的发展，焊接施工自动化程度越来越高，许多焊接产品的制造由最初的手工焊接发展为自动化或半自动化的焊接方法，特别是焊接机器人问世以后，许多焊接产品采用焊接机器人进行生产，其自动化水平产生了革命性的转变，突破了传统的焊接刚性自动化，开始了一种柔性自动化的新方式。目前焊接机器人已在汽车、通用机械、金属结构、航空航天、机车车辆、造船等行业获得了越来越广泛的应用。作为一名焊接工程技术人员，了解和掌握弧焊机器人系统的硬件配置、弧焊机器人的编程方法和弧焊机器人的焊接操作技术，对于成功地将弧焊机器人应用于焊接施工具有重要意义。

本章将介绍弧焊机器人软硬件配置及预施工综合试验的目的和内容、弧焊机器人的发展及其作用、弧焊机器人系统的硬件配置和程序编制，并结合具体实例介绍弧焊机器人的施工应用。

5.1　机器人的发展、分类及其作用

5.1.1　机器人的发展概况

1954年，乔治·德渥取得了“附有重放记忆装置的第一台机械手”的专利权，这一年被人们公认为是“机器人时代”的开始。1960年美国研制出了第一台具有真正意义的机器人，命名为“Unimate”（意为“万能自动”）的机器人，1962年又出现了名为“Versatran”（意为“万能搬动”）的机器人。随后，工业机器人得到了蓬勃发展并随之产品化，应用领域不断扩大。统计数据表明，到2000年底，全世界工业机器人的累计销售总数为120万台，除去早期投入使用并退役的机器人，2000年底全世界实际在役的工业机器人约为75万台，其中用于完成各种焊接作业的焊接机器人占全部机器人的45%以上。

我国机器人应用发展得也很快。1996年我国焊接机器人仅有500多台，截至2008年末，据不完全统计，我国已有焊接机器人14000多台，主要集中在汽车、摩托车、工程机械、铁路机车等主要行业。到2008年末，我国已有工业机器人31400台，分布在全国700多家企业。目前在我国应用的机器人主要分日系、欧系和国产三类，其中，日系中主要有安川、OTC、松下、FANUC、不二越、川崎等公司的产品；欧系中主要有德国KUKA、CLOOS，瑞典ABB，意大利COMAU和奥地利IGM公司的产品；国产机器人主要是沈阳新松机器人公司生产的产品。

从20世纪60年代诞生和发展到现在，机器人可大致可以分为三代：

第一代机器人，属于“示教再现（Teach-in/Playback）型机器人”。所谓“示教再现”，是由操作者借助于示教盒上的各种按钮，或由操作者握住机械手总成的末端，带动

机器人的机械手臂按实际路径操作一遍，由于机器人具有记忆、存储能力，其后能再现这个操作过程的功能。其缺点是对周围环境基本没有感知与反馈控制能力。目前在工业生产中应用最多的是这种机器人。

第二代机器人，进入20世纪80年代，随着传感技术，包括视觉传感器、非视觉传感器（力觉、触觉、接近觉等）以及信息处理技术的发展，出现了第二代焊接机器人——“有感觉机器人”。它能够获得作业环境和作业对象的部分有关信息，进行一定的实时处理，引导机器人进行作业。第二代机器人已进入了使用化，在工业生产中得到了应用。

第三代机器人，是目前正在研究的“智能焊接机器人”。它不仅具有比第二代焊接机器人更加完善的环境感知能力，而且还具有逻辑思维、判断和决策能力，可根据作业要求与环境信息自主地进行工作。

从目前的研究来看，国内外正集中在以下七个方面进行研究：①焊缝跟踪技术；②离线编程与路径规划技术；③多机器人协调控制技术；④专用弧焊电源；⑤仿真技术；⑥机器人用焊接工艺方法（如双丝气体保护焊、T. I. M. E 焊、热丝 TIG 焊、热丝等离子弧焊等）；⑦遥控焊接技术。焊接机器人在高质量、高效率的焊接生产中发挥了重要的作用，工业机器人技术的研究、发展与应用有力地推动了世界工业技术的进步。然而焊接机器人技术领域还有很多亟待解决的问题，特别是焊接机器人的视觉控制技术、模糊控制技术、智能化控制技术、嵌入式控制技术、虚拟现实技术、网络控制技术等方面将是未来研究的主要方向。当前焊接机器人的应用迎来了难得的发展机遇。一方面，随着技术的发展，焊接机器人的性能不断提升，价格不断下降；另一方面，劳动力成本不断上升。我国由制造大国向制造强国迈进，需要提升加工手段，提高产品质量和增加企业竞争力，这一切预示着机器人的应用及发展前景空间巨大。

5.1.2 机器人的分类

机器人可以从多方面进行分类。如前所述，根据其发展历程，可以分为第一代机器人，即示教再现型机器人；第二代机器人，即有感觉机器人；第三代机器人，即智能焊接机器人。除此以外，还可进行如下分类：

1. 按照机器人的用途分类

（1）工业机器人　如焊接机器人、喷漆机器人、装配机器人、搬运机器人等。焊接机器人又分为弧焊机器人、点焊机器人、激光机器人等。其中，弧焊机器人是可以实施电弧焊操作的焊接机器人；点焊机器人是可以实施点焊操作的焊接机器人；激光机器人是可以实施激光焊操作的焊接机器人。

（2）服务机器人　如导游机器人、运动机器人、娱乐机器人、医用机器人、军用机器人、农业机器人等。

（3）特种环境机器人　如水下机器人、太空机器人、核环境机器人等。

2. 按照整体结构形式分类

按照机器人的整体结构形式，可以分为直角坐标型机器人、圆柱坐标型机器人、球坐标型机器人和全关节型机器人。

（1）直角坐标型机器人　其示意图如图5-1a所示。手臂具有三个棱柱关节，其轴线按直角坐标配置。这种形式的机器人具有运动模型简单、各轴线位移分辨率在工作空间内任一点上均为恒定、运动精度容易达到等优点，但也具有机构较庞大、相对工作空间小、操作灵活性差等缺点。

(2) 圆柱坐标型机器人　其示意图如图5-1b所示。手臂至少有一个回转关节和一个棱柱关节，其轴线按圆柱坐标配置。其优点是：末端操作器可以获得较高速度，占用空间较小，相对工作空间较大，运动精度较易达到；缺点是：末端操作器外伸离开立柱轴心越远，其线位移分辨率越低。

(3) 球坐标型机器人　其示意图如图5-1c所示。手臂有两个回转关节和一个棱柱关节，其轴线按球坐标配置。其伸缩关节的线位移分辨率恒定，但回转关节反映在末端操作器上的线位移分辨率则是个变量，因而增加了控制系统的复杂性。其占用空间小，相对工作空间大。与圆柱坐标型结构相比，其操作更为灵活。运动精度相对来说较难达到。

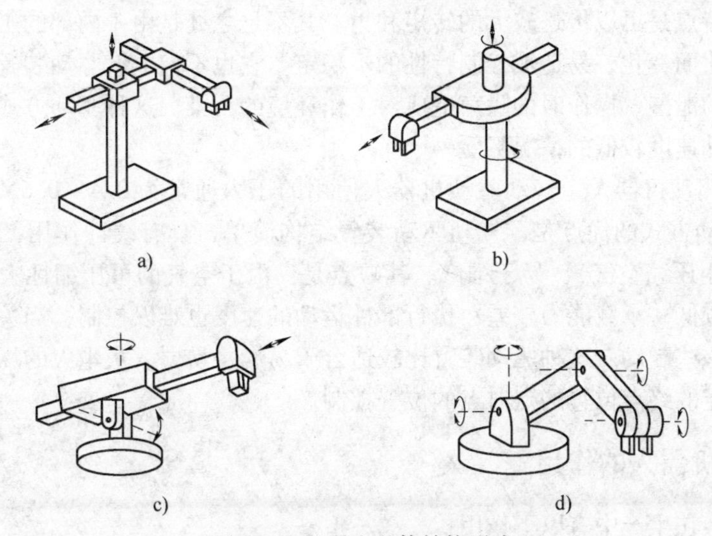

图5-1　机器人整体结构形式
a) 直角坐标型机器人　b) 圆柱坐标型机器人
c) 球坐标型机器人　d) 全关节型机器人

(4) 全关节型机器人　其示意图如图5-1d所示。手臂具有三个回转关节，其位置和姿态全部由旋转运动实现。其优点是：具有很好的操作灵活性和可达性，可获得较高的末端操作器的线速度；占用空间最小，相对工作空间最大。其缺点是：运动模型较复杂，视觉上不直观，结构刚度较差，运动精度相对来说难以达到。由于全关节型机器人优点比较突出，目前焊接机器人大部分采用这种结构形式。

机器人各种整体结构的特性见表5-1。

表5-1　机器人各种整体结构的特性

结构类型	臂端在空间的运动范围	占用空间	相对工作范围	结构复杂程度	运动精度	直观性	应用情况
直角坐标	长方体	大	小	简单	容易达到	强	少
圆柱坐标	圆柱体	较小	较大	较简单	较易达到	较强	较少
球坐标	球　体	小	大	复杂	较难达到	一般	较多
全关节	多球体	最小	最大	很复杂	难达到	差	很多

3. 按照驱动方式分类

（1）电气驱动机器人　电气驱动机器人的关节是采用电气驱动装置驱动，即利用各种电动机产生的力或力矩直接或经过减速机构驱动负载使机器人运动。其具有定位精度高、速度和加速度容易控制、使用方便、成本较低、驱动效率高、不污染环境等诸多优点，因而是目前应用最普遍的驱动方式。20 世纪 90 年代后生产的机器人大多采用这种驱动方式。

在电气驱动装置中一般采用步进电动机、直流伺服电动机、交流伺服电动机、水平对置式电动机等。

（2）液压驱动机器人　液压驱动机器人的液压驱动装置由液压马达和连续变量阀组成。它可以连续地控制几个轴的运动，并且可以使机器人精确地移动到指定的空间点。液压驱动装置的特点是可以传送较大的转矩和力。其不足之处是由于内部的工作油的粘度随环境温度的变化而变化，易造成控制特性的不稳定。它也不像电气驱动装置那样干净，常常会因工作油的泄漏、操作时的噪声造成对工作环境的污染。这种驱动方式多用于要求输出力较大、运动速度较低的情况下。

（3）气动驱动机器人　气动驱动机器人使用的压力通常为 0.4 ~ 0.6MPa，最高可达 1MPa。这种驱动方式的优点是：气动驱动装置结构简单，具有缓冲作用，成本较低，气源方便（一般用压缩空气），易于维修。其缺点是：由于空气的可压缩性大，机器人所达到的定位精度较低；承载能力较差；执行部件运动的速度也难以控制，当关节运动到终点时可能会出现一些颤动。这种驱动装置比较适合于易燃、易爆、灰尘大的场合和从固定的起始位置到固定的终点位置的点对点的位置控制。

5.1.3　焊接机器人的作用

焊接机器人在生产中有以下作用：

1）稳定和提高焊接质量，保证其均一性。焊接参数如焊接电流、焊接电压、焊接速度和焊丝伸出长度等对焊接质量有着举足轻重的作用。人工焊接时，焊接速度、焊丝伸出长度等都是变化的，很难做到焊接质量的均一性。采用机器人焊接时，每条焊缝的焊接参数都是恒定的，焊缝质量受人为因素影响较小，降低了对工人操作技术的要求，因此焊接质量稳定。

2）改善劳动条件。采用机器人焊接，工人只需要装卸焊件，远离了焊接弧光、烟雾和飞溅等。对于点焊来说，工人无需搬运笨重的手工焊钳，使工人从高强度的体力劳动中解脱出来。

3）提高生产效率和设备利用率。机器人可 24h 连续生产，这是任何焊接专机不能做到的，因此生产效率和设备利用率大大提高。

4）产品周期明确，容易控制产品产量。机器人的生产节拍是固定的，因此安排生产计划非常明确。

5）缩短产品改型换代的周期，减小相应的设备投资，实现柔性化生产。机器人与专机的最大区别就是可以通过修改程序很快适应不同工件的生产，因而可以实现柔性化生产。

5.2　弧焊机器人软硬件配置及预施工综合试验的目的及内容

5.2.1　弧焊机器人软硬件配置及预施工综合试验的目的

在焊接施工中，将弧焊机器人成功地应用于焊接产品和结构生产，有许多问题需要解决。例如，为了使弧焊机器人适应某种具体产品或结构的焊接，应如何选择机器人以及各种外围设备？为了使弧焊机器人和外围设备协调运转共同完成焊接作业，如何进行编程？当弧焊机器人焊接的各种条件具备时，如何判定这些条件的组合是否适用于焊接产品或结构生产？解决这些问题正是进行弧焊机器人软硬件配置及预施工综合试验的目的。

概括起来，进行弧焊机器人软硬件配置及预施工综合试验主要有以下两个目的：

1）根据生产需要，进行弧焊机器人系统的软硬件配置，为焊接施工做好准备。

对于一项具体的焊接任务，仅靠以规划的速度和姿态携带焊枪移动的机器人单机是无法完成的，还必须配备相应的外围设备，组成一个系统才有意义，这个系统就是“弧焊机器人系统”。弧焊机器人系统一般是由机器人、电弧焊机、变位机械、工装夹具、控制系统、安全装置和清枪剪丝装置等硬件组成的。焊接不同的焊接产品和结构，其组成也不尽相同，因此焊接施工时，必须根据具体焊接产品和结构的焊接需要进行选择配置。

所谓软件配置，是指对弧焊机器人进行程序编制。用机器人代替人进行作业时，必须预先对机器人发出指令，规定机器人应该完成的动作和作业的具体内容。机器人的运动和作业指令都是由程序进行控制的，因此，事前对弧焊机器人进行正确编程至关重要。

2）进行弧焊机器人焊接生产预演，以检验投入产品制造的各种焊接条件的适用性。

各种焊接条件既包括各种物质条件，如原材料、焊接材料、电弧焊机、工艺装备等，也包括技术条件，如焊接工艺规程、焊接检验规程等，还包括施工人员的操作技能等。这些条件的组合最终决定了焊接质量，因此，在正式施工之前，应进行弧焊机器人焊接生产预演，以检验这些焊接条件的组合是否妥当，焊接过程是否协调，焊接质量是否能得到保证，以便最后确定焊接条件。

5.2.2　弧焊机器人软硬件配置及预施工综合试验的内容

为了实现上述目的，弧焊机器人软硬件配置及预施工综合试验包括以下内容：

1. 弧焊机器人系统硬件配置试验

针对具体的焊接任务，完成弧焊机器人系统的硬件配置，包括合理地选择机器人、焊接设备、变位机械、工装夹具、控制系统、清枪剪丝装置以及相应的安全设备等外围设备，并进行设备定位和调试。

2. 弧焊机器人系统程序编制试验

针对具体的焊接任务，完成弧焊机器人系统的编程，并进行整体联机试运行。在试运行的过程中，检查控制系统能否对弧焊机器人和外围设备进行统一的控制、管理、采集信号，并对整个系统进行监控。各部分应做到工作协调，焊枪姿态正确，无碰撞和无运动死区等。在试运行的过程中应特别注意人身防护措施是否有效。

3. 弧焊机器人焊接预施工试验

针对具体的焊接任务，利用已配置好的弧焊机器人硬件系统和编制好的程序，采用焊接工艺规程中规定的焊接参数对试件进行实际施焊。在焊接过程中，对焊接质量进行检查，包括检查焊缝尺寸、焊缝成形以及产生缺欠的情况等，对出现的问题及时调整和改进。

5.3 弧焊机器人系统的硬件配置

5.3.1 弧焊机器人系统的硬件组成及其作用

如前所述，单独一台机器人还不能进行生产，还必须依赖于一些外围设备的支持和配合，即需要组成弧焊机器人系统以后才能进行焊接生产。焊接施工时，一个弧焊机器人工作站就是一个弧焊机器人系统，当把多个弧焊机器人工作站用工件输送线有机地连接起来以后，就形成了一条弧焊机器人生产线。

弧焊机器人系统的组成主要包括机器人、电弧焊机、变位机械、工装夹具、焊接传感器、控制系统、清枪剪丝装置和相应的安全设备等，如图 5-2 所示。

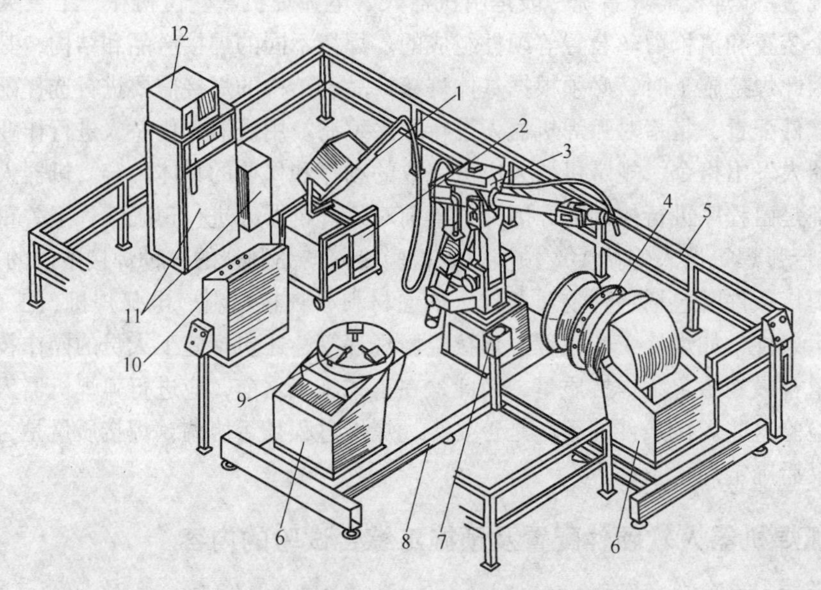

图 5-2 弧焊机器人系统的组成示例

1—送丝机构 2—焊接电源 3—机器人 4—焊件 5—防护栏 6—变位机 7—清枪剪丝装置 8—变位机公共机座 9—气动夹具 10—操作台 11—控制系统 12—终端显示器

1. 机器人

目前，工业生产中应用的机器人主要为示教再现式。示教再现型机器人主要是由机器人机械本体、机器人控制器和示教盒三部分组成的，如图 5-3 所示。

（1）机器人机械本体 机器人的机械本体是机器人的执行机构。它是由机器人的机械手总成、传动机构、驱动器及内部传感器（编码器）等组成的。其任务是精确地保证末端操作器（如焊枪、焊钳等）所要求的位置、姿态和实现其运动。对于全关节型机器人，机械手总成由基座、腰部、臂部、腕部以及关节组成。目前具有 6 个关节的焊接机器人较多，它们分别为腰关节、肩关节、肘关节、腕旋转关节、腕弯曲关节和腕摆动关节，如图5-4所示。具有6个关节的焊接机器人的机械手总成末端的操作器能达到空间的任意位置，并能做出任意空间姿态。

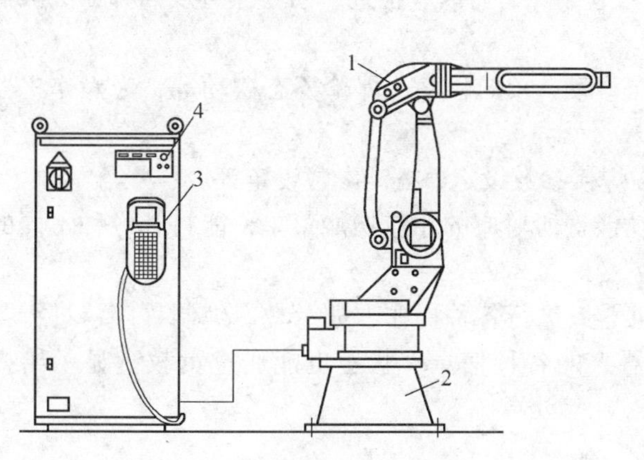

图5-3　机器人的硬件组成

1—机器人机械本体　2—基座　3—示教盒　4—机器人控制器

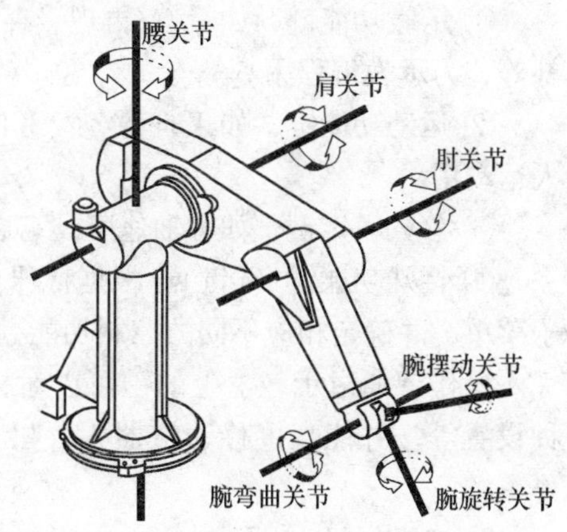

图5-4　弧焊机器人机械本体的关节

（2）机器人控制器　机器人控制器是机器人的核心部件，它负责处理焊接机器人工作过程中的全部信息和控制机械本体的全部动作。大多数机器人还具有输入输出控制功能，因而能通过输入输出接口控制电焊机以及其他周边装置等。

机器人控制器是由计算机硬件、软件和一些专用电路构成的。机器人控制器大多采用二级计算机结构。其中，第一级计算机的任务是规划和管理，示教时，它接受示教盒送来的各示教点位置和姿态信息、运动参数和工艺参数，生成工作程序和经过坐标换算后储存起来；再现时，从内存中再逐点取出，经过运算处理后送到第二级计算机。第二级计算机的任务是进行伺服电动机的闭环控制，它接受第一级计算机送来的各关节下一步预期达到的位置和姿态的信息后，经过处理后按照指令逐点送给伺服电动机，使其动作。机器人控制器的软件包括控制器系统软件、机器人专用语言、机器人运动学及动力学软件、机器人控制软件、机器人自诊断及自保护软件等。

（3）示教盒　示教盒是操作者与机器人之间的主要交流界面。它本身是一台专用计算机，有很多功能，如手动操作机器人的功能；位置、命令的登录和编辑功能；示教轨迹的确认功能等。

图5-5是OTC型机器人的示教盒外形。示教盒提供一些操作键、按钮、开关

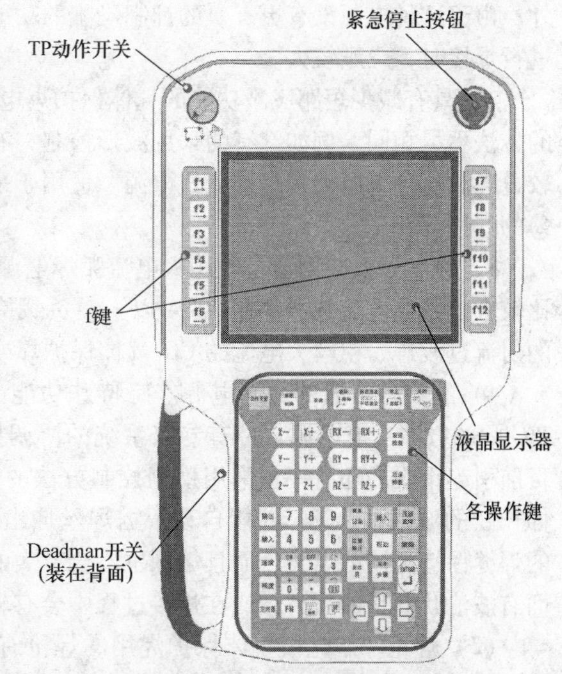

图5-5　OTC型机器人的示教盒外形

等，其目的是能够为用户编制程序、设定变量时提供一个良好的操作环境，它既是输入设备，也是输出显示设备，同时也是机器人示教的人机交互接口。在示教盒上有很多键，主要分为以下几类：

① 示教功能键，如示教/再现、存入、删除、修改、检查、回零、直线插补、圆弧插补等，为示教编程用。

② 运动功能键，如 X 向移动、Y 向移动、Z 向移动、焊枪姿态摆动等，为操作机器人运动用。

③ 参数设定键，如各轴速度设定、焊接参数设定、摆动参数设定等。

④ 特殊功能键（f 键）：根据特殊功能键所对应的相应功能菜单，能打开各种不同的子菜单，并确定相应不同的控制功能。

操作者通过示教盒上的键可以对机器人进行各种操作，如示教、编制程序、进行各种设置等，并能直接移动机器人。机器人的各种信息、状态也能通过示教盒显示给操作者。

2. 电弧焊机

电弧焊机是焊接电能、熔敷金属和保护气体的直接控制者，因此是完成焊接作业的核心设备。它由弧焊电源、送丝机构、焊枪、气路系统、水路系统及控制器等组成。由于弧焊机器人焊接不同于普通的自动焊接，电弧焊机的各组成部分要求有比较高的适应性和可靠性，因此，通常使用专用设备。

（1）弧焊电源　目前使用的弧焊电源有以下几种：

1）普通弧焊电源。用于手工半自动焊的普通晶闸管弧焊电源可以用于弧焊机器人焊接。这种电源比较廉价，但其负载持续率一般为 60%，而弧焊机器人焊接时负载持续率需要达到 100%，虽然可以通过换算降低电流值使用，但也需要考虑其容量是否合适。另外，由于这种电源没有更有效的抑制飞溅的功能，当采用短路过渡形式的 CO_2 气体保护焊进行焊接时，飞溅较大。

2）具有减少短路飞溅功能的气体保护焊电源。各弧焊电源厂家采用的抑制焊接飞溅的方法不尽相同，例如，有的采用波形控制，有的采用表面张力过渡控制等，其效果都比较显著。这种电源大多是逆变式电源。适用于采用短路过渡形式的 CO_2 气体保护焊焊接较薄的焊件。

3）颗粒过渡或射流过渡用大电流弧焊电源。这种电源大多为晶闸管式电源，容量都比较大，焊接电流一般都在 600A 以上，负载持续率为 100%。适合于采用混合气体保护的射流过渡焊、粗丝大电流的 CO_2 气体保护焊或双丝焊等焊接厚大焊件。

4）有特种功能的弧焊电源。有特殊功能的焊接电源种类很多，如适合铝和铝合金 TIG 焊的方波交流电源，带有专家系统的协调控制（或单旋钮）MIG/MAG 焊接电源等。目前引起重视的还有一种采用模糊控制方法的焊接电源。这种电源对焊丝伸出长度（干伸长）的波动不敏感，并能自动根据焊丝伸出长度的变化相应地调节焊接规范，使焊出的焊缝保持相同的熔宽，而且熔深也不会有大的变化。模糊控制电源比较适合焊接那些表面有波浪状起伏的焊件，或在焊接过程中会有较大变形的较薄焊件。

（2）焊枪　熔化极气体保护焊用的焊枪有直颈枪、22°弯颈枪、45°弯颈枪。直颈枪由于会出现焊丝尖端扰动而导致电弧不稳，所以一般不用。焊枪有 200A、350A、500A 等系列，分别能承受不同的焊接功率。枪体冷却有水冷和空冷两种，空冷的枪适用于小电流，水冷的枪适用于大电流。

(3) 送丝机构　为了保证焊接时送丝稳定，一般将送丝机构安装在机器人的机械手总成上或底座上，以便使送丝机构到焊枪的软管较短，使焊丝稳定。

3. 工装夹具

工装夹具在生产中起着定位、夹紧以及抑制焊接变形的作用，因此是弧焊机器人系统中不可缺少的装置。有些工装夹具装在变位机械上使用，有些则独立使用。工装夹具一般由定位器件（或装置）、夹紧器件（或装置）和夹具体三部分构成，其中夹具体起着连接定位器件和夹紧器件的作用。

工装夹具按照动力源主要分为手动夹具、气动夹具、液压夹具、电动夹具、磁力夹具、真空夹具等；根据其不同的结构形式也可分为多种。

由于机器人作业的特点是按照固定的程序工作，因此对工装夹具的要求高于普通工装夹具。特别是对重复定位的要求更为严格，要求具有与弧焊机器人相匹配的高精度。

4. 变位机械

变位机械在焊接生产中是经常使用的一种外围设备。变位机械的使用不但能简化机器人的运动和自由度数，而且还能降低对控制系统的要求。

配合弧焊机器人使用的焊接变位机械分为非同步协调动作的和同步协调动作的两种。其中，非同步协调动作的变位机械在机器人施焊时变位机械不动作，这是目前主要使用的一种变位机械。同步协调动作的变位机械在焊接时机器人与变位机械同时动作，目前我国尚处于起步阶段。

由于弧焊机器人对变位机械的定位精度或轨迹精度的要求比普通的变位机械高，通常需要使用专用的设备。

在弧焊机器人焊接生产中，使用的变位机械分为两类：焊件变位机械和焊机变位机械。

(1) 焊件变位机械　焊件变位机械的主要功能是实现焊件翻转或回转，或既能反转又能回转，以使焊件处于最有利的装配或焊接位置。

焊件变位机械又分为翻转机、回转机、变位机和滚轮架等。其中，翻转机能使工件绕水平轴旋转；回转机能使焊件绕垂直轴或倾斜轴旋转，主要用于回转体焊件上的环缝焊接；变位机是集翻转（或倾斜）和回转功能于一身的变位机械，它可以将焊件上的各种位置的焊缝调整到易焊接的水平位置或船形位置，适于框架形、箱形、盘形和其他非长方形焊件的焊接；滚轮架是用两排滚轮支承回转体状焊件，并使其绕自身轴线旋转，主要用于回转体焊件的焊接。

在弧焊机器人焊接生产中用得比较多的是翻转机、回转机和变位机。其中，翻转机常用的有框架式（图5-6a）、头尾架式（图5-6b）、头架式（图5-6c）等；回转机有单座式（图5-7a）、双工位回转式（图5-7b）等；变位机有座式（图5-8a）、双支座式（图5-8b）等。

(2) 焊机变位机械　焊机变位机械又称为焊接操作机。其主要功能是实现焊机或焊接机头的水平移动和垂直升降，使其达到施焊部位。它多在大型工件或无法实现工件移动

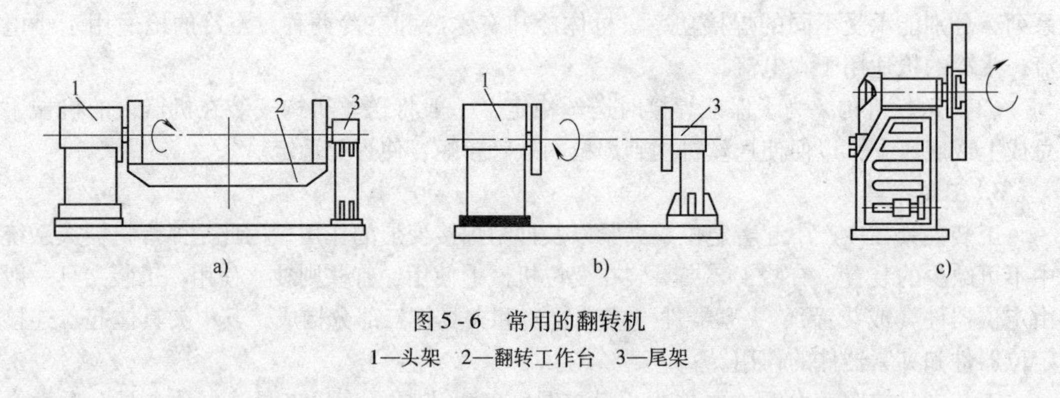

图5-6　常用的翻转机

1—头架　2—翻转工作台　3—尾架

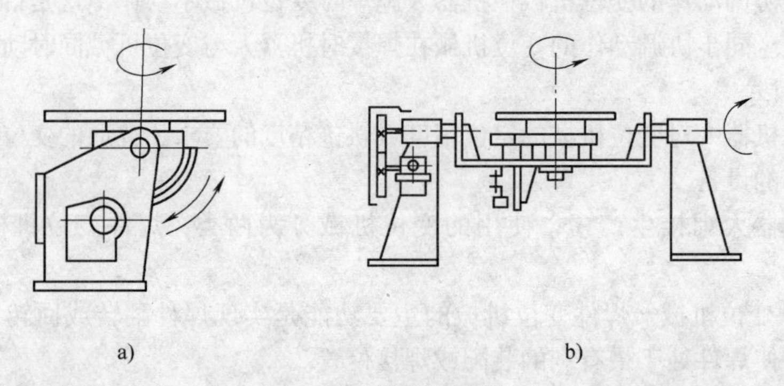

图5-7　常用的回转机

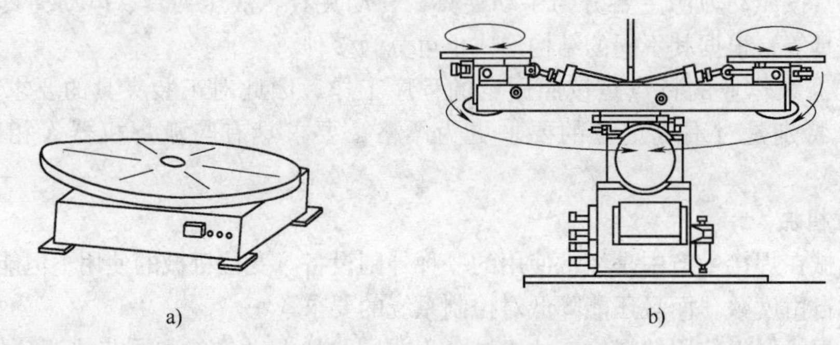

图5-8　常用的变位机

的自动化焊接的场合使用。

这一类变位机械使用的主要目的是扩大弧焊机器人的作业空间。具体做法是将弧焊机器人安装在重型悬臂式焊机变位机伸缩臂的前端，或倒置在门式焊机变位机上，这样可以焊接大型的产品结构。

5. 控制系统

控制系统是机器人系统的控制和指挥中心，负责机器人系统在作业过程中的全部信息处理和过程控制。

控制系统通常由机器人控制器和系统控制器两大部分构成。以哈尔滨工业大学研制的HD—100型集箱管座焊接机器人工作站（图5-9）为例，其控制系统由机器人控制器和PLC型系统控制器构成（图5-10）。其中，机器人控制器以计算机作为主控机，具有以下功能：6轴关节控制；6周直角坐标控制；PTP、CP控制；直线、圆弧插补；焊接参数控制；实时接收测量机器人数据、修改焊缝空间位置和焊枪姿态功能以及故障报警和自诊断等。PLC型系统控制器主要用于控制机器人移动行走机构、具有测量功能的机器人、旋转式定位机、支承小车等所有外围设备，并将测量机器人测出来的管座姿态误差送给机器人控制器。

作为控制系统，除了对机器人和周围的所有设备进行统一的控制、管理、采集传感器信号外，还应对整个机器人系统进行监控。其主要监控的任务有：工作设备是否准备良好；焊件是否到位，是否夹紧；工作过程的各个工作条件有否异常；有无人员进入工作空间等。如果在工作中有异常信号出现，控制系统将报警，并停止全部工作。

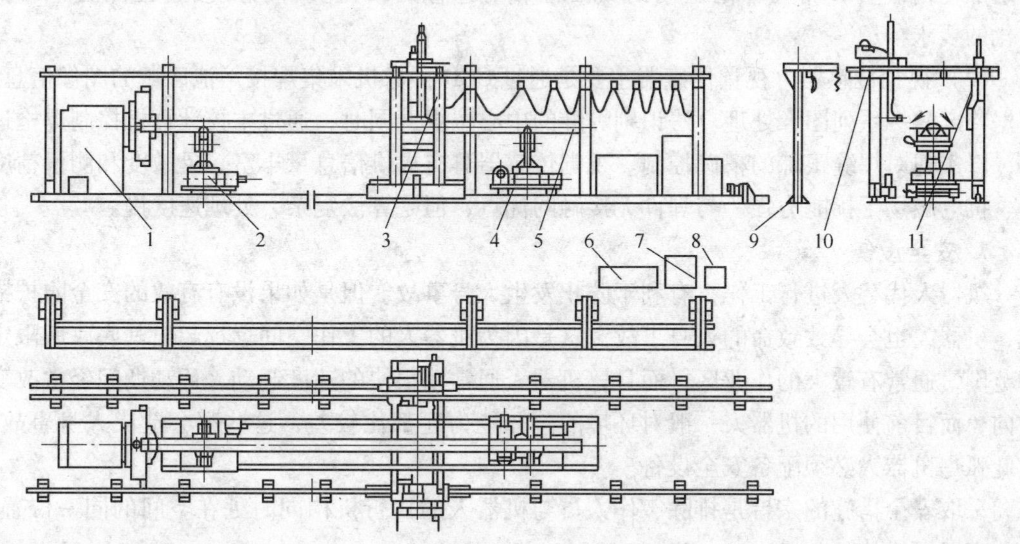

图5-9　HD—100型集箱管座焊接机器人工作站组成

1—旋转式定位机　2—浮动支承小车　3—移动车　4—支承小车　5—集箱　6—系统控制器　7— 机器人控制器　8—焊接电源　9—走线架　10—焊接机器人　11—测量机器人

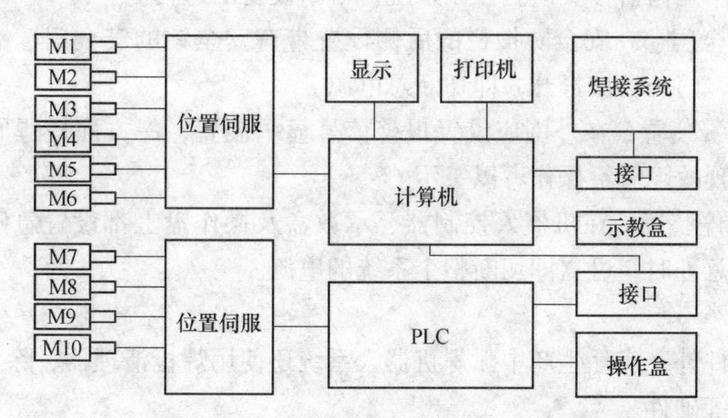

图5-10　HD—100型集箱管座弧焊机器人系统控制器框图

6. 焊缝跟踪传感器

使用焊缝跟踪传感器的目的是实时控制弧焊机器人对中及跟踪焊缝，这对于公差较大、装配精度较差、焊接时变形较大的焊件的焊接作业是必不可少的。用于焊缝跟踪的传感器有多种，目前用于弧焊机器人焊接比较多的是电弧传感器和视觉传感器。

（1）电弧传感器　电弧传感器是利用焊接电极与被焊工件距离变化时能够引起电弧

电流或电压变化这一物理现象，通过检测接头坡口的中心位置来达到焊枪跟踪焊缝的目的。其基本工作原理是：当电弧位置变化时，电弧自身电参数相应发生变化，从中反映出焊接电极至焊件坡口表面距离的变化量，进而根据电弧的摆动形式及焊枪与焊件的相对位置关系，推导出焊枪与焊缝的相对位置偏差量，从而实现高低及水平两个方向的跟踪控制。电参数的静态变化和动态变化都可以作为特征信号被提取出来。由于电弧传感器是从焊接电弧自身直接提取焊缝位置偏差信号的，实时性好，不需要在焊枪上附加任何装置，而且焊枪运动的灵活性和可达性好，尤其符合焊接过程低成本、自动化的要求。

（2）视觉传感器　视觉传感器主要是通过CCD摄像机采集焊接熔池区域的图像信息，根据特定的一系列图像处理算法识别焊缝的中心位置，同时，通过主控计算机控制焊枪运动，以实现对焊缝跟踪的精确控制。视觉传感器具有提供信息量丰富、灵敏度和测量精度高、抗电磁场干扰能力强、与焊件无接触的优点，但是算法复杂，处理速度慢。

7. 安全设备

机器人代替人进行工作，有利于防止发生人身事故，但是如果没有有效的安全防护措施，机器人也会导致致命的人身事故。这是因为机器人的工作空间远远超出其底座所限定的范围，通常有较大的作业区，而且，机器人通常以很快的速度起动，运动期间经常改变方向，而目前使用的机器人一般对环境的感知能力还都比较差，这些都会造成人身事故，因此弧焊机器人必须配备安全设备。

采取安全措施的宗旨是排除工作人员与机器人的执行机构同时处在空间的同一位置。主要有以下措施：

（1）设置安全防护栏　在弧焊机器人及周边设备的外围设置安全防护栏。

（2）设置安全光栅　在安全防护栏的一侧设置光栅，在操作者进入安全防护栏内装卸工件时，可利用光栅信号反馈到控制系统，中断设备的运行。

（3）设置安全门　在安全防护栏的后侧设置带有安全锁的安全门，维护保养人员必须从安全门进入，门一旦被打开，即切断总电源。

（4）设置报警装置　在外围应设置报警信号显示装置，一方面提醒周围人员切勿入内，另一方面出现故障时给操作者以警示。

（5）设置急停装置　在机器人控制器、示教盒及操作盘上都设置急停装置，以便当机器人运行出现意外时，可立即切断整个系统的电源。

8. 其他

除了上述硬件外，实际生产中弧焊机器人系统还使用焊枪清理器、除尘净化器、焊缝起始点检出装置等硬件。

5.3.2　弧焊机器人系统的主要硬件配置要点

弧焊机器人系统硬件配置总的要求是：所配置的所有外围设备都必须与机器人有很好的相容性和接口；所有设备围绕焊接任务科学合理地组合在一起，通过软件的配合，所有的设备能协调工作，能优质、高效地完成预定的焊接任务；能实现柔性化生产；整体及各组成部分必须全部满足安全规范和标准。

1. 机器人的配置

机器人配置的主要依据有焊件的结构尺寸、焊接部位、焊件的品种、生产批量等。其中，焊件的结构尺寸和焊接部位决定了机器人的工作空间范围，从而决定了机器人的机型。焊件的品种和生产批量的影响是：如果焊件是多品种、小批量，由于机器人能实现柔性化生产，因此很适宜采用机器人；如果相反，则可考虑采用焊接机械手、焊接操作机、专用焊机等。

选配机器人时需要考察的技术指标很多，主要有以下几方面：

（1）机器人的自由度　机器人的自由度是反映机器人动作灵活性的尺度，机器人自由度越高，说明其越灵活，功能越强，应用范围越广。当机器人是一个开式连杆系，每个关节运动副又只有一个自由度时，机器人的自由度数就等于它的关节数。焊接机器人的自由度一般都要在5个以上，对于形状复杂的焊缝一般需要使用6个自由度的机器人，只有简单的焊接作业才使用5个自由度的机器人。

运动学已经证明，具有6个旋转关节的铰接开链式机器人的机械本体可以实现焊枪的任意空间轨迹和姿态，因此具有6个关节的弧焊机器人在焊接生产中得到广泛应用。

（2）工作空间范围　机器人的工作空间范围是指机器人手臂末端（不包括末端执行器）或手腕中心运动时所能达到的所有点的集合。由于机器人手臂末端的焊枪被限制在此范围内工作，因此工作空间范围的形状和大小决定了焊接范围的大小。

机器人的工作空间范围不仅与手臂的尺寸有关，即尺寸越大，空间范围越大，而且与机器人的整体结构形式有关。其中直角坐标型机器人的工作空间是一个长方体(图5-11a)，相对工作空间范围小；圆柱坐标型机器人的工作空间是一个圆柱体(图5-11b)，相对工作范围较大；球坐标型机器人的工作空间是一个球体(图5-11c)，相对工作范围大；全关节型机器人的工作空间是一个多球体（图5-11d)，相对工作范围最大，因此弧焊机器人多采用此种结构。

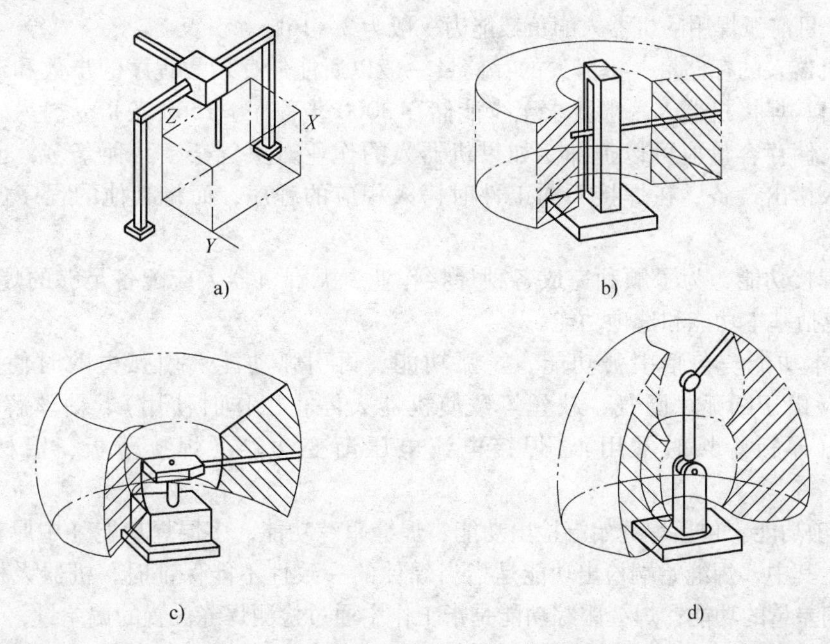

图5-11　机器人手臂末端的工作空间范围

(3) 重复定位精度　与机器人运动精度有关的性能指标主要有重复定位精度、位姿精度、距离精度、轨迹精度等。其中，最重要的是重复定位精度。重复定位精度又称为重复精度，是指在同一环境、同一条件、同一目标动作及同一条指令下，机器人连续运动若干次重复定位至同一目标位置的符合程度，它用所达的实际位置与目标位置之间的偏差来表示。

如果点到点控制的机器人位置精度不够，会造成实际到达的位置与目标位置之间有较大的偏差；如果连续轨迹控制的机器人位置精度不够，会造成实际工作路径与示教路径或离线编程路径之间出现偏离。

不同的焊接方法，对重复定位精度的要求不同。对于熔化极气体保护焊来说，当重复回到目标位置的最大偏差为0.381mm时，是可以接受的，而对于钨极惰性气体保护焊和等离子弧焊来说，则要求更小的偏差，不得大于0.2032mm。弧焊机器人的重复定位精度一般要求为±0.1mm。

(4) 最大工作速度　机器人最大工作速度是指机器人主要关节上最大的稳定速度或手臂末端最大的合成速度。最大工作速度因生产厂家的不同而不同，一般会在技术参数中加以说明。最大工作速度越高，生产效率也越高。然而，工作速度越高，对机器人的最大加速度的要求也越高。通常的选择是：焊接时，焊枪的工作速度按照焊接方法和焊接工艺的要求选取，一般情况下为5~50mm/s，而在不焊接时，焊枪在空闲的状态下的移动速度尽量加快（注：在进行教学试验时，为安全起见，应降低焊枪移动速度）。

(5) 负载能力　机器人的负载能力是指在正常作业区内以正常速度运动时机器人手腕端部可承载的重量。当全关节型机器人的手臂处于不同位姿时，其负载能力是不同的，因此，机器人的负载能力是指其在工作空间中任意位姿时手腕端部可承载的最大重量。为了在其上安装焊枪、焊枪取卸装置、送丝机构、水管、气管、电缆等，机器人的负载能力应足够大。目前弧焊用的机器人的负载能力一般为3~16kg。

(6) 机器人的存储量　机器人的存储量一般以所能储存示教程序的步数和动作指令的条数给出。焊接机器人一般要求至少能储存3000步程序，1500条指令。另外作为选项，机器人储存容量应可以追加。如果机器人的作业对象复杂，品种繁多，也可选购程序的拷入拷出设备，在焊接不同工件时拷入相应的程序，而将其他的程序保存在磁盘里。

(7) 焊接功能　为了顺利完成各种焊接作业，弧焊机器人应配备足够的焊接功能。焊接功能包括基本功能和选项功能。

1) 基本功能。包括引弧功能、熄弧功能、再引弧功能（引弧失败时使用）、再启动功能（由于断弧、断气、缺丝等致使机器人停止工作时使用）、粘丝解除功能、摆焊功能（厚板焊接时常用）、焊接电流电压渐变功能（焊接薄板、铝材等时常用）等。

2) 选项功能。包括焊缝始端检出功能、焊缝跟踪功能、多层焊功能（中厚板焊接时使用）等。其中，焊缝始端检出功能是指当焊件的一致性不能保证时，机器人检测出焊接起始点偏差量的功能；焊缝跟踪功能是指工作中通过检测焊缝位置的偏差量，自动修正机器人的运动轨迹的功能。

表5-2列出了典型弧焊机器人的规格参数。

表5-2　典型弧焊机器人的规格参数

项　目	规 格 参 数
持重	5kg，机械手总成末端承受焊枪重量的能力
重复定位精度	±0.1mm，高精度
可控轴数	6轴同时控制，便于焊枪姿态调整
动作方式	各轴单独插补、直线插补、圆弧插补、焊枪端部等速控制（直线、圆弧插补）
速度控制	进给6～1500mm/s，焊接速度1～50mm/s，调速范围广（从极低速到高速均可调）
焊接功能	焊接电流、电压的选定，允许在焊接中途改变焊接条件，断弧、粘丝保护功能，焊接抖动功能（软件）
存储功能	IC存储器，128kW
辅助功能	定时功能、外部输入输出接口
应用功能	程序编辑、外部条件判断、异常检查、传感器接口

2. 电弧焊机的配置

（1）弧焊电源　弧焊电源应使用专用设备。除了要求其静特性满足“电源－电弧”系统的稳定条件外，还要求其动特性能使引弧容易、可靠。在引弧过程中，焊丝的加速送进与焊接电流的上升速度应有最佳的配合和控制，要求动态响应速度要快，熔滴过渡稳定，飞溅少，焊缝成形好。

为了适应弧焊机器人控制器控制的需要，弧焊电源必须具有适应机器人控制的数据接口。这个接口一般不是用户自己所能解决的，因此最好是由机器人供应商提供。

弧焊电源必须满足机器人长时间连续焊接的需要，其容量和负载持续率要足够大。这是因为用机器人焊接时的燃弧率比手工焊高得多，因而虽然采用和手工焊相同的焊接规范，机器人用的焊接电源也应选用较大容量的。例如，用直径为1.6mm的焊丝、380A的电流进行手工焊时，可以选用负载持续率为60%、额定电流为500A的焊接电源，但用同样规范的焊接机器人，其配套的焊接电源必须选用负载持续率100%的500A电源或负载持续率60%的600A或更大容量的电源。它们之间容量的换算公式为：

$$I_{100} = (I_{60}^2 \times 0.6)^{1/2}$$

式中　I_{60}——负载持续率为60%的电源的额定电流值；

I_{100}——负载持续率100%的额定电流值。

如采用大电流长时间焊接，电源容量最好要有一定裕度，不然电源会因升温过高而产生自动断电保护，使焊接不能连续进行。

应该根据工作对象、所焊的材质、焊接方法和焊接参数来选择弧焊电源。不同的焊接材质，应选用不同的、具有针对性的弧焊电源，例如，焊接普通碳钢可以选用晶闸管式弧焊电源、直流逆变弧焊电源等，不锈钢则选用带脉冲的逆变弧焊电源。当采用短路过渡的焊接参数焊接较薄的焊件时，应选用具有减少短路过渡飞溅功能的弧焊电源，当采用颗粒过渡或射流过渡焊接厚大焊件时，应选用容量大的晶闸管式弧焊电源。如果选用带脉冲的焊接电源，应选择脉冲参数可以任意调节的焊接电源。

选用焊接电源时还要注意电源所要求的输入电压，因为有些用 IGBT 的逆变电源（特别是日本产的这类电源），输入电压为三相 200V，因此必须同时配备一台大容量的由 380V 降到 200V 的三相变压器。

（2）焊枪和送丝机构　由于采用机器人焊接工作时持续时间长，焊枪应有良好的冷却系统，通常采用水冷式焊枪。焊枪与机器人手臂末端的连接应便于更换。为防止示教和焊接时焊枪与焊件或周围物体碰撞，应设置制动保护环节。送丝机构必须保证送丝恒定，因此应有足够的功率。

3. 工装夹具的配置

为了保证工装夹具适用于弧焊机器人焊接施工，配置工装夹具时应考虑以下因素：

1）无论是装在变位机械上的工装夹具，还是独立设置的工装夹具都要确保焊件的重复定位精度符合弧焊机器人焊接的需要，即与弧焊机器人配合以后，对于熔化极气体保护焊来说，重复回到目标位置的最大偏差不得大于 0.381mm；而对于钨极惰性气体保护焊和等离子弧焊来说，则不得大于 0.2032mm。

2）工装夹具的定位和夹紧机构不得干涉焊枪的焊接路径。

3）工装夹具要有足够的夹紧力，能有效地防止焊接变形。

4）装卸焊件容易方便，能够快速更换。

5）工装夹具要有良好的可调整性。

6）尽量满足焊接工艺对工装夹具在导热、导电、隔磁和绝缘方面提出的特殊要求。

工装夹具常用的有手动、气动和液压三种。手动夹具因结构简单、价格低廉，用得比较多。但如果生产节拍较快，由于用手动夹具耗时较长、效率低，应选用气动或液压夹具。对于重型焊件的装夹，液压夹具用得较多，这是因为这样的焊件需要较大的卡紧力，如果用气动夹具，需用较大直径的气缸。但在选用液压夹具时也要考虑到需要有液压源、投资较大以及存在漏油等不利因素。

4. 变位机械的配置

变位机械必须与弧焊机器人兼容。在控制回路中应有与机器人通信的接口，应使这两类设备按照统一的程序作业。

变位机械应使待焊焊缝处于弧焊机器人的工作空间范围内，并应尽量处于易焊的平焊或“船形”位置。如果焊件尺寸大，为了扩大机器人的工作空间，可考虑采用焊机变位机械或将机器人基座安装在行走装置上。

为使弧焊机器人充分发挥焊接功效，一些小型焊件使用的焊件变位机械应做成两个工位或多工位的，也可将多个焊件变位机械布置在一个弧焊机器人的作业区内，组成多个工位，这样，当其中一个工位工作时，其他的工位可以进行卸载或装载。图 5 - 12 是具有两个工位的变位机所组成的弧焊机器人系统。当采用两个工位的变位机械时，也需要考虑当一端装卸工件时，其可能发生的振动不要对另一端产生过大的影响。

另外，应使在一个工位上完成的工序尽量集中，这样可以节省装卸等辅助时间，简化弧焊机器人的工作程序，也有利于减小焊件的变形，并能提高制造精度。

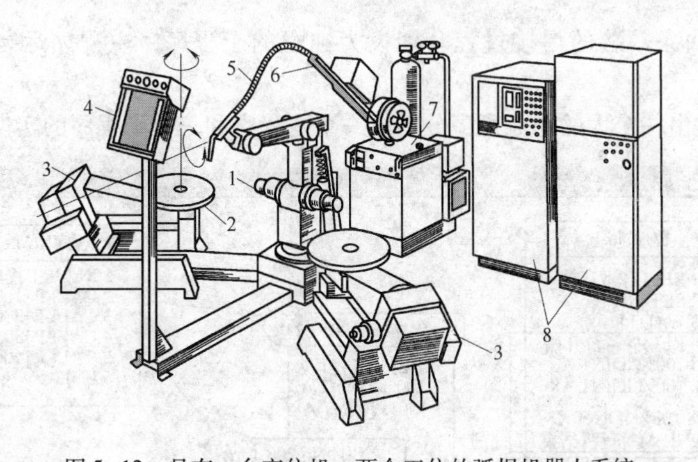

图5-12　具有一台变位机、两个工位的弧焊机器人系统

1—机器人　2—工作台　3—变位机　4—操作台　5—半自动焊机　6—悬臂架　7—弧焊电源　8—系统控制器

5. 控制系统

控制系统应根据弧焊机器人系统控制任务的复杂程度进行配置。如果机器人控制器具有足够的输入输出功能，对较小系统的控制任务，不需增加其他控制设备即可完成。但如果机器人系统很复杂，周围设备很多，则需要外加系统控制器与机器人控制器配合才能完成控制任务。外加的系统控制器的类型主要有计算机型系统控制器和PLC型系统控制器。

5.4　弧焊机器人系统的程序编制

5.4.1　机器人程序及其构成

用机器人代替人进行作业时，必须预先对机器人发出指示，规定机器人应该完成的动作和作业内容，这个过程就称为对机器人编制程序，简称编程。

机器人的作业程序是一个指令集，它包含各种指令，通过这些指令不同的组合，可以实现各种程序控制。指令则是用机器人语言编写的代码，这些代码分别代表了不同的动作和作业含义。编程的过程是从机器人的功能模块调用各种指令和输入数据，形成一个完整的程序链的过程。

关于机器人编程语言，目前已开发出很多种，例如1973年由美国斯坦福大学开发研制的世界上第一种机器人语言——WAVE语言和1974年开发出的AL语言；1979年由美国Unimation公司开发出的VAL语言和1984年开发出的VALⅡ语言；日本九州大学开发出的IML语言；在20世纪70年代后期由意大利Glivetti公司开发出的SIGLA语言等。但至今还没有完全公认的机器人编程语言，每个机器人制造公司都有自己的语言。

机器人作业程序通常由主程序和子程序两部分构成，其中主程序只有一个，而子程序可以有多个。当一个作业程序记录的步骤数很多时，如果根据其内部的不同作业类型将其分割制作成多个子程序，可以轻松地进行管理及维护，特别是可以根据需要灵活地调用这些子程序。例如，对于焊接作业，当焊件上各条焊缝的焊接条件互不相同时，就可以将每条焊缝的焊接过程分别设为独立的子程序，主程序运行时根据需要调用这些子程序。

图5-13是由一个大的作业程序分割成一个主程序和三个子程序的实例。

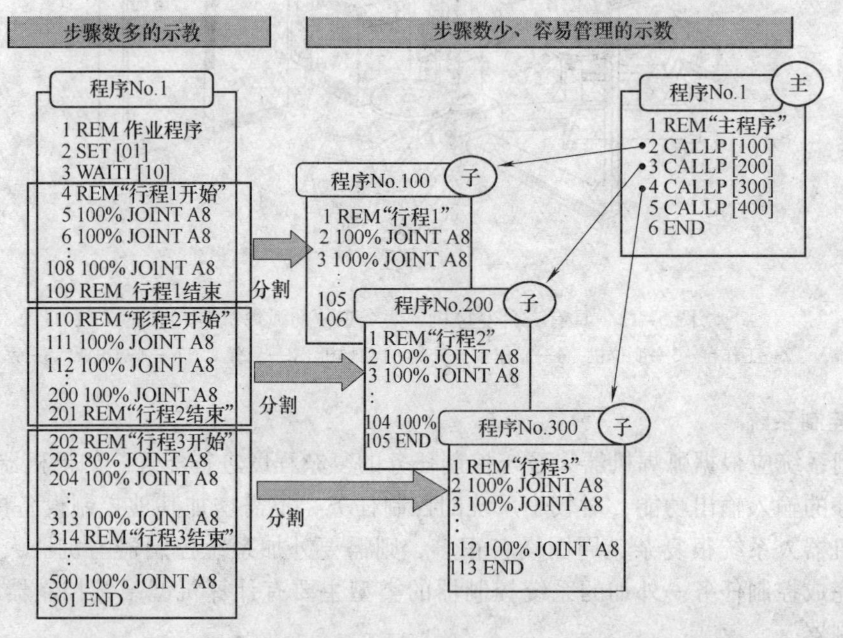

图5-13 由一个作业程序分割成一个主程序和三个子程序的实例

5.4.2 弧焊机器人编程方法的种类及其特点

弧焊机器人编程方法主要有两类：示教编程和离线编程。

1. 示教编程

机器人示教编程是由用户导引机器人一步步按实际任务操作一遍，机器人在导引的过程中自动记忆示教的每个动作的位置、姿态、运动参数、工艺参数等，并自动生成一个连续执行全部操作的程序。示教完成后，只需给机器人一个启动指令，机器人能精确地按示教动作一步步完成全部操作。示教导引的方式有示教盒示教和手把手导引示教两种，目前主要是采用示教盒示教。

示教编程的优点是：与离线示教相比方法简单，容易掌握，不需要过多的预备知识和复杂的计算机装置。缺点是：由于是在线编程，需要实际的机器人系统和工作环境；占用机器人操作时间；难以适应小批量、多品种的柔性生产需要；编程效率低。

2. 离线编程

机器人离线编程是在一个虚拟的环境中对机器人编程。它是充分利用计算机图形学的成果，在计算机内建立机器人及其工作环境的模型，再利用一些规划算法，通过对图形的控制和操作在离线的情况下进行编程。

离线编程的优点是：编程时它不与机器人直接发生关系，机器人可以照常工作；改善了编程环境，使编程者远离危险的工作环境；提高了编程的效率和质量；便于和CAD系统集成，实现CAD/CAM/Robotics一体化；便于修改机器人程序。其缺点是：编程需要较强的软件支持；用户需要较多的预备知识和复杂的计算机装置。

示教编程与离线编程的对比见表5-3。

表5-3 示教编程与离线编程的对比

示教编程	离线编程
需要实际机器人系统和工作环境	需要机器人系统和工作环境的图形模型
编程时机器人停止工作	编程不影响机器人工作
在实际系统上试验程序	通过仿真试验程序
编程的质量取决于编程者的经验	用规划技术可进行最佳参数及路径规划
很难实现复杂的机器人轨迹路径	可实现复杂运动轨迹的编程

5.4.3 弧焊机器人的示教编程

1. 示教编程基础

对机器人进行示教编程时，需要用到下面一些基础知识：

（1）机器人的坐标系　机器人系统的坐标系有许多种，如关节坐标系、直角坐标系、工具坐标系、工件坐标系、绝对坐标系（世界坐标系）、圆筒坐标系、用户坐标系、焊线坐标系等。

建立坐标系的目的在于对机器人进行轨迹规划和编程时，提供一种标准符号，尤其是对于由两台以上工业机器人组成的机器人工作站或柔性生产系统，要实现机器人之间的配合协作，必须是在相同的坐标系中。另外，在以手动使机器人动作进行示教时，机器人也是依据所选择的坐标系来动作的。

示教时常用的坐标系主要有两种，即关节坐标系和直角坐标系。其中，关节坐标系（图5-14）是单轴运动方式，在该模式下通过示教盒可以控制机器人各轴绕关节旋转运动。该运动方式适合机器人进行大范围运动时使用。直角坐标系（图5-15）为多轴合成运动方式，机器人以焊丝尖端为相对坐标原点，按笛卡儿直角坐标运动。该方式适合靠近工件时的小范围机器人运动姿态调整和示教。

（2）机器人的运动方式　机器人的运动方式有以下两种：

1）PTP（Point to Point）方式，也称为点到点方式。这种方式只限于从一点到另一点，途中所经过的路径是不重要的。这是点焊机器人所采用的运动方式。对于弧焊机器人来说，在焊接开始前和焊接结束后，以及枪体转移时也要用到这种方式。

2）CP（Continuous Path）方式，也称为连续轨迹方式。这种方式是对从一点到另外一点的移动轨迹进行严格控制。这是弧焊机器人焊接时采用的运动方式。通常是机器人枪体以设定的速度，按特定的轨迹从焊接起始点运动到焊接终点。

（3）机器人的插补种类　在机器人示教时，对于连续的轨迹不可能把空间轨迹的所有点都示教一遍让机器人记住，因为这样一是费时，二是占用了大量计算机内存，因此采用了插补技术。所谓插补，是在组成轨迹的直线线段或曲线线段的起点和终点之间，按一

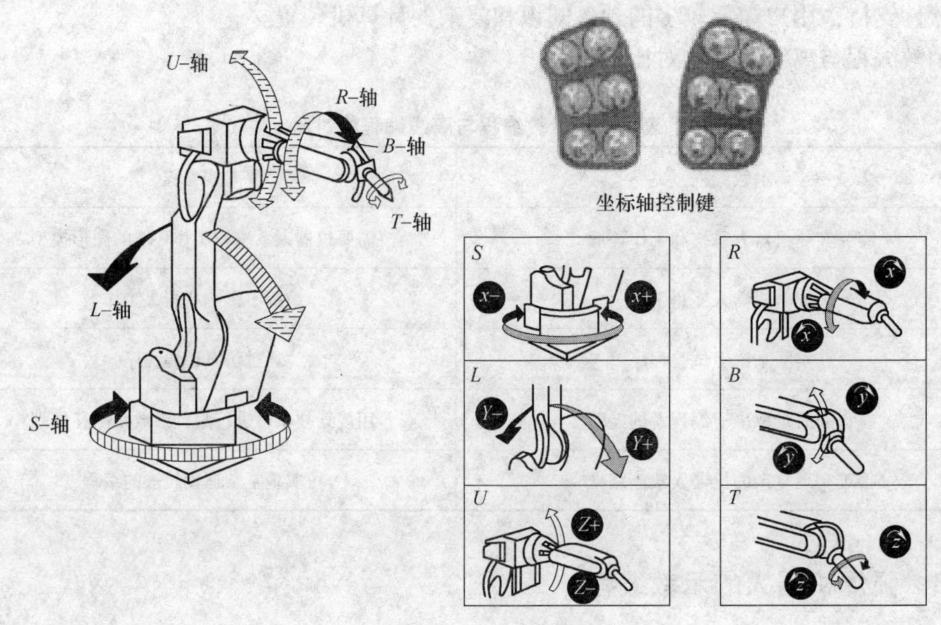

图 5-14　关节坐标系

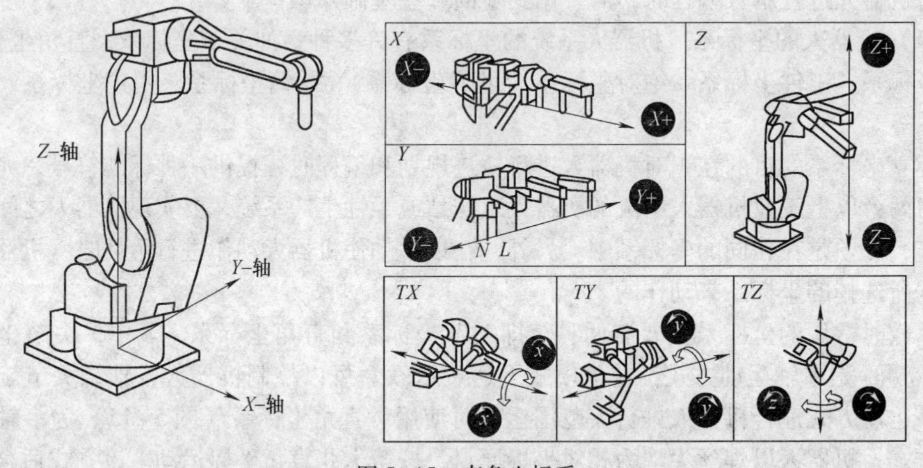

图 5-15　直角坐标系

定的算法，进行数据点的密化工作，以确定一些中间点。

机器人的插补种类主要有关节内插（JOINT）、直线内插（LIN）和圆弧内插（CIR），如图 5-16 所示。其中，关节内插是指机器人移动时，各轴是单独移动，枪体的轨迹不定；直线内插是指机器人移动时，枪体在连接步骤间的直线上连续运动；圆弧内插是指机器人移动时，枪体在圆弧上连续运动。

直线线段和曲线线段进行插补时，均需要提供一些特征点的坐标，其中，直线内插时至少要提供 2 个点，即至少要示教 2 个点；圆弧内插时至少要提供 3 个点，即至少要示教 3 个点。计算机根据这些特征点就能利用插补算法获得中间点的坐标，并通过机器人运动学反解，由这些点的坐标求出机器人各关节的位置和角度，然后由角位置闭环控制系统实现机器人的相应姿态，这样就确定了轨迹上的一个点。继续重复上述过程，就可以确定整个轨迹。

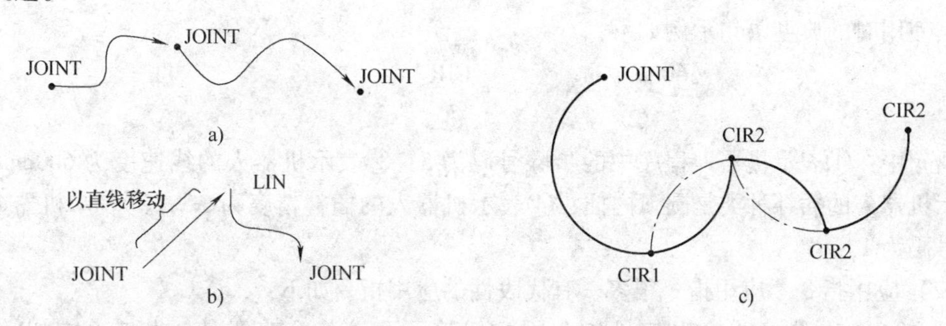

图5-16　不同类型插补动作时的轨迹

a）关节内插　b）直线内插　c）圆弧内插

（4）精度　精度指的是机器人的内插精度。精度可以分为8个等级，其中A1的精度是最准确的，A8的精度是与记录点的位置相差最大的，如图5-17所示。当定位被指定时，附加“P”。

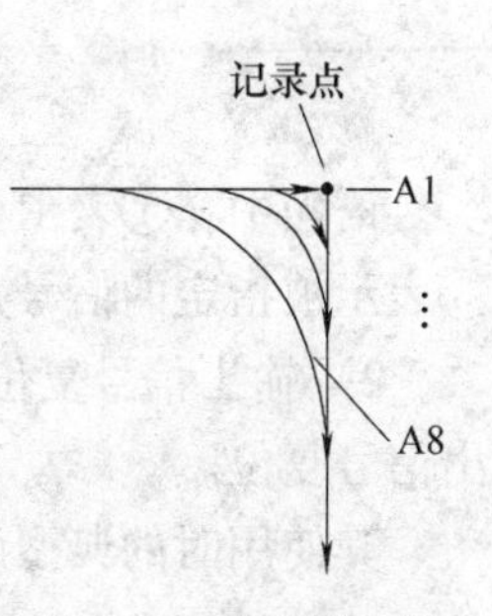

图5-17　精度示意图

2. 程序指令及其应用

弧焊机器人的指令系统十分复杂，不同的弧焊机器人有不同的指令系统。下面以OTC型弧焊机器人为例，介绍其程序指令及其应用。

OTC型弧焊机器人的程序指令大体包括运动指令和应用指令两大类，其中，应用指令又包括功能指令和注释指令。

（1）运动指令　运动指令主要有：关节运动指令、直线运动指令和圆弧运动指令。

1）关节运动指令。关节运动指令用JOINT表示，该指令表示机器人枪体以PTP运动方式，从一点移至另一点，不考虑路径。

其使用时的典型语句示例如下：

2	100%	JOINT	A8	T1
①	②	③	④	⑤

语句中：①表示机器人程序中的步骤号码为2；②表示机器人的移动能力为100%，即采用最大速度；③表示机器人的插补种类是关节内插；④表示机器人的内插精度为A8；⑤表示机器人的工具号码为1。

2）直线运动指令。直线运动指令用LIN表示。该指令表示机器人枪体以CP运动方式，以直线从一点移至另一点。

其使用时的典型语句示例如下：

4	200cm/m	LIN	A3	T1
①	②	③	④	⑤

语句中：①表示机器人程序中的步骤号码为4；②表示机器人的线速度为200cm/m；③表示机器人的插补种类是直线内插；④表示机器人的内插精度为A3；⑤表示机器人的工具号码为1。

3）圆弧运动指令。圆弧运动指令用CIR表示。该指令表示机器人枪体以CP运动方式，以圆弧从一点移至另一点。

其使用时的典型语句示例如下：

5　　600cm/m　　CIR　　A3　　T1

①　　②　　③　　④　　⑤

语句中：①表示机器人程序中的步骤号码为5；②表示机器人的线速度为600cm/m；③表示机器人的插补种类是圆弧内插；④表示机器人的插补精度为A3；⑤表示机器人的工具号码为1。

（2）应用指令　应用指令很多，有代表性的应用指令如下：

1）输出信号指令。输出信号指令用SET表示。该指令表示使被指定的输出信号输出。

其使用时的典型语句示例如下：

11　　SET　　[09]

①　　②　　③

语句中：①表示机器人程序中的步骤号码为11；②表示使被指定的输出信号输出；③表示被指定的信号是信号9。

2）输出信号复位指令。输出信号复位指令用RESET表示。该指令表示使被指定的输出信号复位。

其使用时的典型语句示例如下：

13　　RESET　　[09]

①　　②　　③

语句中：①表示机器人程序中的步骤号码为13；②表示使被指定的输出信号复位；③表示被指定的信号是信号9。

3）程序调用指令。程序调用指令用CALLP表示。该指令表示调用被指定的别的作业程序。

其使用时的典型语句示例如下：

12　　CALLP　　[83]

①　　②　　③

语句中：①表示机器人程序中的步骤号码为12；②表示调用被指定的别的作业程序；③表示被指定的是83号作业程序。

4）说明指令。说明指令用REM表示。该指令表示在作业程序内附加说明。

其使用时的典型语句示例如下：

14　　REM　　“行程2开始”

①　　②　　③

语句中：①表示机器人程序中的步骤号码为14；②表示在作业程序内附加说明；③表示说明的内容是“行程2开始”。

5）输入信号等待指令。输入信号等待指令用WAITI表示。该指令表示使机器人等待至被指定的信号输入时。

其使用时的典型语句示例如下：

4　　WAITI　　[150]

①　　②　　③

语句中：①表示机器人程序中的步骤号码为4；②表示要使机器人等待至被指定的信号输入时；③表示被指定的信号是信号150。

6）无条件步进转移指令。无条件步进转移指令用JMP表示。该指令表示无条件地跳至某步骤。

其使用时的典型语句示例如下：

9　　JMP　　[1]

①　　②　　③

语句中：①表示机器人程序中的步骤号码为9；②表示无条件地跳至某步骤；③表示某步骤数为第1步。

7）附带条件步进转移指令。附带条件步进转移指令用JMPI表示。该指令表示当某信号满足时跳至某步骤。

其使用时的典型语句示例如下：

8　　JMPI　　[31，14]

①　　②　　③

语句中：①表示机器人程序中的步骤号码为8；②表示当某信号满足时跳至某步骤；③表示当信号4满足时跳至第31步。

8）弧焊开始指令。弧焊开始指令用AS表示。该指令表示弧焊在给定的焊接条件下开始。

其使用时的典型语句示例如下：

5　AS　[W1，　OFF，　0，　450A，　18.0V，　50cm/m，　DC→]

①　②　③　④　⑤　⑥

语句中：①表示机器人程序中的步骤号码为5；②表示弧焊在给定的焊接条件下开始；③表示电焊机的号码为1（一般情况下，一台焊机都是W1）；④表示不调用条件文件号；⑤表示电弧重试条件文件号；⑥表示焊接条件：焊接电流为450A，焊接电压为18.0V，焊接速度为50cm/m，直流。

9）弧焊结束指令。弧焊结束指令用AE表示。该指令表示在一定的焊接参数条件下收弧。

其使用时的典型语句示例如下：

9　AE　[W1，　OFF，　150A，　18.0V，　0.0s，　0.0s，　DC→]

①　②　③　④　⑤

语句中：①表示机器人程序中的步骤号码为9；②表示在一定的焊接参数条件下收弧；③表示电焊机的号码为1；④表示不调用条件文件号；⑤表示收弧时的焊接参数：焊接电流为150A，焊接电压为18.0V，焊口时间为0s，后工序时间为0s，直流。

10）附带脉冲、延迟的输出ON/OFF指令。附带脉冲、延迟的输出ON/OFF指令用SETMD表示。该指令表示：使用该指令时，任意一个通用输出信号（01~02048）可置于ON或OFF，尚且可以指定脉冲输出或先输出、延迟输出。

其使用时的典型语句示例如下：

7　　SETMD　　[012，1，0，3]

①　　②　　③

语句中：①表示机器人程序中的步骤号码为7；②表示的是附带脉冲、延迟的输出ON/OFF指令；③中，012表示通用输出信号为12，1表示输出信号为12置为高电平，0表示延迟发出信号的时间为0s，3表示发出信号的时间为3s。

11）计时器指令。计时器指令用DELAY表示。该指令表示机器人在被指定的时间里待机。待机时机器人静止于记录点。

其使用时的典型语句示例如下：

6　　DELAY　　[3.0]

①　　②　　③

语句中：①表示机器人程序中的步骤号码为6；②表示机器人成为待机状态；③表示待机时间为3s。

12）终端指令。终端指令用END表示。使用时，语句如下：

32　　END

①　　②

语句中：①表示机器人程序中的步骤号码为32；②表示结束执行作业程序。

3. 示教编程的基本思路和操作过程

（1）示教编程的基本思路　生产中，焊缝的轨迹在许多情况下是不规则的，有时变化还很大，面对这样复杂的情况，如何进行示教编程呢？基本思路如下：

1）规划运动路径，确定作业原点（HOME POINT）和其他示教记录点。

由于焊缝的任意轨迹都可以看成是由直线和圆弧近似构成的，因此可以将整条焊线按照其形状分割成若干条直线和圆弧，按直线或圆弧处理。

2）调用运动指令描述示教点间的轨迹。

利用示教盒移动机器人，对各示教记录点逐点进行示教，并调用控制器中的运动指令对各示教记录点间的轨迹（直线或圆弧）及运动关系进行描述，从而形成一个程序链。

3）根据需要调用应用指令，记录到适当的步骤。

（2）示教编程的操作过程

1）示教前的准备。示教前的准备主要包括以下三项工作：

① 确定作业原点和其他示教记录点。

② 将机器人选择为“示教模式”。将控制装置操作面板上的“模式转换开关”和示教盒上的“TP动作开关”均切换到“示教模式”。

③ 设定作业程序号码。按下示教盒上的“动作可能”键和“程序/步骤”键，在“调用程序栏”输入作业程序号码。按“Enter”键，新的作业程序打开，即可开始示教。

2）示教编程。示教编程包括运动指令的示教和应用指令的示教。

① 运动指令的示教

a. 用手动操作将机器人机械手末端枪体移动至要记录的示教记录点，调整好姿态。

b. 设定内插种类及速度等数据，其中：

速度是到示教记录点的移动速度，以示教盒上的“检点速度/手动速度”键来切换。

内插种类是用来决定如何移动至示教记录点的条件，以“动作可能”键加“插补/坐标”键来切换。

精度是通过各步骤时所取得内回轨迹的程度，以“精度”键切换。

c. 按下“覆盖/记录”键，即完成移动指令的记录。

② 应用指令的示教。视需要记录应用指令，将应用指令记录到适当的步骤。记录应用指令后即可将信号输出到外部，或使机器人待机。

a. 按下示教盒上的“FN”键。

b. 选择想要记录的应用指令，按下“Enter”键。

c. 指定应用指令的参数（条件）后，按下“Enter”键。如果参数（条件）为多个时，每次均按下“Enter”键。

3）确认示教内容。作业程序编制好以后，务必确认示教内容。用示教盒的“前进检查”键或“后退检查”键依序将机器人机械手末端枪体移动至所记录步骤，检查记录位置和姿态。

示教程序确认以后，即完成了一次示教编程过程。

4. 轨迹规则焊缝的焊接作业程序编制示例

轨迹规则焊缝主要指的是直线焊缝和圆弧焊缝。这两类焊缝示教编程是其他类型焊缝示教编程的基础。

这两类焊缝的作业程序除了所调用的运动指令类型和次数不同外，其他基本相同。其中，直线焊缝只需要示教两个点，因此只需调用一次直线运动指令即可，而圆弧焊缝需要示教三个点，则需调用两次圆弧运动指令。下面以直线焊缝为例介绍轨迹规则焊缝焊接作业程序的编制方法。

（1）确定示教记录点和示教步骤　直线焊缝的开始位置和结束位置如图5-18所示，焊接电流为150A，焊接电压为18.0V，焊接速度为80cm/m，采用直流焊接。所确定的示教记录点和示教步骤如图5-18所示，作业原点一般选在离焊件稍远的地方，过渡点一般选择在焊件焊接开始点上方一个无障碍的合适位置。

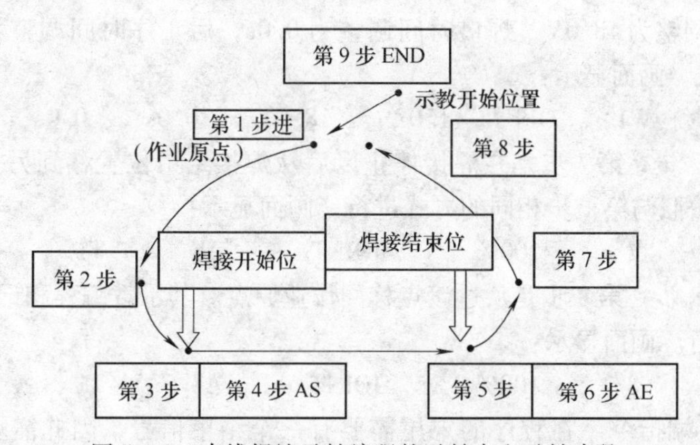

图5-18　直线焊缝示教编程的示教点和示教步骤

（2）记录第1步　第1步是机器人从开始示教的最初位置移到作业原点（HOME POSITION）。

先按下示教盒后面的“Deadman”开关，再按下“轴操作”键，将机器人移动到作业原点位置。设定内插种类及速度等数据，其中内插种类设为关节内插，移动能力设定为80%，内插精度设定为A8，工具设定为T1；按下“覆盖/记录”键，第1步被记录。示教盒画面显示：

1　80.0%　JOINT　A8　T1

（3）记录第2步　第2步是从作业原点移到过渡点。第2步按照与第1步相同的方式进行示教编程和记录。画面显示：

2　80.0%　JOINT　A8　T1

（4）记录第3步　第3步是从过渡点移到焊接开始点，也按照与第1步相同的方式进行示教编程和记录。画面显示：

3　80.0%　JOINT　A8　T1

（5）记录第4步　第4步是在焊接开始点施加一个开始焊接指令AS，并输入焊接参数。输入焊接参数时，按下示教盒的“F7”键，显示画面，将焊接电流调整为150A，焊接电压调整为18.0V，焊接速度调整为80cm/m，其他参数根据需要也作调整。然后按下“F12”键写入。画面显示：

4　AS　[W1，OFF，00，150A，18.0V，80cm/m，DC→]

（6）记录第5步　第5步是从焊接开始点移到焊接结束点。在此过程中机器人的运动方式需要确定，因此需要调用运动指令和确定移动速度、内插精度、工具号码等。由于焊缝为一条直线，需调用一个LIN指令，其移动速度设定为600mm/m，精度为A8，工具号码为T1。画面显示：

5　600cm/m　LIN　A8　T1

但如果内插种类是圆弧时，需调用两个CIR指令，画面显示：

5　600cm/m　CIR 1　A8　T1
6　600cm/m　CIR 2　A8　T1

（7）记录第6步　第6步是在焊接结束点调用弧焊结束指令，并输入收弧时的参数。输入收弧时的参数时，按下“动作可能”键和“F7”键，显示画面，将焊接电流调整为150A，焊接电压调整为18.0V，焊口时间调整为0.0s，后工序时间调整为0.0s。然后按下“F12”键写入。画面显示：

6　AE　[W1，OFF，150A，18.0V，0.0s，0.0s，DC→]

（8）记录第7步　第7步是在焊接停止以后从焊接结束位置移到另一个过渡点。其示教编程和记录按照与第1步相同的方式进行。画面显示：

7　100%　JOINT　A8　T1

（9）记录第8步　第8步是从过渡点移回作业原点。其示教编程和记录也按照与第1步相同的方式进行。画面显示：

8　100%　JOINT　A8　T1

（10）记录终端指令　在程序的末尾需要有一个结束信号，因此需要加一个终端指令。按下“FN”键，输入“92”，画面显示：

9　END

到此，一个完整的直线焊缝的焊接作业程序就编制好了。编制后的焊接作业程序的画面显示如图5-19所示。

```
[1] 机器人程序                                        UNIT1
      100 %      JOINT  A8  T1
  0  [START]
  1    80.0 %      JOINT  A8  T1
  2    80.0 %      JOINT  A8  T1
  3    80.0 %      JOINT  A8  T1
  4  AS[W1,OFF,00,150A,18.0V, 80cm/m,DC →]
  5    600  cm/m  LIN    A8  T1
  6  AE[W1,OFF,150A,18.0V,0.0s,0.0s,DC →]
  7    100 %       JOINT  A8  T1
  8    100 %       JOINT  A8  T1
  9  END                                    FN92,终端
[EOF]
```

图5-19　直线焊缝焊接作业程序的画面显示

5. 轨迹不规则的曲线焊缝焊接作业程序编制示例

轨迹不规则的曲线焊缝形状及开始位置3点和结束位置8点如图5-20所示。整条焊缝采用相同的焊接参数施焊，焊接电流为150A，焊接电压为18.0V，焊接速度为80cm/m，采用直流焊接。

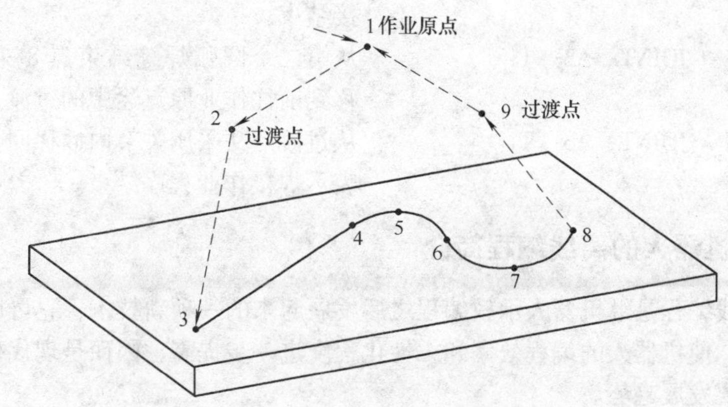

图5-20　轨迹不规则的曲线焊缝的示教记录点

根据焊缝轨迹变化的特征，可以将其分割为从3至4的一段直线及从4至6和从6至8两段具有不同直径的圆弧，因此可以按照规则曲线焊缝的示教编程方法分段进行示教编程。通过示教编程得到的焊接作业程序如下：

0　[START]	程序开始标记，无实际意义；
1　80.0%　JOINT　A3　T1	从示教前的最初位置采用关节内插移到作业原点1；
2　80.0%　JOINT　A3　T1	从作业原点1采用关节内插移到前往焊缝开始点途中的过渡点2；
3　80.0%　JOINT　A1　T1	从过渡点2采用关节内插移到直线焊缝开始点3；
4　AS［W1，OFF，0，150A，18.0V，80cm/m，DC→］	在直线焊缝开始点3施加一个弧焊开始指令AS，并输入焊接参数，表示焊接开始；

5 1000cm/m LIN A3 T1	从直线焊缝开始点 3 采用直线内插移到直线焊缝结束点 4；
6 1000cm/m CIR1 A3 T1	从第一个圆弧焊缝开始点（即直线焊缝结束点）4 采用圆弧内插移到第一个圆弧焊缝中间点 5；
7 1000cm/m CIR2 A3 T1	从第一个圆弧焊缝中间点 5 采用圆弧内插移到第一个圆弧焊缝结束点 6；
8 1000cm/m LIN A3 T1	由于两个圆是外切，为了插补的需要在两个圆弧的切点 6 上插入这条程序
9 1000cm/m CIR1 A1 T1	从第二个圆弧焊缝开始点 6 采用圆弧内插移到第二个圆弧焊缝中间点 7；
10 1000cm/m CIR2 A1 T1	从第二个圆弧焊缝中间点 7，采用圆弧内插移到第二个圆弧的结束点 8；
11 AE [W1, OFF, 0, 120A, 18.0V, 1.0s, 1.0s, DC→]	在第二个圆弧焊缝结束点 8 施加一个弧焊结束指令，并输入收弧时的参数，表示焊接结束；
12 80.0% JOINT A3 T1	从第二个圆弧焊缝结束点 8 采用关节内插移到前往作业原点途中的过渡点 9；
13 80.0% JOINT A3 T1	从过渡点 9 采用关节内插移回作业原点 1；
14 END	表示焊接作业程序结束。

5.4.4 弧焊机器人的离线编程简介

机器人离线编程是继机器人示教编程之后发展起来的一项新技术，它可以克服示教编程的许多不足，使机器人的编程效率和柔性化程度进一步提高，因而是现代机器人焊接制造业的一个重要发展趋势。

1. 弧焊机器人离线编程的原理

弧焊机器人离线编程是利用计算机图形学的成果，在计算机上建立机器人及其工作环境的几何模型，再利用一些规划算法，通过对图形的控制和操作，在离线的情况下进行轨迹规划和程序编制，并通过对编程结果进行三维图形动画仿真，检验编程的正确性，最后将生成的代码传到机器人的控制器，控制机器人运动，以完成预定的焊接任务。

由于离线编程是脱离生产环境在计算机上进行的，因此可以减少机器人不工作的时间，降低成本和提高安全性，而且可以实现示教编程难以实现的复杂轨迹的编程。

2. 弧焊机器人离线编程系统的组成

要实现弧焊机器人离线编程，需要有一个完整的离线编程系统。该系统主要应包括以下几部分：

(1) 用户接口　用户接口关系到能否方便地生成三维模拟和实现人机交互，因此是一个重要的组成部分。工业机器人一般提供两个用户接口：一个用于示教编程，另一个用于语言编程。由于离线编程是由机器人语言发展形成的，因此，它把机器人语言作为用户接口的一部分。用户接口的另一个重要部分是对机器人系统进行图形编辑，设计成交互式，可利用鼠标来操作机器人运动。

（2）机器人系统的三维几何造型　提供可视的立体图像是离线编程的基础，因此离线编程系统应包括CAD建模子系统，以便构建机器人和焊件、夹具、变位机械、工具等外部环境的三维几何模型。最好直接采用焊件和工具的CAD模型，可以把离线编程系统作为CAD系统的一部分，从CAD系统直接获得；也可以作为独立系统，设置与外部CAD系统实现模型转换的接口。

（3）运动学计算　运动学计算是离线编程系统控制图形运动的依据，因而也是控制机器人运动的依据。运动学计算就是利用运动学方法，在给出机器人运动参数和关节变量值的情况下，计算出机器人的末端位姿；或者在给定末端位姿的情况下计算出机器人的关节变量值。

（4）轨迹规划　离线编程系统除了需要对机器人的静态位置进行运动学计算外，还应对机器人在工作空间的运动轨迹进行仿真，以生成机器人关节空间或直角空间里的轨迹，保证机器人完成既定的作业。轨迹规划模块可根据起点、终点位置及约束条件输出中间点的位姿、速度、加速度的时间序列，还具备可达空间计算及碰撞检测等功能。

（5）三维图形动态仿真　机器人动态仿真能将机器人仿真的结果以图形的形式显示出来，直观地显示机器人的运动状况，从而可以得到从数据曲线或数据本身难以分析出来的许多重要信息，进而可以检验编程的正确性和合理性。

（6）语言转换　通过离线编程得到的程序只能在离线编程系统中进行仿真，不能直接下装给机器人，而且各种机器人接受的机器人语言各不相同，因此需要将所编制的程序转换成特定机器人可接受的程序，以便通过通信接口下装到机器人的控制器，驱动机器人去完成指定的任务。

（7）误差校正　离线编程系统中的仿真环境与实际机器人的工作环境之间存有误差，误差产生的因素主要有机器人本身结构上的误差、机器人与焊件间的相对位置误差等。如果不予校正，离线编程系统工作时会产生很大的误差，因此应对误差进行校正。校正的方法主要有两种：一种是基准点法，即在实际工作空间内选择基准点（一般是3个点以上），通过离线编程系统的计算得出两者之间的差异补偿函数，该方法主要用于喷涂等精度要求不高的场合；二是利用传感器形成反馈，即在离线编程系统提供机器人位置的基础上，通过传感器进行精确定位，该方法主要用于装配等精度要求高的场合。

3. 弧焊机器人离线编程的工作流程

弧焊机器人离线编程一般按如下工作流程进行：

1）在计算机上建立机器人及焊件、夹具、变位机械、工具等外部环境的三维几何模型。

2）对焊件上的焊缝进行分段和编号，然后针对每一段焊缝利用离线编程系统进行编程，包括焊枪轨迹的规划、焊枪姿态的规划等。

3）对编程结果进行三维图形动态仿真，并根据仿真结果对所编制的程序进行检验和修正。

4）对机器人的坐标系进行标定，使其与离线编程系统中的坐标系一致。

5）将通过离线编程得到的程序转换成实际机器人的程序，并通过通信接口或CF卡导入机器人的控制器中。

6）弧焊机器人利用离线编程的程序完成焊件上的焊接任务。

5.5 弧焊机器人软硬件配置及预施工综合试验方法

以下以汽车中桥后盖与车桥壳体的焊接为例，从该综合试验所包含的弧焊机器人系统硬件配置试验、弧焊机器人系统程序编制试验和弧焊机器人焊接预施工试验三个方面，讲述该综合试验的方法。

5.5.1 焊件及其焊接工艺方案简介

1. 焊件简介

汽车中桥的外形如图5-21所示。车桥壳体和后盖均为冲压件，材质为Q345L。其中，车桥壳体的长度和回转半径分别为1475mm和540mm，厚度为16mm，材质为Q345L，硬度为16~20HRC。车桥壳体和后盖均为冲压件。图5-22是车桥后盖与车桥壳体的焊接工艺图。

图5-21 汽车中桥外形

2. 焊接工艺方案简介

（1）焊接方法 车桥后盖与车桥壳体焊接采用CO_2气体保护焊。

（2）焊接工艺装备 车桥后盖与车桥壳体焊接采用弧焊机器人和变位机，以实现柔性生产。

（3）焊接工艺 经焊接工艺评定综合试验最终确定下来的焊接工艺为：

1）焊接采用双层焊，每层1道。

2）焊接材料：焊丝牌号为MG50-6，直径为1.6mm；CO_2气体纯度为99.5%以上。

3）焊接电流种类及极性：采用直流焊接，极性为直流反接。

4）焊接参数为：第1道，焊接电流为350A，电弧电压为36V，焊接速度为55cm/min，保护气体流量为18L/min；第2道，焊接电流为450A，电弧电压为47V，焊接速度为55cm/min，保护气体流量为18L/min。

9K 135 起弧点在三角板中间位置 φ500 45° 第二道焊缝 第一道焊缝

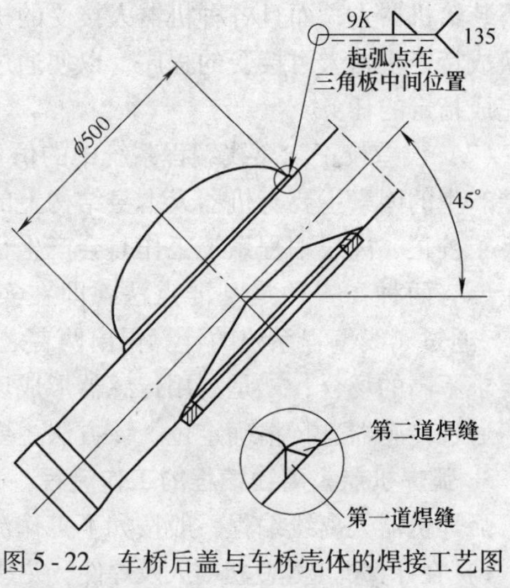

图5-22 车桥后盖与车桥壳体的焊接工艺图

3. 焊接要求

生产节拍为：车桥后盖焊接不大于8min/件/工位。

焊缝质量达到GB/T 3323—2005《金属熔化焊焊接接头射线照相》规定的Ⅱ级标准。

5.5.2 弧焊机器人系统的硬件配置试验方法

弧焊机器人系统的硬件配置试验包括的内容有：①制订弧焊机器人系统的硬件配置方

案；②选配弧焊机器人系统的硬件；③对弧焊机器人系统的硬件安装调试。

1. 弧焊机器人系统的硬件配置方案的制订

弧焊机器人系统的硬件配置方案涉及选配硬件类型、数量及设备定位等内容。

弧焊机器人系统的硬件配置的依据有：拟生产的焊件的形状及尺寸、焊缝质量要求、生产节拍及成本、焊接方法及焊接参数、焊件的搬入搬出方式以及用户的要求等。

根据所要焊接的车桥后盖和车桥壳体的结构特点和生产节拍的要求，制订弧焊机器人系统的硬件配置方案如下：

1）为了满足生产节拍的要求，根据生产单位的具体生产情况，确定建立两个相同的单机器人工作站，每一个工作站有1个弧焊机器人和1台变位机。

2）利用变位机上的工装夹具对焊件进行定位和夹紧。将变位机工作台调整好以后，采用机器人焊枪快进至焊接起始点，并沿车桥后盖的环形焊缝进行焊接的生产方式。

3）为了提高焊缝到位精度，弧焊机器人系统配有焊缝起始点检出装置和焊缝跟踪装置。

4）每个单机器人工作站均由1台工业机器人、1台CO_2气体保护焊机、1台座式变位机、1套工装夹具、1套控制系统、1套焊缝起始点检出装置，1套焊缝跟踪装置，1套烟尘净化器，1套焊枪清理装置和1间安全房组成。

5）设备定位。设备定位应满足：①工艺流程（即上料、装配、焊接、卸料等过程）通顺流畅，高效合理；②设备之间配合协调，互不干扰；③占有的空间经济合理，有足够的弧焊机器人运动和焊件移动的空间，并便于人员操作；④便于维护修理；⑤整体及各组成部分必须全部满足安全规范和标准，既要保证人与设备之间的安全，又要保证设备之间的安全；⑥各设备及控制系统应具有故障显示和报警装置。车桥后盖弧焊机器人工作站的硬件布局如图5-23所示。

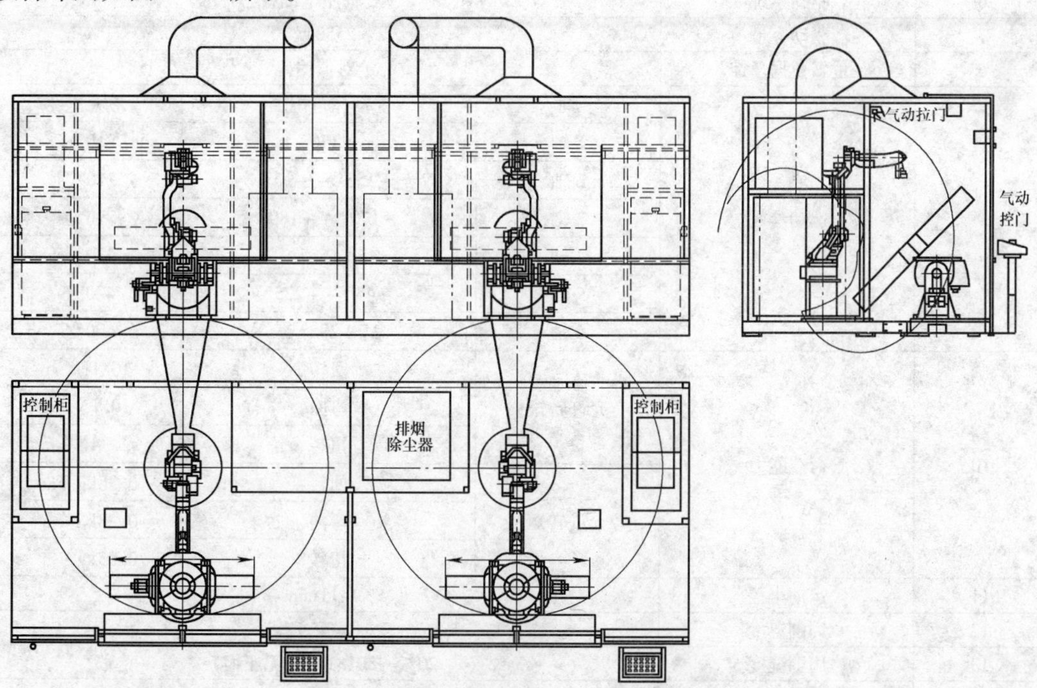

图5-23　车桥后盖弧焊机器人工作站硬件布局

2. 弧焊机器人系统的硬件选配

（1）工业机器人　车桥后盖焊接的弧焊机器人系统选用 OTC－AⅡ－B4 型工业机器人。这种机器人的机械本体为全关节型，具有重复定位精度高、自由度多、工作空间范围较大等特点。其重复定位精度为 ±0.08mm，自由度为 6，工作半径为 1411mm，负载能力为 4kg，能满足车桥后盖与车桥壳体 CO_2 气体保护焊的需要。图 5-24 是 OTC－AⅡ－B4 型弧焊机器人机械本体的照片。该机器人机械本体的技术参数见表 5-4。

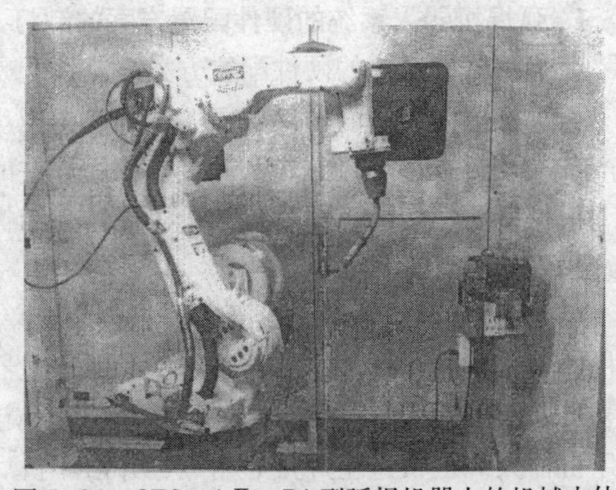

图 5-24　OTC－AⅡ－B4 型弧焊机器人的机械本体

该机器人的控制器为 AX21 型，具有比较强的功能，具有控制、记忆、编辑、外部控制输入、保护、异常检出、诊断、原点复位等功能，详见表 5-5。

表 5-4　OTC－AⅡ－B4 型弧焊机器人机械本体的技术参数

序号	项目	技术参数		
1	机器人机械本体	AⅡ－B4		
2	构造	垂直多关节型		
3	轴数	6		
4	最大可载能力	4kg		
5	位置重复精度	±0.08mm		
6	驱动系统	AC 伺服电动机		
7	驱动容量	2550W		
8	位置数据反馈	绝对值编码		
9	运动参数	轴	动作范围	最大速度
		1 轴	±170°	210°/s
		2 轴	－155° ~ +90°	210°/s
		3 轴	－170° ~ +180°	210°/s
		4 轴	±155°	420°/s
		5 轴	－45° ~ +225°	420°/s
		6 轴	±205°	600°/s
10	荷载能力	允许转矩	回转	10.1N·m
			弯曲	10.1N·m
			扭转	2.94N·m
		允许转矩	回转	$0.38kg·m^2$
			弯曲	$0.38kg·m^2$
			扭转	$0.03kg·m^2$
11	运动半径	1411mm		
12	周围温度	0～45℃		
13	周围湿度	20%～80% RH（无压缩）		
14	本体质量	170kg		
15	第三轴可载能力	10kg		

表5-5　AX21型控制器的功能和技术参数

序号	项　目	技术参数	
1	控制功能	示教方法	示教再现
		驱动方式	交流伺服电动机
		控制轴数量	6轴
		位置控制方式	PFP/CP
		速度控制	TCP恒速控制
		坐标系统	轴坐标，直角坐标，任意直角坐标
2	记忆功能	记忆介质	CF卡
		记忆容量	160000条指令
		记忆内容	点，直线，圆弧，条件命令
		任务程序数	9999（在记忆容量范围内）
		外存储介质	CF卡
3	控制动作功能	插补功能	线性插补，圆弧插补（3维）
		手动操作速度	5段可调（焊枪嘴速度≤250mm/s）
4	编辑功能	编辑功能	复制，添加，删除，剪切-粘贴，修改，恢复，重复
		移位功能	移位对称，平移移位，圆柱移位（标准设备）移位量输入与数字输入取决于移动机构
		程序调用	调用，跳转，条件跳转
5	外部控制输入功能	条件设定方法	在作业程序中直接设定通用信号
		分配设定方法	在I/O转换表中直接设定通用信号
		专用物理I/O端口	输出：4点，输入：7点
		通用物理I/O端口	继电器I/O板，标准输入/输出各32点
6	软件PLC	条件设定法	在示教盒中编制梯形图
		程序容量	32K字（=3.2字/文件×10文件）
		命令	支持IEC1131-3中的5种语言，使用LAD以外的语言时，另外需选购软件
7	保护功能	焊枪机械防碰传感器，伺服防碰传感器，位置软、硬超限开关，控制箱内温度监视，电源电压监视，干涉领域检查	
8	异常检出功能	紧急停止异常，控制时序异常，CPU异常，伺服异常，放大板异常，码盘异常，示教盒异常，PLC异常，用户操作异常，点焊异常，弧焊异常，传感器异常	
9	诊断功能	机器人控制箱与示教盒之间的连接诊断	
		机器人控制箱与机器人专用焊机之间的连接诊断	
		机器人控制箱内部线路的诊断	
10	原点复位功能	由码盘电池支持，不需要每次开机时做原点复位	
11	冷却系统	间接冷却系统	
12	噪声	≤70dB	
13	环境温度范围	0~45℃	
14	环境湿度范围	20%~80%RH（无冷凝）	
15	电源	三相，AC240~190V，50/60Hz，3kVA	

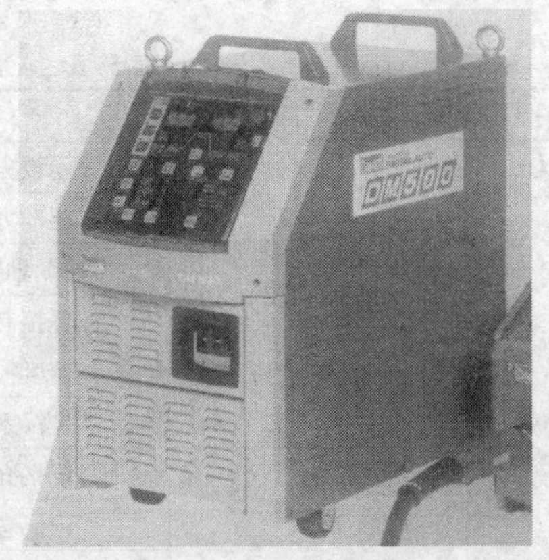

图 5-25　DM-500 型电弧焊机焊接电源

（2）CO_2 气体保护焊机　车桥后盖焊接弧焊机器人系统选用 DM-500 型电焊机。这是一种逆变控制的 CO_2/MAG/MIG 自动焊机，具有较高的从小电流到大电流的电弧稳定性，能满足高质量焊接的要求。该焊机由全数字式逆变控制焊接电源（图5-25）、送丝机构、机器人水冷焊枪系统（含防撞传感器）、循环散热器等组成。该焊机具有以下性能：

1）卓越的瞬时起弧功能。

焊机采用了新型的起弧控制法，可根据焊接电流设定值自动优化起弧控制参数，能明显改善起弧性能，提高引弧的可靠性。

2）焊接条件调节范围宽广，焊接电流调节范围为 30～500A，在此范围内电弧稳定性好。

3）采用高性能稳定控制的收弧及停弧前的脉冲控制，能保证收弧性能及避免粘丝。

4）额定负载持续率为 100%。

5）高速焊接性能优良、飞溅发生量少。

（3）变位机　所选用的变位机为座式变位机，如图 5-26 所示。其中，回转轴采用 AC 伺服电动机、高精度无间隙 RV 减速器、伺服包及协调软件，均由日本 OTC 原装进口；翻转轴采用 SEW 电动机及减速器。该变位机的技术参数如下：

负　载：300kg；

回转转速：6r/min；

偏心距：100mm；

重复定位精度：±0.2 mm（R250mm）；

焊件回转直径：不小于 1800mm；

翻转角度：45°；

回转角度：±360°。

（4）工装夹具　车桥后盖与车桥壳体焊接的工装夹具如图 5-27 所示。工装夹具安装在变位机工作台上，采用气动夹紧定位方式，用手阀控制。夹具体的材料选用 Q345（16Mn）钢板，定位部分选用工具钢，并进行淬火处理。夹具刚性良好，可减小焊接变形。此外夹具还考虑了焊件焊后拆卸方便等因素。

图 5-26　座式变位机

图 5-27　车桥后盖与车桥壳体焊接的工装夹具

（5）电弧跟踪传感器　选择 AX－AR 型电弧传感器进行焊缝自动跟踪。电弧跟踪传感器在机器人工作站控制系统的统一控制下，与弧焊机器人配合，可在横向和高低方向对焊缝进行自动跟踪。焊缝跟踪精度为：高低方向 $\leqslant \pm 0.5$mm，横向 $\leqslant \pm 0.5$mm。同时保证机器人的后盖外形均匀变化在 15mm 以内（即后盖外形偏差在 15mm 以内）能自动跟踪并实现优质焊接。

（6）焊缝起始点检出装置　工作站利用的是焊丝接触传感器进行空间寻位。焊丝接触传感器安装在焊枪上，当机器人开始焊接时，通过焊丝接触焊件，机器人系统记录实际焊件边缝上点的三维空间坐标，并在机器人系统检测多个点后，根据这些点进行计算得出偏差值，用该偏差值修改原示教焊缝的位置数据，从而得出实际焊缝起始点的位置。

由于焊丝接触传感器可以准确地检测出焊缝的起始位置，也能保证焊接位置的准确性和焊缝跟踪的有效性。

（7）烟尘净化器　采用 KTJZ－4.0KQ 型除尘器作为工作站的烟尘净化器，它是引进德国技术研制开发的新型滤筒式除尘器。针对着色剂粉尘，除尘器内配有聚酯覆膜滤筒。

该除尘器外形美观、体积小、噪声低、过滤精度高、排放浓度低。对于着色剂粉尘，排放浓度仅为 6mg/m^3，完全符合国家室内排放标准。

KTJZ－4.0KQ 型除尘器的技术参数见表 5-6。

表 5-6　KTJZ－4.0KQ 型除尘器的技术参数

型号	KTJZ－4.0KQ
处理风量/(m^3/h)	4000
配套电动机功率/kW	5.5
过滤材料	PTFE 覆膜（进口滤料）
电压/(V/Hz)	380/50
压缩空气/MPa	0.4～0.6
灰桶容积/L	50
噪声/dB（A）	≤78
清灰方式	脉冲自动清灰
外形尺寸/mm×mm×mm	1100×1100×2860

（8）控制系统　工作站的控制系统由 AX21 型机器人控制器外加 PLC 系统构成。机器人控制器虽然有内置 PLC，但输入输出 I/O 只有 32 入 32 出，不能满足工作站的 I/O 要求，因此需在外部增加 PLC 系统，与机器人控制器协调配合，共同实现以下功能：

1）运动控制。包括机器人本体的运动控制、外部轴协调运动控制、周边作业装置控制。

2）示教盒编程示教；点位运动控制、轨迹运动控制；四种坐标系（关节、直角、工具、工件）坐标平移、旋转功能；编辑、插入、修正、删除功能；直线、圆弧设定及等速控制。

3）焊接参数控制。包括电压控制、焊接电流控制；多方式起弧、收弧控制等。

4）自停电保护、停电记忆、自动防粘丝。

5）采用图形化菜单显示和中英文双语切换显示，提供实施监视和在线帮助功能。具有位置软、硬限位和门开关，以及过电流、欠电压、内部过热、控制异常、伺服异常、急停等故障的自诊断、显示和报警功能。

6）具有通知定期检修和记录出错履历的功能

（9）安全房　安全性是机器人工作站的一项重要指标。工作站充分考虑了安全因素，采取了以下安全防护措施：

在安全房的一侧装有安全门，安全门上装有安全开关，在操作者的装卸区域设有安全光栅，将机器人工作站形成一个安全的隔离区域；在机器人与操作者之间设有自动挡弧光拉门，并保证拉门打开时装卸焊件不干涉，关闭时能有效防止烟尘外漏；顶端带排烟罩及气动开合口，有利于焊接房的密封和装卸件。另外，机器人增设软限位，系统所有设备均通过编程形成可靠的互锁的逻辑关系。

3. 弧焊机器人系统硬件的安装调试

弧焊机器人系统的各个硬件选择配置好以后，按照弧焊机器人系统硬件配置方案中的硬件布局图进行设备定位、安装和连线，设备连线包括电路、水路、气路连接。然后，进行联机调试，通过联机调试检查工作站的控制系统是否能对各个设备进行分别控制，以便及时发现问题，及时排除。但联机调试的最后完成还应在弧焊机器人系统编程以后，只有软硬件互相配合，才能全面地检查弧焊机器人系统的运行情况。

5.5.3 弧焊机器人系统的程序编制试验方法

弧焊机器人系统的程序编制试验包括编制主程序和子程序两部分内容。以下介绍车桥后盖焊接的主程序和焊接子程序的编制过程。

1. 弧焊机器人系统主程序的编制

根据生产单位生产的需要，所建立的车桥后盖与车桥壳体弧焊机器人工作站不仅用于一种规格的汽车中桥的焊接，还要用于其他三种不同规格的汽车中桥的焊接。因此实际需要编制的弧焊机器人系统主程序应包含四种规格的车桥后盖与车桥壳体的焊接。

根据实际生产需要，所编制的主程序应完成以下工作步骤：

1）将机器人的工作指示信号和焊接完成信号复位。

2）等候机器人工作原点信号，机器人待机至工作原点信号输入为止。

3）检查焊件到位的就绪信号。如果收到焊件 1 的就绪信号，就给出机器人动作开始指示信号，并调用焊件 1 的焊接子程序（即 83 号子程序）开始焊接；如果收到焊件 2 的就绪信号，就给出机器人动作开始指示信号，并调用焊件 2 的焊接子程序（即 84 号子程序）开始焊接；以此类推。

4）每次焊接完成后，机器人停止运动，打开防护屏，给出焊接完成信号和防护屏打开信号，并跳回第一步，寻找就绪信号，准备进行下一次工作。

所编制的主程序及其解读如下所示。图 5-28 是车桥后盖弧焊机器人系统主程序的画面显示。

1	REM [MAIN]	程序名称为“MAIN”；
2	RESET [9]	将信号 9（即工作指示信号）复位；
3	RESET [10]	将信号 10（即焊接完成信号）复位；

4　　WAITI［I150］　　等待信号150（即机器人工作原点信号）；

5　　JMPI［10，I1］　　当信号1（即焊件1就绪信号）满足时，跳到第10步；

6　　JMPI［17，I2］　　当信号2（即焊件2就绪信号）满足时，跳到第17步；

7　　JMPI［24，I3］　　当信号3（即焊件3就绪信号）满足时，跳到第24步；

8　　JMPI［31，I4］　　当信号4（即焊件4就绪信号）满足时，跳到第31步；

9　　JMP［1］　　无条件跳回第一步；

10　　REM［P1 WELD］　　程序名称为“P1 工位开始焊接”；

11　　SET［09］　　将信号9（即工作指示信号）输出，该信号亦为机器人动作开始指示信号；

12　　CALLP［83］　　调用83号（工件1）焊接子程序，开始焊接；

13　　RESET［9］　　焊接结束，将信号9（即工作指示信号）复位；

14　　SETMD［010，1，0，3］　　信号10（即焊接完成信号）输出；

15　　SETMD［012，1，0，3］　　信号12（即打开防护屏信号）输出；

16　　JMP［1］　　跳回第一步，寻找就绪信号进行下次工作；

17　　……

以下重复

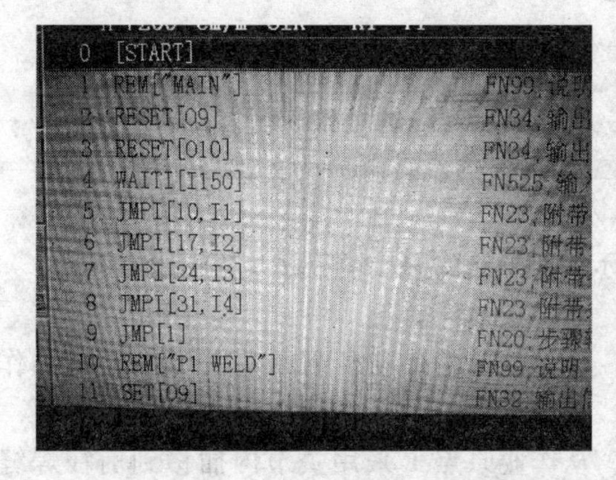

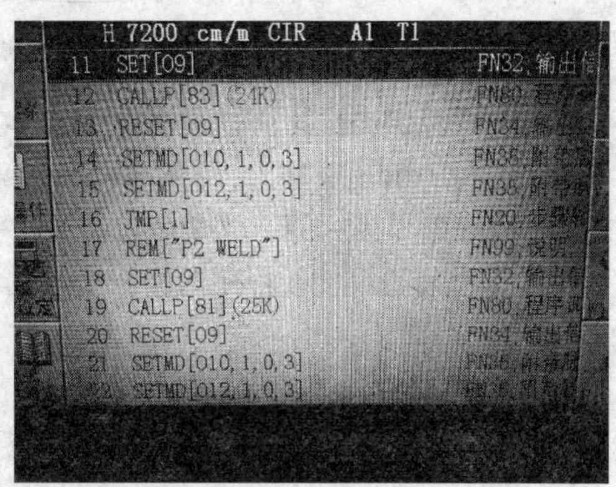

图5-28　车桥后盖弧焊机器人系统主程序的画面显示

2. 弧焊机器人系统焊接子程序的编制

在车桥后盖弧焊机器人系统主程序中，83号程序即为焊件1的焊接子程序。焊接子程序采用机器人示教编程法来进行编制。

（1）示教编程前需要考虑的几个问题及处理方法

1）如果两层焊缝均按向一个方向焊接，会造成焊接电缆、气路、水路等对机器人的缠绕。处理方法：两层焊缝沿相反的方向焊接。

2）对于路径为圆的焊缝，如果将焊接结束点和开始点设为同一个点，不仅会降低焊缝的外观质量，而且会降低焊缝的内在质量。处理方法：两层焊缝的结束位置都与其开始点错开一段距离，形成一段搭接；第2层焊缝的开始点沿第1层焊缝的相反路径方向与第1层焊缝的结束点错开100mm左右。

3）焊接后盖时，如果在枪体到达焊接开始点前采用的是关节内插方式，由于路径不确定，起弧往往不稳定。处理方法：每一层焊缝开始焊接前，焊枪从过渡点移向焊接开始点的方式均采用直线内插，这样可以提高起弧的稳定性，而且可以避免枪体碰撞焊接夹具，提高安全性。

4）焊接后盖所确定的示教记录点如图5-29所示。其中，点1为作业原点，点3为第一层焊缝的开始点，点8为第一层焊缝的结束点，点10为第二层焊缝的开始点，点11第二层焊缝的结束点，点4、5、6、7均为环形焊缝上的示教记录点，点2为前往第一层焊缝开始点3途中的过渡点，点9是第一层焊缝焊接结束后移向第二层焊缝开始点10的过渡点，点12为第二层焊缝焊接结束后移向作业原点1的过渡点。

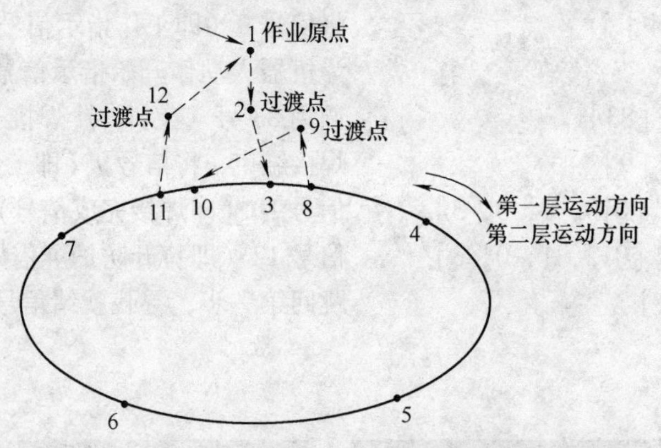

图5-29　后盖环形焊缝示教编程的示意图

第一层焊缝焊接前的示教顺序为：1→2→；第一层焊缝的示教顺序为：3→4→5→6→7→8；两层间的示教顺序为：→8→9→；第二层焊缝的示教顺序为：10→7→6→5→4→11；第二层焊缝焊接后的示教顺序为：→12→1。

（2）车桥后盖焊接子程序的编制　通过示教所编制的焊接子程序及其解读如下：

0	［START］				
1	100%	JOINT	A3	T1	从示教前的最初位置采用关节内插移到作业原点1；
2	100%	JOINT	A3	T1	从作业原点1采用关节内插移到前往焊缝开始点3途中的过渡点2；
3	7200cm/m	LIN	A3	T1	从过渡点2采用直线内插移到第一层焊缝开始点3；
4	AS［W1，OFF，350A，36V，55cm/m，DC→］				在第一层焊缝开始点3施加一个弧焊开始指令AS，并输入焊接参数，表示焊接开始；
5	7200cm/m	CIR1	A3	T1	从第一层焊缝开始点3采用圆弧内插移到圆上示教记录点4；
6	7200cm/m	CIR2	A3	T1	从圆上示教记录点4采用圆弧内插移到圆上示教记录点5；

7 7200cm/m CIR2 A3 T1 从圆上示教记录点5采用圆弧内插移到圆上示教记录点6;

8 7200cm/m CIR2 A3 T1 从圆上示教记录点6采用圆弧内插移到圆上示教记录点7;

9 7200cm/m CIR2 A3 T1 从圆上示教记录点7采用圆弧内插移到第一层焊缝的结束点8;

10 AE [W1, OFF, 280A, 30V, 0.5s, 0, 5s, DC→] 在第一层焊缝的结束点8施加一个弧焊结束指令，并输入收弧时的参数，表示第一层焊缝焊接结束;

11 100% JOINT A3 T1 从第一层焊缝结束点8采用关节内插移到前往第二层焊缝开始点10途中的过渡点9;

12 7200cm/m LIN A3 T1 从过渡点9采用直线内插移到第二层焊缝的开始点10;

13 AS [W1, OFF, 450A, 47V, 55cm/m, DC→] 在第二层焊缝开始点10施加一个弧焊开始指令AS，并输入焊接参数，表示焊接开始;

14 7200cm/m CIR1 A3 T1 从第二层焊缝开始点10采用圆弧内插沿相反方向移到圆上示教记录点7;

15 7200cm/m CIR2 A3 T1 从圆上示教记录点7采用圆弧内插移到圆上示教记录点6;

16 7200cm/m CIR2 A3 T1 从圆上示教记录点6采用圆弧内插移到圆上示教记录点5;

17 7200cm/m CIR2 A3 T1 从圆上示教记录点5采用圆弧内插移到圆上示教记录点4;

18 7200cm/m CIR2 A3 T1 从圆上示教记录点4采用圆弧内插移到第二层焊缝结束点11;

19 AE [W1, OFF, 320A, 34V, 0.5s, 0, 5s, DC→] 在第二层焊缝的结束点11施加一个弧焊结束指令，并输入收弧时的参数，表示第二层焊缝焊接结束;

20 100% JOINT A3 T1 从第二层焊缝结束点11采用关节内插移到前往作业原点途中的过渡点12;

21 100% JOINT A3 T1 从过渡点12采用关节内插移回至作业原点1;

22 END 表示焊接作业程序结束。

作业程序编制好以后，进行示教程序的确认。试验表明，记录位置和姿态均符合预定要求。

车桥后盖焊接的其他子程序，如清理焊枪子程序、寻位检测子程序等，限于篇幅从略。

5.5.4 弧焊机器人焊接预施工试验方法

当弧焊机器人系统的各种设备已经配置和调整好，各种程序已经编制好，就可以进行弧焊机器人焊接预施工试验。由于弧焊机器人焊接预施工试验是在弧焊机器人系统软硬件条件齐备的情况下进行的，而且所采用的焊接工艺是在焊接施工中拟采用的焊接工艺，因此通过试验能检验即将投入产品焊接施工的各种焊接条件的适用性。

该试验包括的内容有：焊前准备、实际焊接试验和焊接质量检验。以下结合车桥后盖与车桥壳体的焊接，介绍弧焊机器人焊接预施工试验的方法。

1. 焊前准备

1）焊件准备。检查焊件，要求车桥后盖和车桥壳体机械加工后不应有影响定位及焊接的毛刺，待焊处表面应无油污、铁锈和其他污物；进行焊件组装，要求车桥后盖和车桥壳体拼装点固后应保证角接接头间隙小于0.8mm，对接接头间隙小于0.5mm。

2）将变位机工作台调整到合适的位置，对工装夹具进行清理。

3）检查焊丝伸出长度是否合适，要求伸出长度为10mm左右。

4）检查保护气体是否充足，将保护气体流量调整为18L/min。

2. 实际焊接试验

实际焊接试验按照图5-30所示的车桥后盖焊接工作流程图进行。

（1）设备供电　给所有的设备供电，“电源指示灯”点亮。各种设备处于待机状态。

（2）检查设备初始状态　当打开机器人控制电源时，弧焊机器人开始自检。当机器人自检完成且一切正常时，机器人“原位指示灯”点亮。

（3）起动弧焊机器人和排尘系统　按下“伺服上电按钮”，使机器人处于待操作状态。与此同时，起动排尘系统。

（4）运行机器人主程序　切换运行模式，启动机器人主程序，使其开始运行。

（5）装夹焊件　将已组对好并焊上加强圈的焊件吊装到变位机工作台上，以此前已焊上的加强圈侧琵琶孔来定位和夹紧，“工位就绪指示灯”被点亮，准备焊接。

（6）开始焊接　将操作按钮打到“自动”状态，按下“启动”按钮，机器人开始动作。与此同时，调用所编制的焊接子程序，开始焊接作业。此时，防护屏也被关闭。图5-31是弧焊机器人焊接后盖的现场照片。

（7）焊接完成，运出焊件　当焊接工作完成以后，输出焊接完成信号；与此同时打开防护屏，输出打开防护屏信号；清理焊枪，焊枪回到机器人工作原位。

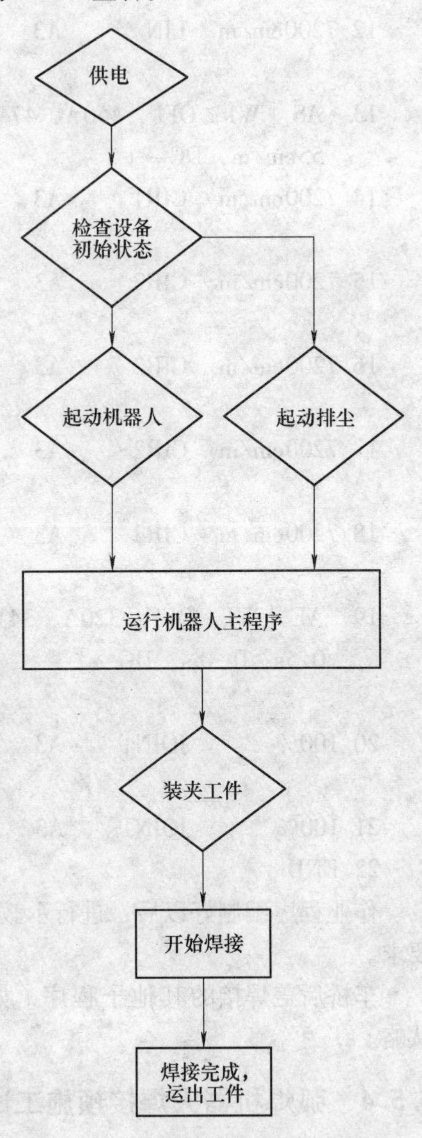

图5-30　车桥后盖焊接工作流程图

最后，从变位机上卸下和运出焊件。

3. 焊接质量检验

对焊好后盖的车桥组件进行焊接质量检验，检验内容包括焊缝外观检查和X射线探伤。

经焊缝外观检查，焊缝成形良好，外观均匀，尺寸符合要求，无表面缺欠。经X射线探伤，焊缝达到GB/T 3323—2005《金属熔化焊焊接接头射线照相》规定的Ⅱ级标准，焊缝内无裂纹和未熔合，符合要求。焊好后盖的车桥组件如图5-32所示。经测算，双站生产节拍远远小于8min/件/工位，也能满足预定要求。

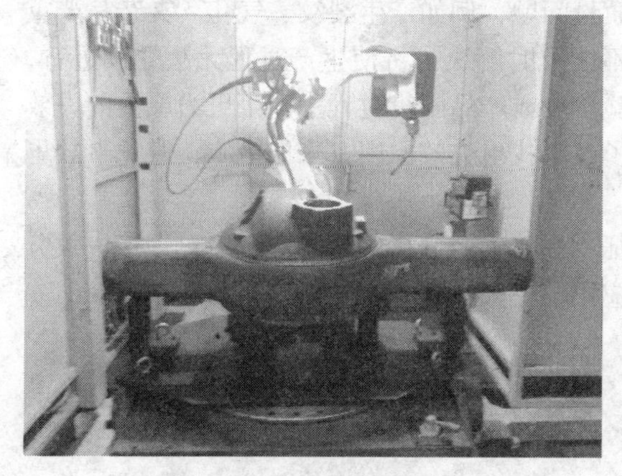

图5-31　弧焊机器人正在焊接后盖

图5-32　焊好后盖的车桥组件

以上试验结果表明，弧焊机器人软硬件配置及预施工综合试验所使用的各种焊接条件均可用于车桥后盖的焊接施工。

思考题

1. 弧焊机器人软硬件配置及预施工综合试验包含哪些试验内容？
2. 弧焊机器人系统是由哪些硬件组成的？各有什么作用？
3. 弧焊机器人系统硬件配置总的要求是什么？
4. 选配机器人时主要考察哪些技术指标？
5. 什么是机器人编程？机器人作业程序通常由哪两部分构成？
6. 弧焊机器人编程主要有哪两种编程方法？各有什么特点？
7. 弧焊机器人示教编程时常用哪两种坐标系？分别适用于什么情况？
8. 弧焊机器人的运动方式有哪两种？
9. OTC弧焊机器人主要有哪些运动指令和应用指令？
10. 弧焊机器人示教编程的基本思路是什么？

第6章　焊接失效分析综合试验

焊接失效分析综合试验是在焊接施工阶段和焊后检验阶段均可能遇到的一项综合性试验。在焊接施工过程中，如果焊接工艺制订不当，或者没有严格地执行已确定的焊接工艺，或者结构设计存在缺欠（如焊缝过密、焊缝位置不合理等），或者施工者操作技术不良等，就会在产品零部件的焊接过程中产生质量问题，例如产生裂纹、气孔、夹杂、严重变形，甚至产生脆性断裂等。这些问题如果不能及时解决，将使生产过程无法继续进行，而且，如果埋下隐患，还会在产品的焊后检验阶段或产品服役过程中产生更为严重的失效问题，造成巨大的损失。在这些情况下，为了及时找出失效原因，采取措施，避免事故重演，都需要进行焊接失效分析综合试验。

本章将介绍焊接失效的原因、种类和特征；焊接失效分析的目的和程序；焊接失效分析综合试验的内容和方法，以及在工程中的应用。

6.1　焊接失效和可能的原因

6.1.1　焊接失效及其危害

所谓焊接失效，是指焊件或焊接产品在制造过程中，由于产生裂纹、气孔、夹杂等缺欠，或者严重变形，或者严重脆化而使焊件或焊接产品丧失规定功能的现象。

随着科学技术的发展，人们对从焊接产品设计、选材、制造到使用等一系列影响焊接失效因素的认识不断深化和丰富，同时所掌握的检测和研究手段也不断地完善和提高。但是，由于焊接结构和产品日益向高参数（高压、高温、高容量）、低温深冷、高寿命和大型化的方向发展，其制造难度越来越大，服役条件越来越苛刻，生产中，焊接失效的事故仍时有发生，有些事故甚至是灾难性的。

例如，1979年12月18日，国内某液化石油气厂一台400m^3的球罐由于在焊接施工的过程中在焊缝的焊趾部位产生了裂纹而没有被发现，加之焊缝两侧有大量咬边等缺欠，在服役的过程中，上温带的环缝熔合线附近开始开裂，随后扩展为13.5m的大裂口，大量液化石油气喷出，造成巨大气团，冲至明火处点燃，并加热附近另一个球罐，4h后致使该球罐爆炸。其中一块20t重的飞片打到另一个球罐上碎成两段，致使该球罐发生破坏，使整个罐区形成一片火海，造成十分严重的损失（图6-1）。据统计，400m^3的球罐粉碎性爆炸2台，破裂2台，倒塌破裂2台；50m^3的卧式储罐爆炸1台，倒塌3台；民用液化小储罐爆炸1000多个；还有人员伤亡。

又如，1981年3月国内某发电厂高压脱氧水箱由于多处焊缝存在未焊透、开焊和角焊缝存在严重咬边等缺欠发生爆破，水箱被炸成三段，使上、下层楼板坍塌，还造成一台20万kW的发电机组长期不能发电。

上述案例说明焊接失效造成的危害是十分严重的，既会造成巨大的经济损失，也可能

a)

b)

图6-1　液化石油气球罐爆炸前后照片
a）爆炸前　b）爆炸后

造成人员伤亡。

表6-1是国内外焊接结构发生质量事故的部分案例。

表6-1　国内外焊接结构发生质量事故的部分案例

序　号	时　间	产品或零部件	事故简况	原因分析
1	1943	球罐	美国纽约州斯克塔迪一台储存氢气的球罐，在使用不到三个月时突然爆破，有20块碎片飞出。龟裂全长达200m	焊接时采用了高氢的纤维素焊条，在人孔的加强板处有较大的应力集中，导致冷裂
2	1946	轮船	美国制造的4694艘轮船中，有970艘发现1442处裂纹，其中，24艘甲板全部横向断裂，7艘船断为两半，造成巨大损失	船体甲板舱口设计不合理，沿用了铆接结构，焊接接头处应力集中严重，导致脆性断裂
3	1968.4	球罐	日本德山一台2226m³的球罐水压试验时发生脆断，整个球罐倒塌，材质为784MPa级的高强度钢	用了不适当的焊接热输入，使焊缝和HAZ韧性显著降低
4	1975.5	桥梁	美国密西西比河大桥的一条主梁三跨结构的110m主跨中出现了严重开裂	焊接时在焊缝中产生未熔合，提供了裂纹源，在交变载荷的作用下，产生疲劳裂纹，并不断扩展
5	1979.3	钢管	我国某厂制造的AISI321不锈钢钢管存放于海滨数年后，发现大量焊缝横向裂纹，宽度很小，但很深	焊接时使用了对Cl^-、SO_4^-和O_2等介质敏感的焊接材料，焊后接头存在较大的残余应力，在长期的放置过程中产生了SCC（应力腐蚀开裂）
6	1977.8	球罐	我国某炼油厂一台400m³的球罐在水压试验时发生严重破裂。材质为进口的FG43	钢材质量不稳定，施工时焊接质量较差
7	1991.7	回转窑	我国某水泥厂的一台湿法水泥回转窑，在进料端的挂链板与筒体之间的角焊缝附近、筒体环焊缝附近产生许多裂纹	在缝隙腐蚀、应力腐蚀、腐蚀疲劳的作用下，产生开裂。运转时，筒体中形成较大的温度应力，有利于裂纹的扩展

6.1.2 产生焊接失效的原因

产生焊接失效可能的原因，主要有以下几方面。

1. 结构设计不合理

焊接产品的结构设计不合理，将会影响焊接产品制造的工艺性。例如，如果焊缝配置不合理，或结构形式没有考虑到焊接的特点，使焊缝难以采用机械化和自动化的方法进行焊接，或检验困难，都将影响到焊接质量，使焊缝产生缺欠的机会增多。同时，如果焊缝过密，或采用了不合理的接头形式，还能造成严重的焊接内应力和应力集中，使焊接接头产生裂纹和脆性断裂的倾向增大。

2. 母材选用不当

用于制造焊接产品的母材选用不当，在降低基体金属使用性能的同时也降低了焊接接头的质量。焊接时，母材局部熔化以后也作为焊缝的组成部分。因此，如果母材中硫、磷等杂质的含量高，焊缝中硫、磷等杂质的含量也会相应地增高，使焊缝产生热裂纹的倾向增大，力学性能降低。此外，如果母材中含有较多的非金属夹杂物，焊接时在 Z 向拉伸应力的作用下，接头还会产生层状撕裂等缺欠。

3. 焊接工艺制订不合理

焊接产品的制造过程是由一系列工序组成的，但是，焊接是最关键的工序，因此焊接工艺制定得合理与否至关重要。例如，如果焊接方法选用不当，有可能由于热源热量不集中，加热时间过长，使热敏感钢的接头脆化；如果预热温度不够高，使易淬火钢接头产生冷裂纹；对于应选用碱性焊条的钢而选用了酸性焊条，由于焊缝冶金质量低而易产生缺欠或引起脆化。此外，不合理的焊接顺序还能产生变形失效。

4. 环境因素的影响

环境因素能对焊接产品的使用寿命产生较大的影响。例如，在高温下工作的焊接产品，由于强烈蠕变能导致产品过早地破坏；在低温下工作的产品由于接头变脆易产生脆断；尤其是接触腐蚀介质的焊接产品，由于腐蚀作用，能导致产品过早地失效。据资料介绍，由各种腐蚀造成的失效，在压力容器失效破坏的总数中占相当大的比例。

5. 运行及管理失误

在生产中由于操作不当或管理疏忽造成焊接产品失效破坏不乏其例。例如，湖南某石化总厂有一台 $1000m^3$ 的液态烃球罐，由于在操作时失误，使球罐超装超载，致使赤道带上的环缝发生破裂，接着又使该环缝十字交叉接头部位破裂，液态烃喷出 10m 多远，造成很大损失。又如，北京某公司一台 $1000m^3$ 的液化气球罐，由于在进料过程中液位计阀未打开，及至发现后打开时，球罐已冒顶，在赤道带的上环缝下侧产生穿透性裂纹，喷出液化气，造成停产。可见，运行及管理失误也是造成焊接失效的一个原因。

6.2 焊接失效的类型和特征

在焊接产品制造过程中，焊接失效大体上有五种类型：焊接裂纹引起的失效、焊接气孔引起的失效、焊接夹杂引起的失效、焊接变形引起的失效和焊接接头脆化引起的失效。

6.2.1　焊接裂纹引起的失效

焊接裂纹形式主要有热裂纹、冷裂纹、再热裂纹、层状撕裂等。

1. 热裂纹

焊接热裂纹可以分为结晶裂纹、液化裂纹、高温失塑性裂纹等。其中，结晶裂纹是最普遍的一种形式，其特征是：

（1）产生的温度　上限稍高于焊缝金属的名义固相线，下限略低于焊缝金属的名义固相线。

（2）产生的钢种和部位　在含S、P等杂质比较多的碳钢、低中合金钢、单相奥氏体钢的焊缝中容易产生。

（3）金相特征　裂纹沿一次结晶组织的晶界分布。

（4）断口特征　裂纹处有明显的氧化色彩，其微观断口是沿晶液膜分离断口，即断口上有液膜痕迹，晶粒圆滑，呈典型的树枝状凸起特征（图6-2）。

2. 冷裂纹

焊接冷裂纹可以分为延迟裂纹、淬硬脆化裂纹、低塑性脆化裂纹等。其中，延迟裂纹是最普遍的一种形式，其特征是：

（1）产生的温度　通常在 Ms 以下产生。

（2）产生的钢种和部位　常产生于低、中合金钢和中、高碳钢的热影响区中，在焊根、焊趾等应力集中部位容易产生（图6-3）。当焊缝强度很高时，由于组织硬化程度高，延迟裂纹也可能产生在焊缝上。

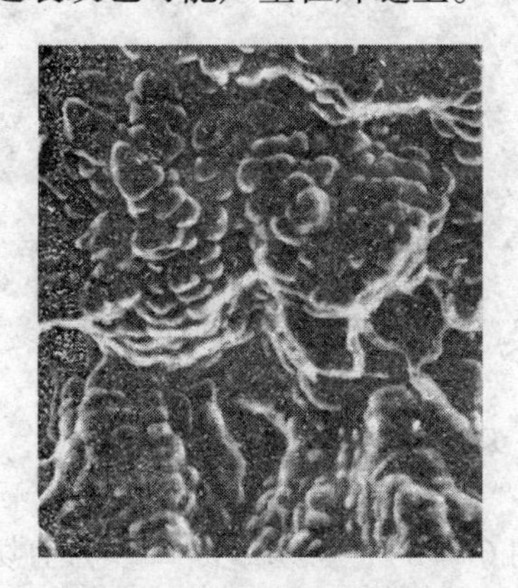

图6-2　沿晶液膜分离断口

图6-3　焊接性试件断面上的延迟裂纹

（3）产生的时间　焊后往往不立即出现，而是延迟一段时间出现。

（4）金相特征　产生裂纹的部位存在马氏体等淬硬性大的组织，裂纹走向既有沿晶又有穿晶。

（5）断口特征　对于低合金钢，启裂处可呈现沿晶（IG）和准解理（QC）混合断口，随着化学成分冷裂敏感指数 P_{cm} 增大，IG比例增大，QC减少；扩展区也是随 P_{cm} 增大，IG比例增大，QC减少，当 P_{cm} 较小时还可能以韧窝（DR）断口为主；撕裂区多为韧窝（DR）断口。

3. 再热裂纹

（1）产生的时间　焊后不产生，在焊后进行热处理或长期在较高温度下工作时产生。

（2）产生的温度　对于低合金钢、耐热钢来说，敏感的温度为500～700℃。

（3）产生的钢种和部位　易在含有Cr、Mo、V、Ti、Nb等沉淀强化元素的低合金钢、含Nb的奥氏体不锈钢热影响区的粗晶区产生，走向大体与熔合线平行，如图6-4所示。

（4）应力特征　焊后接头存在较大的残余应力或应力集中。

（5）金相特征　裂纹均是沿晶界分布。

（6）断口特征　几乎都是冰糖状的沿晶断口（图6-5），只有材料韧性较好的情况下才出现少量准解理断口或韧窝断口。

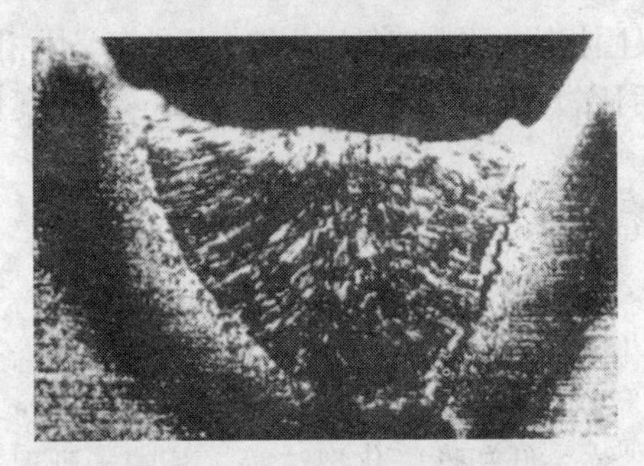

图6-4　再热裂纹产生的部位

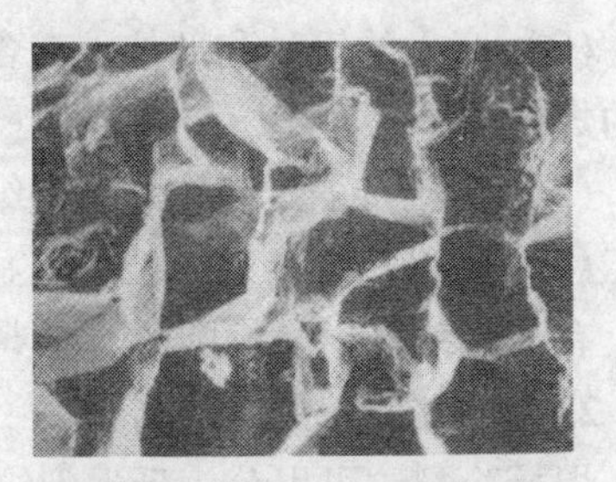

图6-5　再热裂纹的微观断口

4. 层状撕裂

（1）产生的部位　产生于热影响区或靠近接头的母材中。

（2）结构和接头特征　易在厚板结构和T形、十字形和角接接头中产生。

（3）产生的钢种　产生不受钢种和强度的限制，主要与钢材中硫化物、硅酸盐等夹杂物的数量和分布成带状有关。

（4）应力特征　有Z向拉伸应力作用。

（5）金相特征　多呈阶梯状分布（图6-6），既有穿晶也有沿晶。

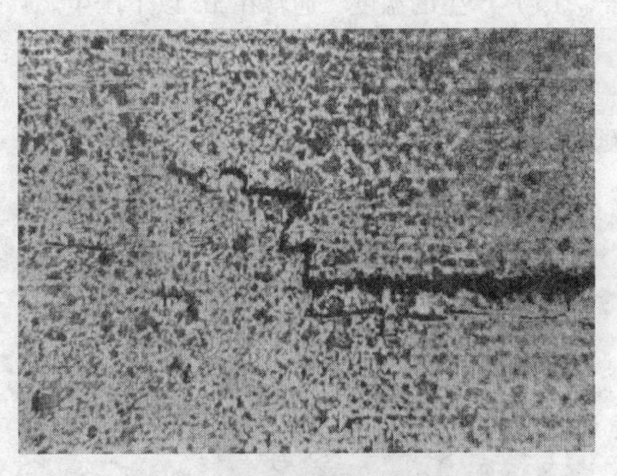

图6-6　层状撕裂呈阶梯状分布

（6）断口特征　宏观断口：呈木纹状（图6-7a）；微观断口：平台处断口多为准解理断口，可见到片状、条状或球状夹杂物（图6-7b），剪切壁断口多为剪切韧窝，也会是准解理断口。

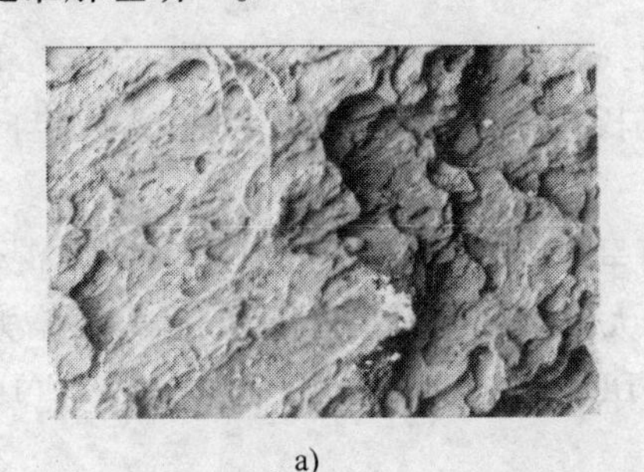

a）

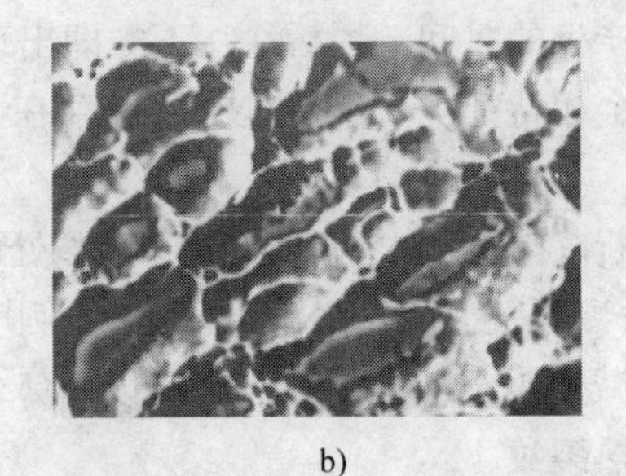

b）

图6-7　层状撕裂断口

a）宏观断口　b）微观断口

6.2.2　焊接气孔引起的失效

气孔在焊缝中呈各种形态，按照产生的原因可以分为以下两类。

第一类气孔：主要有氢气孔、氮气孔，这类气孔大多分布在焊缝的表面。氢气孔较分散，断面呈螺钉状，从焊缝表面上看呈喇叭口形，气孔四周有光滑的内壁；氮气孔一般都是成堆出现，呈蜂窝状。

第二类气孔：具有代表性的是CO气孔，CO气孔大多分布在焊缝的内部，沿一次结晶组织的晶界分布，呈条虫状（图6-8）。

图6-8　CO气孔

6.2.3　焊接夹杂引起的失效

焊缝中的夹杂以不同形状的点状、条状或外廓不太规则的形式存在，主要有以下三种。

1. 氧化物夹杂

氧化物夹杂主要有SiO_2、MnO、FeO、TiO_2等，一般多以硅酸盐的形式存在，呈圆球形或点粒状，有可能成为裂纹源（图6-9），经常成串或聚集分布。在金相显微镜下，FeO稍具金属光泽，经常是灰黑色；MnO比FeO更黑；SiO_2透光力强，经常呈灰色或深黑色；TiO_2为晶体状，呈蓝紫色。形成硅酸盐以后常以玻璃状态出现，透光力强，反光力低，颜色从黄绿色至棕色变化不等，在反射光中呈深黑色。

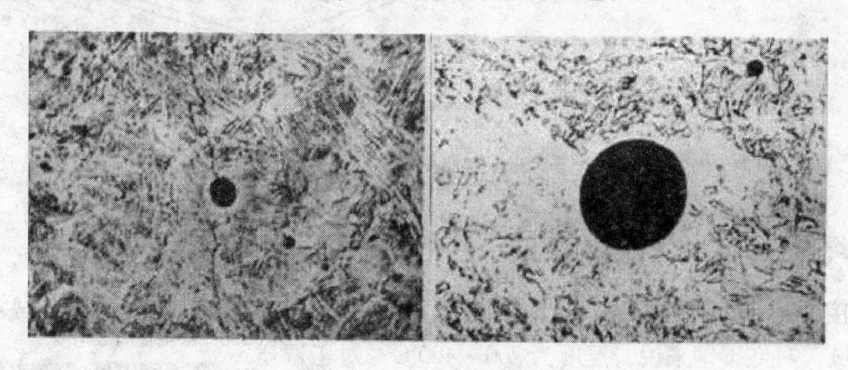

图6-9　氧化物夹杂

2. 氮化物夹杂

氮化物夹杂主要是Fe_4N。Fe_4N常以针状分布在晶粒上或贯穿晶粒的边界，如图6-10所示。

3. 硫化物夹杂

硫化物夹杂主要有FeS和MnS两种，在焊缝中多呈球形。在金相显微镜下，MnS呈灰色，当MnS内溶解FeS时颜色会变淡。

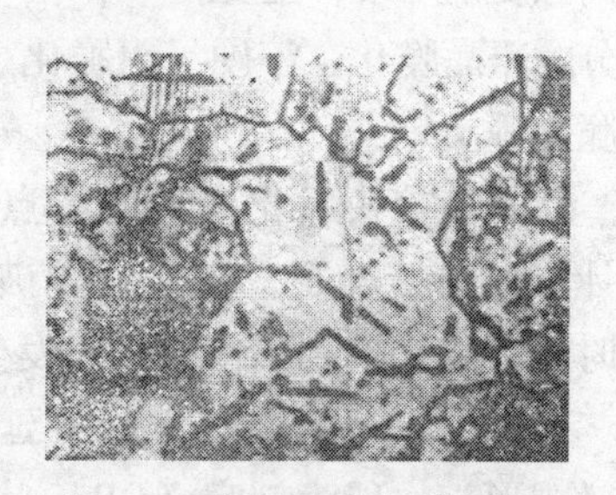

图6-10　焊缝中的氮化物夹杂

6.2.4 焊接变形引起的失效

当焊缝位置布置不合理、焊缝顺序安排不当或装配误差大时均会产生严重变形。焊接变形的主要形式有：纵向收缩变形、横向收缩变形、挠曲变形、角变形、波浪变形、错边变形和螺旋变形等，如图 6-11 所示。

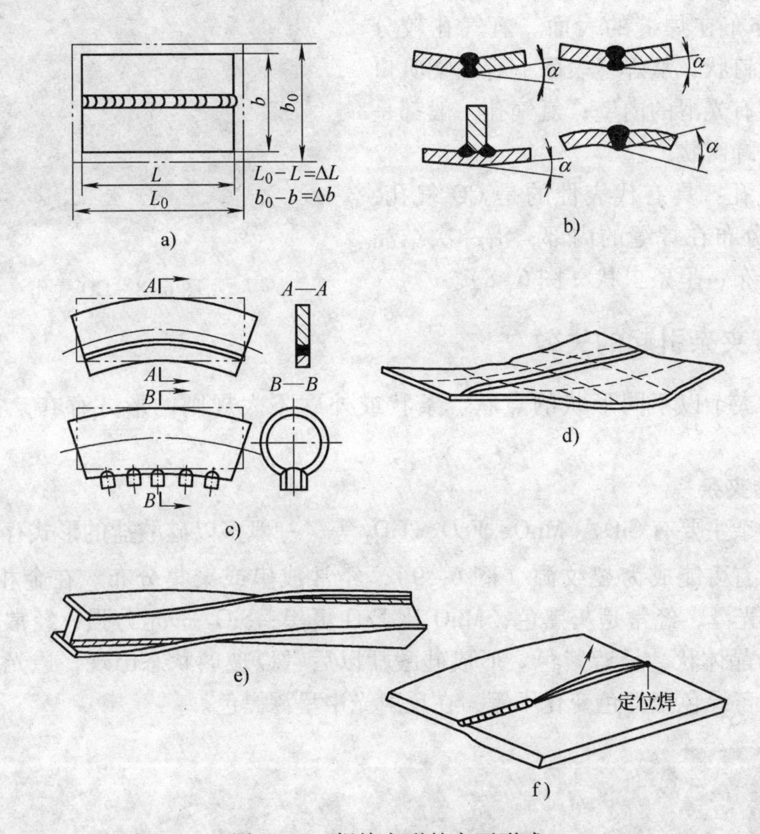

图 6-11 焊接变形的主要形式

a）纵向和横向收缩变形 b）角变形 c）挠曲变形 d）波浪变形 e）螺旋变形 f）错边变形

6.2.5 焊接接头脆化引起的失效

焊接接头容易发生脆化的部位有：①焊缝；②粗晶区；③加热到相变点附近或在其以下的温度区域，对低碳钢来说，温度为 200～400℃，对于调质高强度钢来说，温度为 Ac_1～Ac_3。脆化的种类根据成因可以分为粗晶脆化、淬硬组织脆化、石墨析出脆化、热应变时效脆化等。

焊接接头脆化失效的特点是：在承受的应力远小于设计应力的情况下，突然发生破坏，而且裂纹一经发生，瞬时就可能扩展到整体结构，发生断裂。

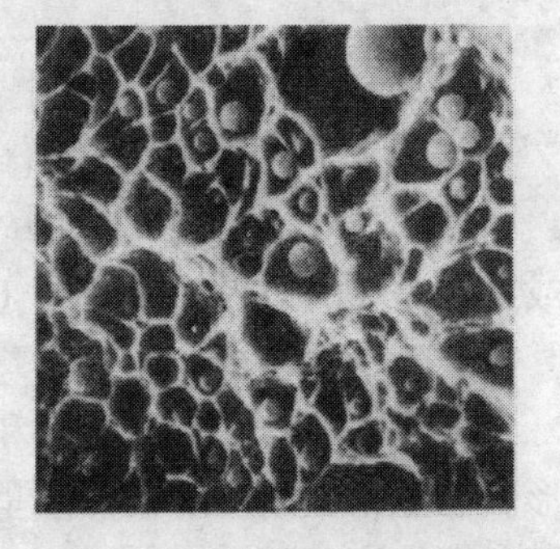

图 6-12 典型的韧窝断口

脆性断裂的断口不同于延性断裂的断口，延性断口的微观形貌一般为韧窝（DR）状（图 6-12），即在断口上布满了大小不等的圆形或椭圆形的杯状凹坑，且在微坑中经常可以看到第二相粒子或非金属夹杂物。而脆性断口有以下三种微观形貌：

（1）解理（CF）断口　断口上可能出现平坦型解理台阶、河流花样、舌形花样或扇形花样等，如图6-13所示。

图6-13　解理断口的微观特征

a）平坦型解理台阶断口　b）河流花样断口　c）舌形花样断口　d）扇形花样断口

（2）准解理（QC）断口　断口上也有河流花样，但形状短而弯曲，支流少，在准解理小面周围往往有较多的撕裂棱，如图6-14所示。

（3）沿晶（IC）断口　其宏观特征是断口表面平齐，呈白亮色的颗粒状；微观特征是呈晶粒状的多面体，形貌多为冰糖状，如图6-15所示。

以上介绍的是在焊接产品制造过程中可能产生的失效，如果产品投入了使用，还可能产生因焊接接头腐蚀引起的失效、因焊接接头疲劳引起的失效等。

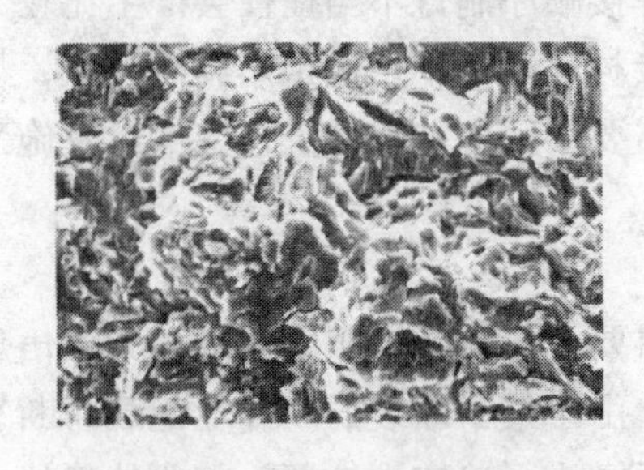

图6-14　典型的准解理断口

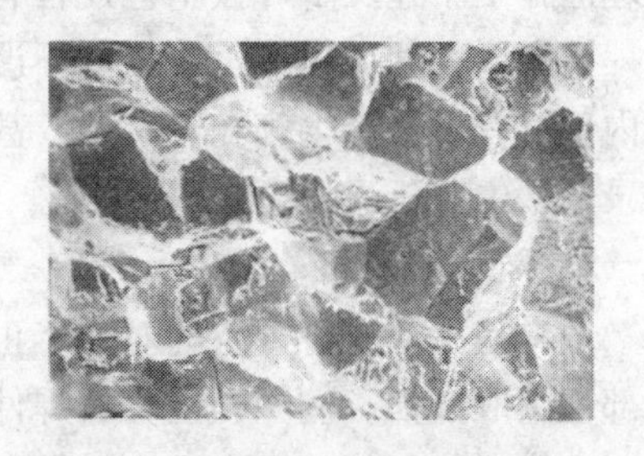

图6-15　冰糖状沿晶断口

6.3 焊接失效分析及其目的、意义和一般程序

6.3.1 焊接失效分析及其目的、意义

焊接失效分析，就是针对焊件和焊接产品的失效，在掌握失效现场资料和背景资料的基础上，通过一系列试验，获得大量反映失效物理过程的痕迹和信息，并对信息通过由表及里、由此及彼、去粗取精、去伪存真的综合分析，找出焊件失效的原因，把它再反馈到产品设计、选材、制造的各个生产环节上去的技术工作。

焊接失效分析的目的就是找出焊接失效的原因，采取有效的措施，防止类似事故再次发生。

进行焊接失效分析的意义首先在于当焊接产品在生产过程中出现质量事故时，通过焊接失效分析能够及时找到事故的原因并予以解决，能保证焊接生产过程正常进行；在产品验收阶段发生质量事故时，通过焊接失效分析，找到事故的原因并予以返修，能保证合格的焊接产品出厂；在服役的过程中发生质量事故以后，通过焊接失效分析，找到事故的原因，采取措施，能避免事故重演。其带来的经济效益和社会效益是显而易见的。

焊接失效分析的意义还在于能够促进焊接技术不断提高。焊接的任何失效都是人们对客观事物的规律缺乏认识或认识不够的反映。通过失效分析，能够发现和认识这些新问题，并上升到理论，用以指导生产实践，使焊接技术有一个新的提高。

6.3.2 焊接失效分析的一般程序

焊接失效分析大体上包括以下几个阶段：

1. 调查研究

通过调查研究可以掌握第一手资料，了解焊件和焊接产品产生失效的来龙去脉，抓住要害，同时也可以大致分析产生某种失效的可能性。调查时应了解以下情况。

（1）设计参数及结构形式　结构越复杂，板材越厚，焊接时产生的内应力越大，而且不合理的结构还可以使某些部件产生过高的局部应力，这些都能促使各种失效产生。如果焊接接头受到的是 Z 向拉伸应力作用，则使层状撕裂产生的倾向大大增加。

（2）原始施工记录　焊件发生失效在很多情况下与焊接工艺制订不当，或虽然工艺合理但施工中违反了焊接工艺规程有关。例如，如果焊接顺序制订不当往往会产生比较大的焊接变形；如果焊接工艺控制不严、强制组装、焊接材料烘干不足或预热温度过低，焊缝内部就有可能产生气孔、夹杂，甚至是裂纹。因此需要了解各种焊接工艺文件以及施工记录，从中分析焊接失效的原因。

2. 选取试样

试样是深入进行分析的对象，正确选取试样非常重要，应选择记载着比较多失效信息的部位制取试样。例如，当分析焊件脆性断裂失效时，由于最早断裂的断片上记载着断裂起因的信息，必须找出先导失效件。找准先导失效件后，为了确定裂纹源，需要从断片上切取包括裂纹源的那一部分金属作为试样。在选取试样前，应先进行整体外观检查，理清失效部位与周围事物的关系，然后切取。试样取好后应注意保护，不使断口面损伤。

3. 失效分析试验

这是失效分析的主体。试验的目的是借助于各种理化试验深入发掘记载在试样上的有关失效的各种信息，以便判断失效的类型和原因。常用的试验方法有化学成分分析试验、宏观分析试验、微观分析试验、材料性能试验等。在微观分析试验中，又分为金相分析试验、断口分析试验、微区成分分析试验等。材料性能试验中又包括母材和焊接接头的力学性能试验、金属焊接性试验等。由于失效情况千差万别，应根据具体情况灵活地选用试验方法。

4. 作出结论，制定措施

经过焊件失效分析试验以后，应对失效的类型和失效的原因作出结论，同时针对失效的原因制订出预防措施。这是焊件失效分析最终的归宿。

6.4　焊接失效分析综合试验的方法

生产中，导致焊件和焊接产品产生各种失效的原因很复杂，在许多情况下，仅靠分析失效现场情况和背景资料很难得出正确的结论，往往需要借助理化试验方法，从材质的化学成分、金相组织、断口形态、力学性能等多方面进行综合分析，互相印证、互相补充，才能较准确地找出失效的原因。

6.4.1　化学成分分析试验

由于许多失效都与金属中的化学成分有关，因此，在焊接失效分析中经常要进行化学成分分析试验。例如，对于一般低合金钢，如果C含量偏高，焊接时就有可能产生焊接冷裂纹；如果焊缝中S、P含量偏高，有可能产生结晶裂纹；如果母材中S、P含量较高，有可能产生液化裂纹；如果母材中S、P、O含量较高，且承受*Z*向拉伸应力，有可能产生层状撕裂；如果母材中Cr、Mo、V、Nb、Ti等沉淀强化元素比较多，产生再热裂纹的倾向就要增大。实际生产中，如果冶炼条件控制不当或质量检查不严，母材成分有可能出现较大波动，甚至出现杂质含量超标的现象；焊缝成分也会因母材成分波动或焊接工艺条件变化而发生变化。在这种情况下，只有通过化学成分分析试验，了解母材和焊缝的实际成分，才能对失效的原因进行正确的分析。

目前，应用最多的试验方法是化学分析法。这种方法也是仲裁或验证其他分析方法的准确度所采用的方法。用这种方法可以比较准确地分析各种化学成分。我国已经制定了关于各种成分分析方法的国家标准，如GB/T 223.69—2008《钢铁及合金 碳含量的测定 管式炉内燃烧后气体容量法》、GB/T 223.72—2008《钢铁及合金 硫含量的测定 重量法》、GB 223.3—1988《钢铁及合金化学分析方法 二安替比林甲烷磷钼酸重量法测定磷量》、GB/T 223.4—2008《钢铁及合金 锰含量的测定 电位滴定或可视滴定法》、GB/T 223.5—2008《钢铁 酸溶硅和全硅含量的测定 还原型硅钼酸盐分光光度法》、GB/T 223.16—1991《钢铁及合金化学分析方法 变色酸光度法测定钛量》、GB/T 223.23—2008《钢铁及合金 镍含量的测定 丁二酮肟分光光度法》、GB/T 223.12—1991《钢铁及合金化学分析方法 碳酸钠分离-二苯碳酰二肼光度法测定铬量》等。制取粉末试样时可采用钻、刨、铣等方法（图6-16）。

除了化学分析法之外，还可利用物理分析法和物理化学分析法，例如，吸收光谱分析法（包括可见光和紫外光分光光度法、红外光分光光度法、原子吸收光谱法、核磁共振光谱法等）、发射光谱分析法（包括发射光谱法、火焰分光光度法、荧光分光光度法等）、质谱法、旋光分析法、折光分析法、放射分析法等。这些方法大都需要很精密的仪器，但具有快速、灵敏等特点。

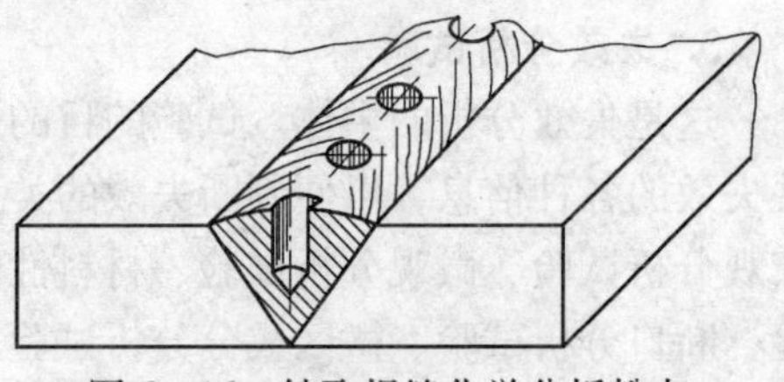

图 6-16　钻取焊缝化学分析粉末

6.4.2　宏观分析试验

宏观分析试验一般是指用肉眼或 50 倍以下的放大镜进行直接观察与分析的试验。这是最简便、最常用的试验方法。宏观分析试验应在截取小试样之前进行。通过宏观分析试验能了解焊件和产品失效的全貌，可以看到事物之间的相互联系，从而得到需要深入研究的重点和启示。如果失效形式是裂纹，通过宏观分析试验，应该弄清以下两方面的问题。

（1）裂纹产生的位置　弄清裂纹是在焊缝上，还是在热影响区或在母材上，这样有利于对裂纹的种类进行判断。如果裂纹是在焊缝上，有可能是结晶裂纹或冷裂纹，而不可能是再热裂纹和层状撕裂；如果是在热影响区，是冷裂纹的可能性比较大，也有可能是液化裂纹，如果是在焊后再次加热时产生，则基本上可以判断是再热裂纹；如果是在母材上产生，一般只可能是层状撕裂。

（2）裂纹的外观形态和走向　弄清裂纹的外观形态和走向也有利于对裂纹的种类进行判断。从焊接接头表面观察，结晶裂纹总是位于焊缝柱状晶间的界面上，有的是在焊缝的正中间，呈纵向分布，有的是呈较小的短弯曲状的裂纹，分布在焊缝中心线的两侧，呈垂直于焊波的纹路；热影响区的冷裂纹多呈纵向分布，焊缝上的冷裂纹多呈横向分布，但多层焊的打底焊道在焊根处产生的冷裂纹常贯穿焊缝截面，从焊接接头表面看，裂纹在焊缝上呈纵向分布。

6.4.3　微观分析试验

当利用宏观分析试验不能得出肯定的结论时，就需要利用微观分析试验进行深入的分析。微观分析试验包括金相显微分析试验、断口微观分析试验和微区成分分析试验等。

1. 金相显微分析试验

金相显微分析试验一般是指用光学显微镜放大 50 倍以上对焊接接头的断面进行观察和分析的试验手段。试验时，首先对试样进行磨光、抛光和浸蚀，然后放到显微镜下观察。金相分析时常用的浸蚀剂的成分、用法与用途见表 6-2。光学显微镜是利用由试样表面反射的光线进入显微镜内放大成像来进行观察的。其放大倍数最高可达 2000 倍，最大分辨率可达到 0.2μm，因此可以观察到焊接接头各个微小部位的显微组织，以及各种缺欠的微观形态。由于焊接失效一般都与焊接接头的组织和缺欠密切相关，因此，金相显微分析试验常常是进行失效分析不可缺少的手段。

以焊接裂纹引起的失效为例，可以根据以下特征判断裂纹的种类：冷裂纹的产生通常都是与马氏体等淬硬组织相伴的，而且大多都是在粗晶区产生，扩展时既可能是穿晶，也可能是沿晶；结晶裂纹、液化裂纹、再热裂纹都是沿晶开裂；层状撕裂一般具有明显的阶梯特征。

在分析组织的过程中，当有些组织比较难以鉴别时，可以辅以其他方法。例如，对于马氏体中的残留奥氏体、低碳马氏体中的片状马氏体、贝氏体中的隐晶马氏体、粒状贝氏体中的M-A组元等，由于硬度不同，均可采用测显微硬度的方法帮助鉴别。

表6-2　金相分析时常用的浸蚀剂的成分、用法与用途

序号	浸蚀剂名称	成分	用法	用途
碳素钢、低合金钢及中合金钢通用浸蚀剂				
1	硝酸酒精溶液	硝酸 2mL 酒精（95%） 100mL	浸蚀时间：≤1min	显示铁素体晶界；区分铁素体与马氏体
2	苦味酸酒精溶液	苦味酸 4g 酒精（95%） 100mL	浸蚀时间：数秒钟至数分钟	显示细珠光体、马氏体、回火马氏体及贝氏体组织；显示碳化物；显示铁素体晶界
3	盐酸苦味酸酒精溶液	盐酸 5mL 酒精（95%） 100mL 苦味酸 5g	浸蚀	显示淬火或回火后的实际奥氏体晶粒（淬火试样在200～250°C回火15min后，显示的效果最好）
高合金钢、不锈钢及合金工具钢通用浸蚀剂				
4	氯化铁 5g 盐酸 50mL 水 100mL	氯化铁 5g 盐酸 50mL 水 100mL	浸蚀或擦拭	显示奥氏体不锈钢的一般组织
5	氯化铜盐酸酒精水溶液	氯化铜 5g 盐酸 100mL 酒精 100mL 水 100mL	浸蚀	用于奥氏体和铁素体钢，铁素体最易浸蚀，碳化物和奥氏体不被浸蚀
6	盐酸酒精溶液	盐酸 5～10mL 酒精（95%） 100mL	浸蚀	用于含铬含镍的高合金钢
7	硝酸酒精溶液	硝酸 5～10mL 酒精（95%） 100mL	浸蚀	显示高速钢的一般组织
8	盐酸硝酸酒精溶液	盐酸 10mL 硝酸 3mL 酒精 100mL	浸蚀时间2～10min	显示淬火及淬火回火后高速钢的晶粒大小
有色金属铜、铝、镁、钛及其合金通用浸蚀剂				
9	氨溶液	氨（25%）	浸蚀或用棉花擦拭1～5min后，再用水或酒精洗涤	显示铜、α黄铜、铝青铜的晶界
10	硝酸冰醋酸混合溶液	硝酸 75mL 冰醋酸 25mL	浸蚀数秒钟或用棉花擦拭	适用于锡青铜、铝青铜及铍青铜
11	硝酸银溶液	硝酸银 5g 蒸馏水 100mL	擦拭20～30s，或将干硝酸银放在试样磨面，一滴滴加蒸馏水3～5s后，再用热蒸馏水冲洗去除沉积物	显示铜的晶界和氧化物夹杂；显示铜合金的偏析（通过颜色和硬度不同而显示出来）

（续）

序号	浸蚀剂名称	成分	用法	用途
12	高锰酸钾硫酸溶液	高锰酸钾（0.4%）与硫酸之比为10:1	浸蚀或用棉花擦拭1min	显示黄铜、青铜的一般组织
13	碳酸氢钠溶液	碳酸氢钠饱和溶液5~10滴	在煮沸的溶液中浸泡1~2s，然后用水洗涤，热风吹干	显示铝合金的晶界
14	氢氟酸盐酸溶液	氢氟酸 90mL 盐酸 15mL 水 90mL	浸蚀10s，然后用热水洗涤，热风吹干	显示铝及铝-钛合金的晶界
15	氢氟酸、硝酸、盐酸水溶液	氢氟酸 1mL 盐酸 1.5mL 硝酸 2.5mL 水 95mL	浸蚀10~20s，用温水冲洗，再用热风机吹干；常要进行多次重新抛光	显示2A11、2A12硬铝以及含铜、镍、镁等元素的铝合金的组织
16	草酸水溶液	草酸 2mL 水 10mL	浸蚀2~5s，用热水或冷水洗涤	显示变形镁合金的金相组织
17	硫酸水溶液	硫酸 5mL 水 100mL	浸蚀10~15s，用热水冲洗，再用热风机吹干	适用于各种成分的镁合金
18	苦味酸、醋酸水溶液	苦味酸 5g 醋酸（35%） 5mL 蒸馏水 10mL 乙醇 100mL	擦拭5~15s，用酒精洗涤后，用热风机吹干	—
19	氢氟酸、硝酸水溶液	氢氟酸 10mL 硝酸 20mL 水 70mL	浸蚀	显示钛合金的金相组织

2. 断口微观分析试验

断口微观分析试验是借助于电子显微镜对试样断口进行深入、细致观察的试验方法，可用于鉴别裂纹的种类和断裂的性质，因此也是焊接失效分析常用的方法之一。常用的电子显微镜有以下两种：

(1) 扫描电子显微镜（SEM）　它是利用扫描线圈的作用使电子束在断口表面上扫描，引起二次电子发射，经过放大器放大，最后在显像荧光屏上成像的仪器。其放大倍数很容易在一定范围内连续变化，既可用低倍观察断口全貌，又可连续放大到上万倍，观察断口形貌的细节特征。其分辨率可达7μm左右。这种电子显微镜的突出优点是可以直接观察试样断口，这给试验带来很大方便。现代扫描电子显微镜还可兼作透射电子显微镜、电子探针、电子衍射仪等方面的工作。

(2) 透射电子显微镜（TEM）　它是利用电子束从样片中透射的电子成像的。像的反差是由样品对入射电子束的吸收不同而形成的。由于用于成像的电子束穿透能力是有限的，它不能穿透大块金属试样。为了进行观察，必须在实物断口上复制出电子束能够穿透的复型，因此这种方法是间接地研究断口形貌的方法。透射电子显微镜的分辨率很高，可达0.3~0.5μm。

在扫描电子显微镜下，结晶裂纹、液化裂纹的断口为沿晶液膜分离断口，晶粒呈卵圆形，有液膜痕迹（图6-2）。延迟裂纹断口启裂处为IG或QC断口，或两者混合断口，随化学成分冷裂敏感指数 P_{cm} 增大，IG 比例增大，QC 减少；扩展区也是随 P_{cm} 增大，IG 比例增大，QC 减少，当 P_{cm} 较小时，还能以 DR 断口为主；撕裂区多为 DR 断口。再热裂纹断口几乎都是冰糖状 IG 断口，也会出现少量 QC 或 DR 断口。层状撕裂宏观断口呈明显的木纹状，微观断口可以看到在平台上分布着片状、条状或粒状的夹杂物（图 6-7），剪切壁处多为 DR 断口。

3. 微区成分分析试验

微区成分分析试验能提供元素在微观尺度上分布不均匀的资料。这些资料对于鉴别裂纹源处的非金属夹杂物，进行相分析，测定晶界上的元素分布等是非常有用的。常用的试验仪器有电子探针、离子探针和俄歇电子谱仪等。

（1）电子探针　电子探针分析的区域比较小，一般仅能分析几个立方微米，除能定点分析成分外，还可测定成分的线分布和面分布。可用于进行合金的相分析、测定非金属夹杂物、测定晶界上的元素分布，以及进行微区衍射结构分析等。但不能分析直径小于 1μm 的质点，轻元素分析灵敏度低。

（2）离子探针　离子探针可以分析所有的元素。除可应用于微区的点分析和显示元素的面分布外，还可进行深度分析，其深度分辨率一般为 50～100Å（$1Å = 10^{-10}m$），也可测定晶界上的元素分布，但定量分析准确度不及电子探针，对试样有轻微损坏作用。

（3）俄歇电子谱仪　俄歇电子谱仪可以提供原子序数为 3（锂）及其以上元素的半定量测定值，受验区的直径为 1～50μm，可以测定晶界偏析的微量元素 P、As、Sn、Sb 等的浓度和厚度（几十纳米厚）。

6.4.4　无损检测

通过无损检测，可以使失效焊件或产品在不人为破坏的条件下，利用物理的某些现象迅速而可靠地判定其表面和内部缺欠的数量、大小和位置。目前，这种检测方法已有很多种。根据检查的部位不同，可分为包括射线检测、超声检测等在内的检查内部缺欠的试验方法和包括磁粉检测、渗透检测等在内的检查表面缺欠的试验方法。每一种方法都有其优点和不足，应根据结构、材质及检测方法的适用性进行选择。关于射线检测、超声检测、磁粉检测和渗透检测的试验原理和方法详见本书第 7 章。

6.4.5　材料性能试验

进行材料性能试验的目的是复验材料的性能，看其是否符合技术要求，从而分析焊件失效的原因。例如，在对母材或焊接接头的力学性能有疑问时，就需要进行拉伸试验和冲击试验；在对材料的抗冷裂性有疑问时，就需要进行焊接冷裂纹敏感性试验等。

6.4.6　模拟试验

模拟试验是根据失效结构的特点和破坏条件精心设计一个结构再现原有失效的试验。其目的是验证通过上述方法得出结论的正确性。为了慎重起见，对于重大的失效事故一般都要做模拟试验。试验结果的可靠性取决于对模拟结构的设计。为了减少试验时间，可以强化产生失效的因素，但是，也要注意不能无限制地强化某一因素，否则，将改变失效的性质，因此在试验中必须合理地考虑各因素的影响。

6.5 焊接失效分析综合试验的工程应用实例

6.5.1 大型试验结构制造时产生焊接裂纹失效的概况

大型试验结构采用 14MnMoCu（B）调质钢制造，其结构示意图如图 6-17 所示。在进行结构组装焊接时，支骨与耐压壳板间的焊接接头在耐压壳板一侧产生多处严重裂纹。这些裂纹的特点是：随着结构刚性增大，裂纹从无到有，渐趋严重；裂纹在焊后 10h 出现于 T 形接头的底板一侧；产生裂纹的钢板承受厚度方向的拘束应力。

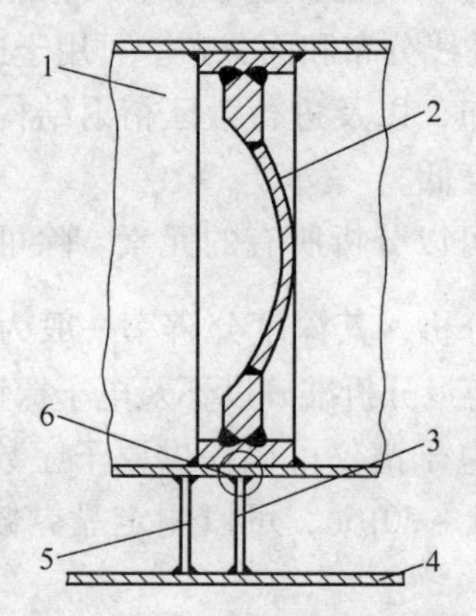

图 6-17 大型试验结构示意图

1—耐压壳（板厚为 24mm） 2—球面壁 3—支骨
4—液舱壳板（板厚为 28mm） 5—镰刀隔壁（板厚为 16mm） 6—裂纹部位

6.5.2 焊接失效分析综合试验

1. 金相分析试验

在开裂部位，沿与焊缝垂直的方向截取包括焊缝、热影响区和耐压壳板母材在内的试样，对断面进行打磨、抛光、浸蚀后，在低倍显微镜下观察，发现裂纹有两种形式：一种是由焊趾处开始，通过热影响区，深入母材 1/2 处，且呈阶梯状扩展（图 6-18）；另一种位于耐压壳板厚度的中心处，不扩展到表面，进一步放大观察，可以看到耐压壳板厚度中心处存在平行于轧制表面的条状夹杂物，经硫印检查是硫化物，裂纹是沿着这些条状硫化物扩展的。

图 6-18 试样上的层状撕裂形态

2. 断口分析试验

将试样沿裂纹拉断，用电子探针对断口扫描，发现裂纹壁上有富集的硫。在硫的富集区测量锰，发现锰的含量也较高，经计算为（Fe、Mn）S 型夹杂物。在二次电子反射像上可以看到片状硫化物。

3. 材料性能试验

由金相分析试验和断口分析试验结果基本上可以判定该裂纹是层状撕裂，为增加结果的可靠性，又对母材进行了 Z 向拉伸试验，试验结果为：ψ_Z 等于4.0%、2.0%、1.0%、1.0%、2.5%、0%。可见，该钢材层状撕裂的敏感性是很大的。

试验单位还进行了模拟试验，试验结果与实际结构情况相符。

6.5.3　结论

根据以上试验得出结论：在大型试验结构中产生的裂纹是层状撕裂，它的产生一方面与钢板承受比较大的 Z 向拉伸应力有关；另一方面更与钢材的冶金质量差、硫化物夹杂多有关。经查14MnMoCu（B）的炼钢记录进一步证明了这一点，在记录中记载：用于冶炼该炉钢的生铁液中硫量本来就高，在冶炼过程中又违章加了废钢，使硫的含量进一步升高。解决问题的根本办法是提高钢材的冶金质量，严格限制硫的含量，减少钢中夹杂物的数量。

思　考　题

1. 焊接失效按其内在原因可以分为几类？
2. 焊接失效分析的目的和意义是什么？
3. 焊件或焊接产品产生焊接失效可能的原因有哪些？
4. 由各种焊接裂纹引起的失效有哪些特征？
5. 由焊接接头脆化引起的失效有哪些特征？
6. 由焊接气孔引起的失效有哪些特征？
7. 由焊接夹杂引起的失效有哪些特征？
8. 由焊接变形引起的失效有哪些特征？
9. 试述焊接失效分析的一般程序。
10. 在焊接失效分析中常用的试验方法有哪些？都有什么作用？

第7章 焊接产品质量检验综合试验

焊接产品质量检验综合试验是焊后对焊接产品质量进行全面评定所进行的综合性试验。有些试验虽然在产品进入焊接施工阶段就已经开始了，例如某些焊缝外观检验、焊接接头力学性能试验等，但大量的试验还是集中在焊后检验阶段。焊接产品质量检验综合试验是保证焊接产品质量的最后环节，因此它对生产出合格的焊接产品，防止发生质量事故具有决定意义。

本章以压力容器为主，介绍焊接产品质量检验综合试验的目的、内容、试验方法、技术要求以及工程应用实例。

7.1 焊接产品质量检验及其目的

7.1.1 焊接产品质量检验

焊接质量检验是通过调查、检查、测量、试验和检测等途径获得焊接产品一种或多种质量特性的数据，并与施工图样及有关标准、规范、合同或第三方规定相比较，以确定其质量是否符合要求的活动，其中试验是其主要的工作。焊接质量检验通常可以分为两类：焊接过程质量检验和焊接产品质量检验。其中，焊接过程质量检验是根据产品的有关标准和技术要求对焊接过程中的焊接质量进行的检验，例如多层多道焊的道间的检验、清根质量检验、焊缝外观尺寸检验等；焊接产品质量检验是根据产品的有关标准和技术要求对焊成的焊接产品质量进行的全面检验，其中既有焊缝外观质量检验，也有焊缝内在质量检验，还有产品安全可靠性检验等。

7.1.2 焊接产品质量检验的目的

焊接产品质量检验与焊接过程质量检验的目的不同。焊接过程质量检验的目的是监控焊接过程中焊件的焊接质量，随时发现问题随时处理，避免有质量问题的焊件进入后续流程。而焊接产品质量检验的目的是通过对焊接产品进行全面的质量检验，把住产品质量的最后关口，以确保出厂的焊接产品合格，防止发生质量事故。

国内外经常由于忽视焊接产品质量检验而发生事故。例如，1978 年 6 月上海某热电厂的供热管道（ϕ426mm × 7mm）发生爆破，这次事故导致化工厂部分停产 8h，损失上百万元。经事后检查发现，造成这次事故的主要原因是焊后检查不严，未焊透的深度达板厚的 80%，有的焊缝严重未熔合。又如，1979 年 10 月 14 日，辽宁省某化纤总厂的 400m^3 氮气球罐（由 30mm 厚的 16MnR 钢制造，工作压力为 7.2MPa）制成以后在进行水压试验时发生破裂，经检查，是由于竣工检查不严格而内藏穿透裂纹造成的。

以上事例说明焊后对焊接产品进行严格的质量检验是非常重要的。焊接产品质量检验是企业实施焊接质量管理的基础和手段，离开了焊接产品质量检验，企业就无法实施有效的焊接质量管理，就不能保证焊接产品的质量。特别是随着国民经济的发展，相当数量的焊接结构如锅炉、压力容器、桥梁、舰船、石油与天然气输送管道以及海洋钢结构等，正在向着高参数和大型化方向发展，对焊接质量的要求越来越高，加强焊接产品质量检验工作就显得尤为重要。

上述检验的目的是对焊接结构和产品制造企业而言的，对于国家质量检验部门，焊接产品质量检验的目的是对焊接产品的质量进行监督检查，通过焊接产品质量检验，进行质量认证和安全认证，决定是否允许生产厂家生产。

7.2 焊接产品质量检验综合试验的内容和依据

7.2.1 焊接产品质量检验综合试验的内容

不同的焊接产品由于使用环境、使用条件不同，其质量检验的内容也不尽相同。压力容器、锅炉、桥梁、船体等对质量检验的内容均有区别。即使同为压力容器，由于使用条件不同，产品质量检验的内容也有所不同。例如用低碳低合金钢制造的压力容器要求焊接接头与母材等强度，其力学性能是考核的重要方面；用不锈钢制造的容器，常用来盛装腐蚀介质，焊接接头的耐蚀性是考核的重要方面；用管线钢制造的输油、输气管线不仅要求有足够的强度和良好的低温韧性，而且要求具有抗 H_2S 腐蚀性能，因此通常需要同时考核焊接接头的强度指标、韧性指标和抗 H_2S 腐蚀性能。

概括起来，各种焊接产品的质量检验综合试验主要涉及以下内容：

1. 外观质量检查

外观质量检查是一项具有普遍性的检验项目。它以目视检验为主，同时借助于量具、样板、放大镜等工具对焊缝成形及其外观尺寸进行检查，目的是检查焊缝和焊接热影响区表面是否有缺欠，焊缝外形尺寸是否有偏差，以及缺欠、偏差是否超标。

如果目视不能接近焊缝，可以借助工业内窥镜等工具进行观察，例如检查焊制的小直径容器和管道的内表面焊缝等即是如此。

2. 无损检测

无损检测是以不损害被检验对象的使用性能为前提检验焊缝不连续性缺欠的试验。所谓焊缝不连续性缺欠是指由于各种原因而产生的裂纹、未熔合、夹渣、气孔等缺欠。

在生产过程中常用的无损检测方法有以下几种：

（1）射线检测　射线检测是利用射线照射焊接接头检查内部缺欠的无损检验法。

（2）超声波检测　超声波检测是利用超声波探测焊接接头内部缺欠的无损检验法。

（3）磁粉检测　磁粉检测是利用在强磁场中，铁磁性材料表层缺欠产生的漏磁场吸引铁粉的现象而进行的无损检验法。

（4）渗透检测　渗透检测是采用带有荧光染料（荧光法）或红色染料（着色法）的渗透剂的渗透作用，显示缺欠痕迹的无损检验法。

其中，射线检测和超声波检测适合于焊缝内部缺欠的检验；磁粉检测和渗透检验适合于焊缝表面缺欠的检验。不同的方法，检验缺欠的范围和能力不相同，但可相互弥补，相辅相成。有些焊接产品，既需要进行焊缝内部缺欠检验，也需要进行表面缺欠检验。

3. 焊接接头力学性能试验

焊接接头力学性能试验包括拉伸试验、弯曲试验、冲击试验、硬度试验等。它是通过对产品焊接试件（或称产品检查试件）进行破坏性试验，来检查产品焊接接头的力学性能是否达到或满足设计要求或规定的。

所谓产品焊接试件是指在焊接产品制造的过程中，用和产品相同的原材料、相同的焊接工艺、相同的焊接环境以及具备同样技能的焊工焊接出来的试件。对于筒节纵缝的产品焊接试件，还要点固在筒节端部，与筒节纵缝一次性焊成。它可以代表产品的焊接接头质量，因此，通过对产品焊接试件的力学性能进行检测，可以了解产品焊接的质量。

4. 金相检验

金相检验是用于观察焊接接头各区域的组织特征及确定内部缺欠的检验方法。金相检验包括宏观金相检验和微观金相检验两种。宏观金相检验时，通常将试件焊缝保持原状，按要求沿试件的横断面切取试样，经磨光、抛光、腐蚀后用肉眼或低倍放大镜（5 ~ 10倍）观察。微观金相检验试样经过抛光、腐蚀后要用放大 50 倍以上的显微镜观察，除用于检查金相组织的变化外，还用于检查微观缺欠。

5. 断口检验

断口检验是对管子对接接头质量检查的主要手段。这种方法比较直观，特别是根部未焊透，只要将接头打断，便一目了然。有些缺欠无损检测不易发现，而断口检验则易于发现。用得比较多的是宏观断口检验。

6. 焊缝晶间腐蚀检验

焊缝晶间腐蚀检验是用来检查不锈钢焊缝抵抗晶间腐蚀的能力。它包括实验室加速腐蚀试验和现场挂片试验。常用的奥氏体、奥氏体 - 铁素体型不锈耐酸钢实验室加速腐蚀试验，主要有草酸电解腐蚀试验、硫酸铜 - 硫酸沸腾试验、氢氟酸 - 硝酸恒温试验以及硝酸沸腾试验等。

7. 耐压试验

耐压试验是将水、油或气等充入焊接容器和管道内逐渐加压，检查其耐压、泄漏或破坏性能等的试验。它是对产品的安全可靠性进行综合评定的试验项目之一。其主要目的是检验产品承受工作静压力的能力，即在工作压力下强度的安全裕度。耐压试验又分为液压试验和气压试验两种。液压试验常用水作介质，也可以用其他液体作介质。如果用水作介质，称为水压试验。气压试验是指用气体作介质的耐压试验，只用在不能采用液压试验的场合，例如，如果存在少量的水会对设备有腐蚀，或由于充满水会给容器或支承带来不适当的载荷或应力，这时才允许采用气压试验。

气压试验是在未知安全可靠性的情况下做的试验。由于气体的可压缩性，在试验加压时容器内能积蓄很大的能量，与相同情况下的液体相比，要大数百倍至数万倍。一旦气压试验容器破裂，危险性比液压试验时大得多。因此，如果不是非做不可，一般情况下不做气压试验。

8. 泄漏试验

泄漏试验是将所需的压缩气体打入焊接容器内，利用容器内外气体的压力差，检查有无泄漏的试验。它也是对产品的安全可靠性进行综合评定的试验项目之一。从容器的压力变化可以发现泄漏，或者把容器放在水中，从冒气泡处可以发现泄漏。泄漏试验根据试验介质的不同，分为气密性试验以及氨检漏试验、卤素检漏试验和氦检漏试验等。进行泄漏试验的目的是检查容器的气密性，以确保容器在工作状态下，不发生由内向外的泄漏现象。泄漏试验必须在耐压试验合格后进行。

上述试验有些是破坏性试验，如焊接接头的力学性能试验、金相检验、断口检验、焊缝晶间腐蚀检验等；有些是非破坏性试验，如外观质量检查、无损检测、耐压试验和泄漏试验等。由于破坏性试验在试验过程中须破坏被检对象，因此这些试验（除管子断口检验外）一般都是在产品焊接试件上进行的，即按照有关标准，在焊好的产品焊接试件上制取试样，进行上述试验。而非破坏性试验则是在产品上进行。

上述试验并非都是在结构和产品焊好以后进行，有些试验，如某些焊缝的外观检验、产品焊接试件的制备等在焊接施工阶段就已经进行了。此外，焊接接头无损检测应安排在外观检查合格之后进行，而且两者均应在焊后热处理之前进行，以便及时发现缺欠，避免由于热处理过程产生温度应力而引起缺欠扩展；如果母材有再热裂纹倾向，应在焊后及热处理后各进行一次表面无损检测；对于压力容器，耐压试验后还应做局部表面无损检测，若发现裂纹等缺欠超标，则应做全表面无损检测；耐压试验和泄漏试验则应在焊后热处理且其他试验均合格之后进行。

焊接产品不同，其质量检验综合试验所包含的试验项目也不尽相同，每个试验项目的内容和技术要求也有差异。表 7-1 列出了部分焊接产品质量检验综合试验所包含的项目。

表 7-1 部分焊接产品质量检验综合试验所包含的项目

焊接产品	压力容器	蒸汽锅炉	热水锅炉	钢构件
标准或法规	固定式压力容器安全技术监察规程	蒸汽锅炉安全技术监察规程	热水锅炉安全技术监察规程	GB 50205—2001 钢结构施工及验收标准
外观检查	√	√	√	√
无损检测	√	√	√	√
焊接接头力学性能试验	√	√	√	
金相检验		√		
断口检验		√		
耐压试验	√	√	√	
泄漏试验	√			

7.2.2 确定焊接产品质量检验综合试验的依据

确定焊接产品质量检验综合试验项目、内容和技术要求的主要依据是与产品有关的技术标准和法规（包括国家的、行业的或企业的标准和法规），在这些标准和法规中规定了产品检验的内容、试验方法和技术要求。

产品的施工图样也是确定焊接产品质量检验综合试验内容的依据，在图样中规定了产品制造后必须达到的形状和尺寸要求、加工精度要求以及材质特性要求等。

此外，还有产品制造的工艺文件（如通用检验规程、检验工艺卡等）以及订货合同等。在产品制造的工艺文件中制造单位将检验工作进一步具体化，对检验内容、检验方法、检验要求等作了具体规定；在订货合同中往往有一些用户提出了附加检验要求，同样也是进行综合试验的依据。

7.3 压力容器质量检验综合试验的内容、方法和技术要求

根据《固定式压力容器安全技术监察规程》和 GB 150.1～150.4—2011《压力容器》标准的规定，焊后压力容器产品质量检验综合试验的项目主要有：外观质量检查、焊缝无损检测、焊接接头力学性能试验、耐压试验和泄漏试验。

7.3.1 外观质量检查

焊接接头外观质量检查主要是为了发现焊缝及热影响区表面的缺欠和检查焊缝外形尺寸的偏差。如前所述，它是借助焊缝检验尺、样板、量规和放大镜等工具，通过肉眼对焊缝外观、尺寸和焊缝成形进行检验的。

1. 外观检验的内容及步骤

（1）清理　将焊缝及其边缘 10～20mm 的基本金属上的飞溅、焊渣和其他阻碍外观检查的污物清除干净。

（2）检验几何尺寸　检验几何尺寸是借助工具按照施工图样和工艺文件的要求对焊缝进行测量检查。例如，可以利用检验尺检查对接焊缝的焊缝宽度、余高和角焊缝的焊脚尺寸和角焊缝厚度等，如图 7-1 所示。

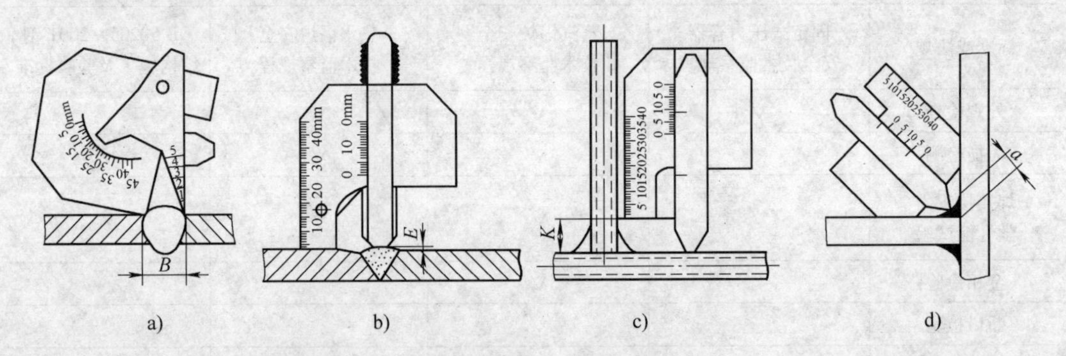

图 7-1　用焊接检验尺测量焊缝外形尺寸

a）测量焊缝宽度 B　b）测量焊缝余高 E　c）测量焊脚尺寸 K　d）测量焊缝厚度 a

（3）检验焊接缺欠　用肉眼或放大镜检查焊缝及热影响区表面是否存在裂纹、未焊透、未熔合、未填满、夹渣、弧坑和气孔等缺欠。

2. 技术要求

焊缝表面的形状、尺寸以及外观应符合技术标准和施工图样的规定。焊缝及热影响区不得有表面裂纹、未熔合、未焊透、表面气孔、弧坑、未填满和肉眼可见的夹渣等缺欠。焊缝与母材应圆滑过渡；角焊缝的外形应当凹形圆过渡。

使用标准抗拉强度下限值 R_m≥540MPa 的低合金钢及 Cr－Mo 低合金钢材制造的压力

容器、不锈钢材料制造的压力容器、承受循环载荷的容器、有应力腐蚀的容器、低温压力容器以及焊接接头系数为1.0的压力容器、其焊缝表面不得有咬边。除上述以外的压力容器，焊缝表面的咬边深度不得大于0.5mm，咬边的连续长度不得大于100mm，焊缝两侧咬边的总长不得超过该焊缝长度的10%。

7.3.2 焊缝的无损检测

无损检测主要用于检测焊缝金属的不连续性缺欠，即检查因焊接工艺选择不当或焊接操作不当而产生的裂纹、夹渣、气孔、未熔合等焊接缺欠。生产过程中常用的无损检测方法有射线检测、超声波检测、磁粉检测和渗透检测等。

1. 射线检测

(1) 射线检测的原理 焊缝射线检测是利用X或γ射线源发出的射线来透照被检测工件，当工件内部存在缺欠时，由于缺欠与其周围的完好部位对射线的衰减程度不同，因而在透过的射线中强度存在差异，这样，利用感光胶片，将这一差异记载并显示在射线照相底片上，据此就可以判断出被检测工件中的缺欠情况。

(2) 射线检测的一般步骤

1) 检查表面状态。焊缝及热影响区的表面质量（包括余高）应经外观检查并合格，焊缝表面存在的不规则状态在底片上的图像应不掩盖焊缝中的缺欠或与之相混淆，否则应作适当的修正。

2) 选用射线照相质量等级。射线照相质量级别分为A级（普通级）、AB级（较高级）和B级（高级）三个等级。对于压力容器，要求射线照相的质量不低于AB级。

3) 射线源和能量选择。根据被检测工件的材质和厚度，选择具有足够能量的射线源。在能穿透焊件而使胶片感光的前提下，应选择能量较低的射线，以提高缺欠影像的反差。此外，要选择焦点尺寸小的射线源，以提高缺欠影像的清晰度。

4) 胶片和增感屏的选择。对于压力容器焊缝，选用T2胶片即可满足要求，而增感屏选用金属增感屏，其尺寸与胶片相同。在透照过程中胶片和增感屏应始终相互贴紧。

5) 像质计的选择和放置。依据透照厚度和像质级别所需达到的像质指数选用像质计。不同检验级别和透照厚度应达到的像质指数见表7-2。透照焊缝时，金属丝像质计应放在射线源一侧的工件表面上被检焊缝区的一端（被检测区长度的1/4部位）。使金属丝横跨焊缝并与焊缝方向垂直，且使细丝置于外侧。当像质计无法放在射线源一侧时，也可以放在胶片一侧的焊件表面上，但像质计指数应提高一级，或通过对比试验使像质指数值达到规定的要求。

表7-2 不同检验级别和透照厚度应达到的像质指数

要求达到的像质指数	线直径/mm	适合的透照厚度 T_A/mm		
		A级	AB级	B级
16	0.100	—	—	≤6
15	0.125	—	≤6	>6~8
14	0.160	≤6	>6~8	>8~10
13	0.200	>6~8	>8~12	>10~16

（续）

要求达到的像质指数	线直径/mm	适合的透照厚度 T_A/mm		
		A 级	AB 级	B 级
12	0.250	>8~10	>12~16	>16~25
11	0.320	>10~16	>16~20	>25~32
10	0.400	>16~25	>20~25	>32~40
9	0.500	>25~32	>25~32	>40~50
8	0.630	>32~40	>32~50	>50~80
7	0.800	>40~60	>50~80	>80~150
6	1.000	>60~80	>80~120	>150~200
5	1.250	>80~150	>120~150	—
4	1.600	>150~170	>150~200	
3	2.000	>170~180	—	
2	2.500	>180~190		
1	3.200	>190~200		

6）确定透照方式和几何条件。按照射线源、工件和胶片的相互位置，透照方式分为纵缝透照法、环缝外透法、环缝内透法、双壁单影法和双壁双影法五种，如图 7-2 所示。几何条件的选择如图 7-3 和图 7-4 所示。

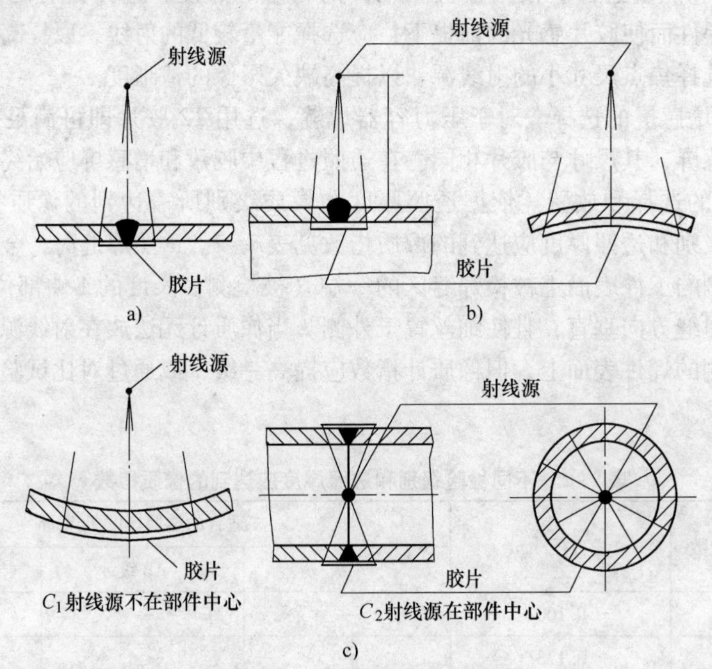

图 7-2　透照方式示意图

a）纵缝透照法　b）环缝外透法　c）环缝内透法

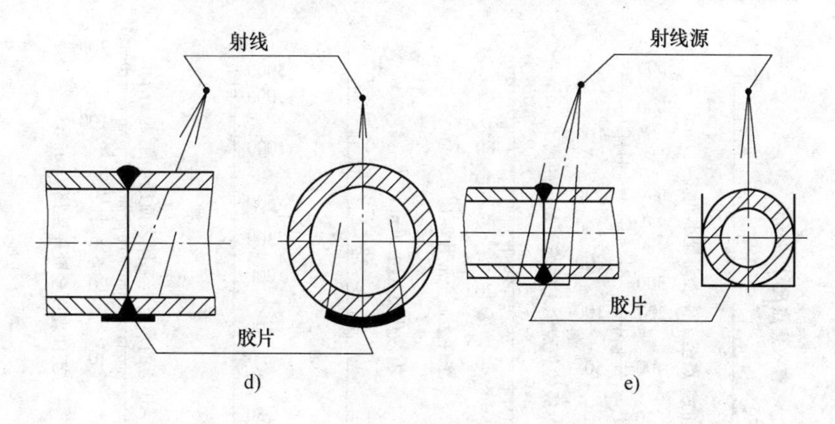

图7-2　透照方式示意图（续）
d）双壁单影法　e）双壁双影法

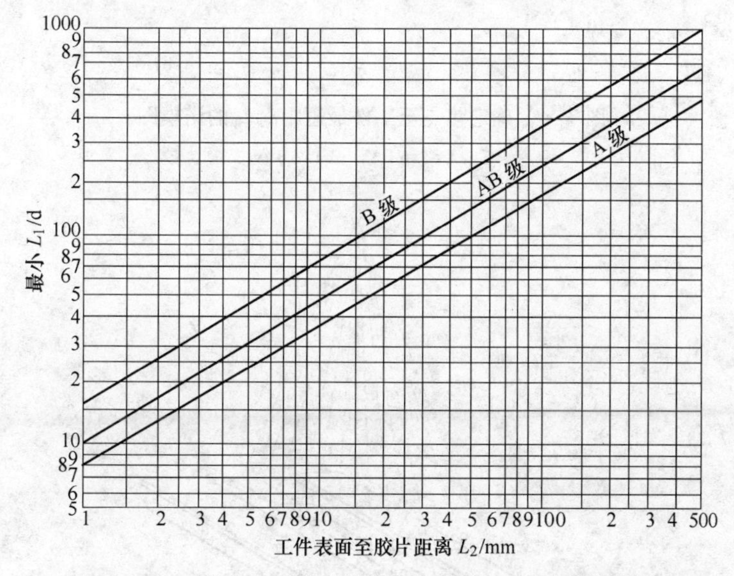

图7-3　工件表面至胶片距离 L_2 与最小 L_1/d 值的关系图

7）胶片、像质计及检验标记的位置。胶片、检验标记及像质计的位置如图7-5所示。

8）无用射线和散射线的屏蔽。为了减少散射线的不良影响，应采用适当的屏蔽方法限制受检部位的照射面积。通常，在射线管窗口上装设锥形铅罩或铅质遮光板。为避免从其他工件或胶片后方和侧面物体上产生的散射线对胶片的影响，可采用加厚增感屏。为检测背散射，应在暗盒背面贴附一个“B”的铅字标记，若在底片较黑的背景上出现“B”的淡色影像，就说明背散射防护不够。

9）确定曝光工艺参数。曝光工艺参数可依据设备的曝光曲线确定。根据曝光曲线图可以求出在一定透照器材、几何条件和暗室处理条件下，使底片获得一定黑度所需要的管电压、管电流和曝光时间。

10）观察底片和评定缺欠。评片应在专用评片室内进行，观片灯应有观察底片最大黑度为3.5的最大亮度，且观察的漫散射光亮度可调，经照明后的底片亮度应不小于 $30cd/cm^2$。

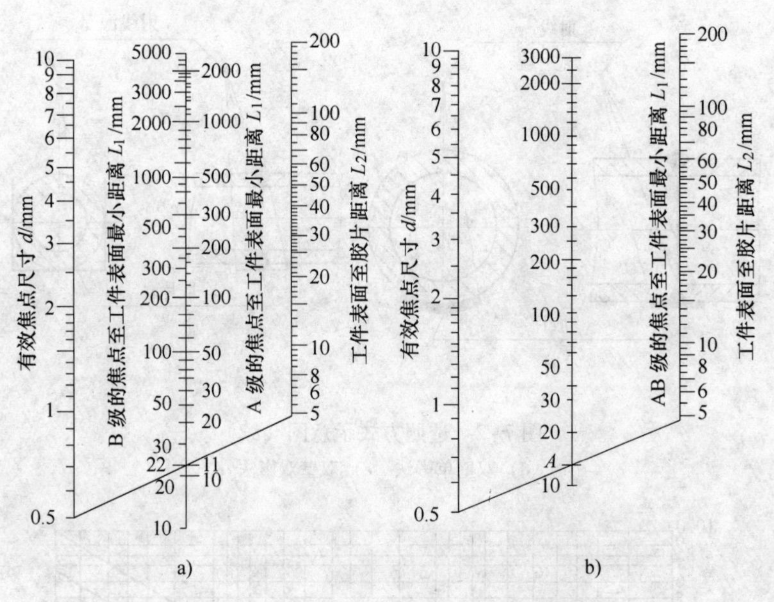

图 7-4　确定焦点至工件最短距离 L_1 的诺模图

a）A 级和 B 级　b）AB 级

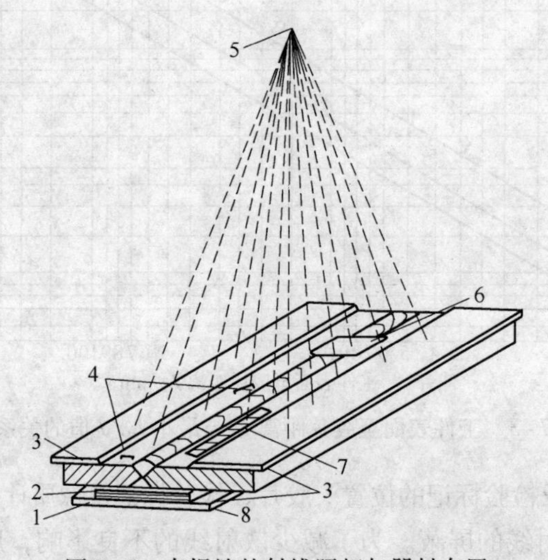

图 7-5　直焊缝的射线照相与器材布置

1—增感屏　2—暗盒　3—铅板　4—定位标志　5—射线源　6—像质计　7—识别标记　8—胶片

焊缝中常见的缺欠一般分为六类：裂纹、气孔、夹渣、未熔合和未焊透、形状缺欠、其他缺欠。一些常见缺欠在射线照相底片上的影像特征如图 7-6 和表 7-3 所示。

根据 GB/T 3323—2005《金属熔化焊焊接接头射线照相》的规定，依据缺欠的性质和数量，焊缝质量分为四级：

Ⅰ级焊缝内应无裂纹、未熔合、未焊透和条状夹渣。

Ⅱ级焊缝内应无裂纹、未熔合、未焊透。

Ⅲ级焊缝内应无裂纹、未熔合以及双面焊和加垫板的单面焊中的未焊透。

Ⅳ级焊缝为焊缝缺欠超过Ⅲ级者。

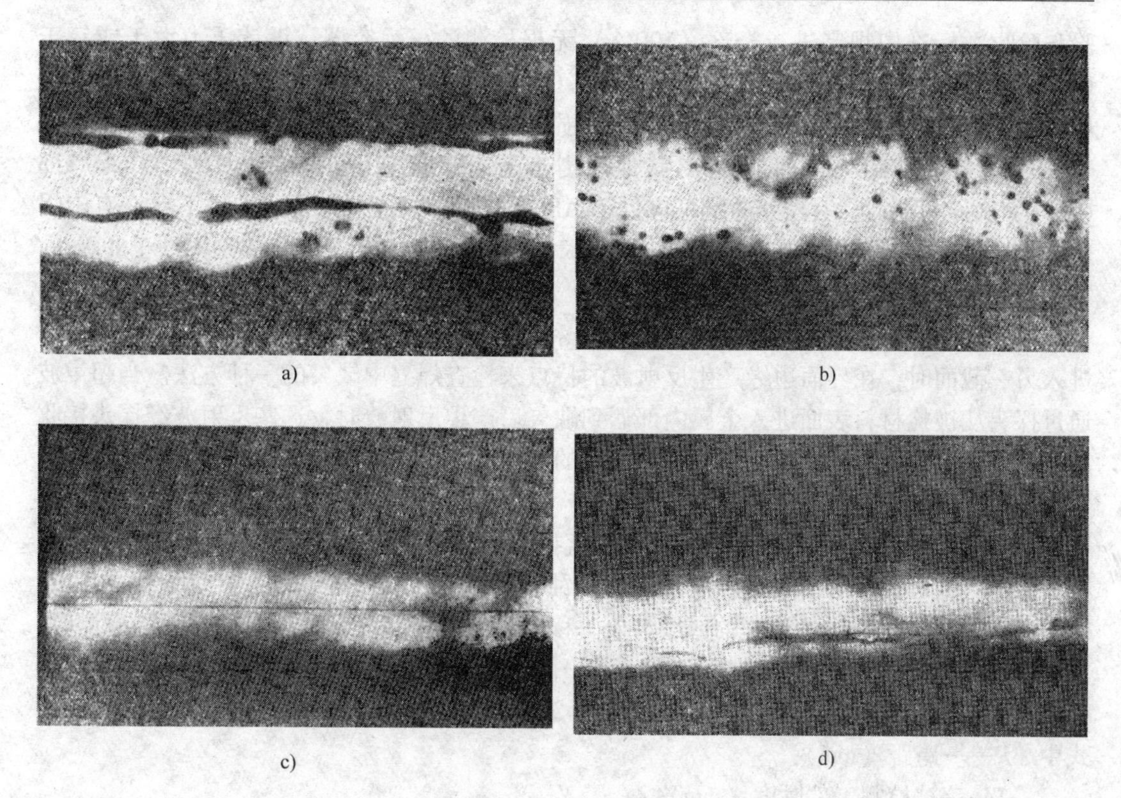

图7-6　常见缺欠在射线照相底片上的影像

a）夹杂　b）气孔　c）未焊透　d）裂纹

表7-3　常见焊接缺欠的影像特征

缺欠名称	影像特征
裂纹	呈直线或略呈波状的细纹，轮廓分明，两端尖细，中部稍大，有时也有树枝状裂纹产生
气孔	多数为圆形、椭圆形黑点，其中心处黑度较大，密集气孔分布范围往往不超过一个熔池界限
夹渣	夹渣在底片中呈不规则形状（有点、条、块等），黑度不均匀，一般条状夹渣都与焊缝平行，或与未焊透共存
未焊透	呈规则的连续或不连续的黑色线条。在V形、X形坡口的焊缝中，根部未焊透都出现在焊缝宽度的中间，K形坡口则偏离焊缝中心，多层焊中的层间未焊透多数同时并存夹渣，形状较宽，一般不呈直线
夹钨	在底片上呈圆形或不规则的亮斑点，且轮廓清晰

11）编写射线照相检验报告和将底片存档。射线照相检验后，应对检验结果及有关事项进行详细记录并写出检验报告，其主要内容应包括：产品名称、检验部位、检验方法、透照规范、缺欠名称、评定等级、返修情况和返照日期等。

（3）技术要求　钢制压力容器的射线检测，应按GB/T 3323—2005《金属熔化焊焊接接头射线照相》的规定进行。对于GB 150.4—2011《压力容器　第4部分　制造、检验和验收》标准中规定进行全部（100%）无损检测的压力容器、设计压力大于或等于1.6MPa第Ⅲ类压力容器、焊接接头系数取1.0的压力容器以及无法进行内外部检验或耐压试验的压力容器，其对接接头进行全部无损检测，当采用射线检测时，其透照质量不低于AB级，其合格级别为Ⅱ级；对其他压力容器对接接头进行全部（100%）或局部（20%）射线检测时，其透照质量不应低于AB级，其合格级别为Ⅲ级，且不允许有未焊透缺欠；角接接头、T形接头，射线检测技术等级不低于AB级，合格级别不低于Ⅱ级。

2. 超声波检测

（1）超声波检测的原理　超声波检测是利用超声波能透入金属材料，并在由一截面进入另一截面时，在界面边缘产生反射波的特点来检查焊缝中缺欠的一种方法。当超声波通过探头从被检材料表面进入金属内部遇到缺欠后产生反射波时，这些反射波经探头接收后在荧光屏上形成脉冲波形，根据这些波形的不同特征，就可判断缺欠的位置和大小。

（2）超声波检测的一般步骤

1）检测表面的准备。工作表面的状况直接影响检测质量，因此检测前要对被检测工件表面进行清理，所有影响超声波检测的锈蚀、飞溅和污物都应清除，其表面粗糙度 Ra 值应小于或等于6.3μm。清理的区域与探头移动区的距离有关，采用一次反射法检测时，探头移动区应大于或等于1.25P。

$$P = 2KT$$

式中　P——跨距（mm）；

T——被检测工件厚度（mm）；

K——探头 K 值。

采用直射法检测时，探头移动区应大于或等于0.75P。

修整的区域应当满足探头移动区的要求。检测面的修整应当清除探头移动区的飞溅、铁锈、油垢及其污物。探头移动区的深坑应进行补焊，然后打磨平滑，露出金属光泽，以保证良好的声学接触。焊缝表面一般不做修整，但如果焊缝余高形状或咬边影响超声波探伤的结果时，应进行适当修整。如需检测横向裂纹，应将焊缝磨平后探测。焊缝外观及检测面经检验合格后方可进行检测。

2）耦合剂的选择。尽管工件表面的粗糙度值较低，但探头与工件表面接触时，其间仍形成一个极薄的超声波不能透过的空气层。为了填充空气层，工件表面需涂以液体耦合剂。耦合剂有工业甘油、浆糊、润滑油和水。对于粗糙表面，以甘油为耦合剂声能损失最小，其次为粘度较大的胶水和浆糊，润滑油较差，水最差。

3）探伤仪及探头的选择。JB/T 4730.3—2005《承压设备无损检测　第3部分：超声检测》标准规定承压设备的超声检测，应使用A型脉冲反射式超声探伤仪，其工作频率范围为0.5～10MHz，探头可选择直探头或斜探头。探伤仪和探头的系统性能要求如下：在达到所探工件的最大检测声程中，其有效灵敏度余量应不小于10dB；仪器和探头的组合频率与公称频率误差不得大于±10%；直探头的远场分辨率应不小于30dB；斜探头的远场分辨率应不小于6dB。

4）校正入射点和折射角。探头入射点的校正可在CSK－ⅠA型试块上进行。将斜探头放在 R50mm、R100mm的圆心处作前后移动，将探头入射点与试块的圆心重合，此时可得到最大的反射波，探头上与试块圆相接触的点即为入射点。折射角（或 K 值）的测定应在2N（N为近场压长度）以外进行，移动探头找到某一深孔的最高反射波，再利用几何关系，即可得到探头K值的大小。

5）仪器的调整。扫描线的调节会直接影响定位的精度及缺欠的判定，焊缝探伤时常采用水平定位法和深度定位法。

水平定位法，是指仪器荧光屏上的时基线分度值与反射体水平距离成一定比例的定位方法。深度定位法，是指仪器荧光屏上的时基线分度值与反射体探测面垂直距离成一定比例的定位方法。

中薄板一般采用水平定位，厚板一般采用深度定位。

6）调整灵敏度与绘制距离波幅曲线。在焊缝的超声波检测中，灵敏度的校正过程也是绘制距离波幅曲线的过程。距离波幅曲线是反映反射波幅与测试距离变化的关系曲线，其形状如图7-7所示。距离波幅曲线的制作是以所用探头和仪器试块上实测的数据绘制而成的。该曲线族由评定线、定量线和判废线组成，评定线与定量线之间为Ⅰ区，定量线与判废线之间为Ⅱ区，判废线及其以上区域为Ⅲ区。不同板厚范围的距离波幅曲线的灵敏度见表7-4。

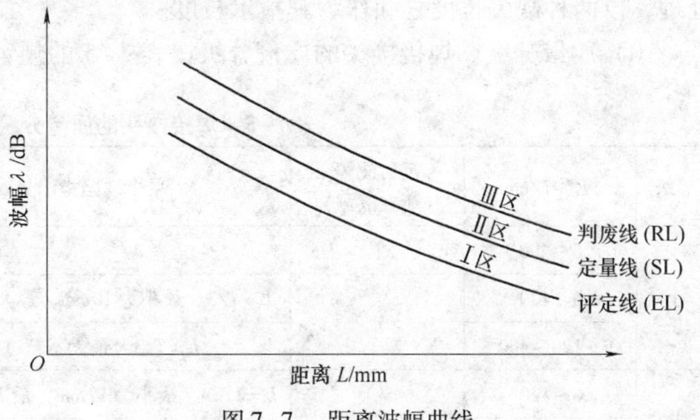

图7-7　距离波幅曲线

表7-4　不同板厚范围的距离波幅曲线的灵敏度

试块形式	板厚/mm	评定线	定量线	判废线
CSK－ⅡA	8～46	ϕ2×40－18dB	ϕ2×40－12dB	ϕ2×40－4dB
	>46～120	ϕ2×40－14dB	ϕ2×40－8dB	ϕ2×40＋2dB
CSK－ⅢA	8～15	ϕ1×6－12dB	ϕ1×6－6dB	ϕ1×6＋2dB
	>15～46	ϕ1×6－9dB	ϕ1×6－3dB	ϕ1×6＋5dB
	>46～120	ϕ1×6－6dB	ϕ1×6	ϕ1×6＋10dB

注：表中ϕ2、ϕ1的单位为mm。

7）探头的移动。探头在移动过程中应尽量让主声束方向与缺欠方向垂直或接近垂直，同时移动中应保持适当的速度间距，使被检测的区域被扫查到。

8）缺欠的定量。对所有反射波幅达到或超过定量线的缺欠，均应确定其位置、最大反射波幅和缺欠当量。缺欠位置的确定应以获得缺欠最大反射波的位置为准；缺欠最大反射波幅测定可将探头置于出现最大缺欠反射波的位置，读出该波幅所在的区；缺欠定量可用缺欠当量直径和缺欠指示长度测定。按JB/T 4730.3—2005《承压设备无损检测 第3部分：超声检测》标准规定，缺欠当量直径用当量平底孔直径表示，主要用于直探头检测：缺欠指示长度可用如下方法检测：

① 当缺欠反射波只有一个高点，且位于Ⅱ区或Ⅱ区以上时，用6dB法测其指示长度。

② 当缺欠反射波峰值起伏变化，有多个高点，且位于Ⅱ区或Ⅱ区以上时，以端点6dB法测定其指示长度。

③ 缺欠反射波峰位于Ⅰ区时，可将探头左右移动，使波幅降到评定线，以此测定缺欠指示长度。

9）缺欠的评定。超过评定线的信号应注意其是否具有裂纹等危害性缺欠特征，如有怀疑时，应采取改变探头K值、增加检测面、观察动态波形并结合结构工艺特征判定；如对波形不能判断时，应辅以其他检测方法作综合判定。缺欠指示长度小于10mm时，按5mm计。相邻两缺欠在一直线上，其间距小于其中较小的缺欠长度时，应作为一条缺欠处理，以两种缺欠长度之和作为其指示长度。

10）质量分级。焊接接头的质量分级按表7-5的规定执行。

表7-5　焊接接头的质量分级

<table>
<tr><th>等级</th><th>板厚 T/mm</th><th>反射波幅（所在区域）</th><th>单个缺陷指示长度 L</th><th>多个缺陷累计长度 L'</th></tr>
<tr><td rowspan="3">Ⅰ</td><td>6～400</td><td>Ⅰ</td><td colspan="2">非裂纹类缺陷</td></tr>
<tr><td>6～120</td><td rowspan="2">Ⅱ</td><td>$L=T/3$，最小为10mm，最大不超过30mm</td><td rowspan="2">在任意9T焊缝长度范围内 L' 不超过 T</td></tr>
<tr><td>>120～400</td><td>$L=T/3$，最大不超过50mm</td></tr>
<tr><td rowspan="2">Ⅱ</td><td>6～120</td><td rowspan="2">Ⅱ</td><td>$L=2T/3$，最小为12mm，最大不超过40mm</td><td rowspan="2">在任意4.5T焊缝长度范围内 L' 不超过 T</td></tr>
<tr><td>>120～400</td><td>最大不超过75mm</td></tr>
<tr><td rowspan="3">Ⅲ</td><td rowspan="3">6～400</td><td>Ⅱ</td><td>超过Ⅱ级者</td><td>超过Ⅱ级者</td></tr>
<tr><td>Ⅲ</td><td colspan="2">所有缺陷</td></tr>
<tr><td>Ⅰ、Ⅱ、Ⅲ</td><td colspan="2">裂纹等危害性缺陷</td></tr>
</table>

注：1. 母材板厚不同时，取薄板侧厚度值。

2. 当焊缝长度不足9T（Ⅰ级）或4.5T（Ⅱ级）时，可按比例折算。当折算后的缺陷累计长度小于单个缺陷指示长度时，以单个缺陷指示长度为准。

（3）技术要求　钢制压力容器对接焊接接头的超声波检测，应按JB/T 4730.3—2005《承压设备无损检测　第3部分 超声检测》的规定进行。对于GB 150.4—2011《压力容器　第4部分 制造、检验和验收》标准中规定进行全部（100%）无损检测的压力容器、设计压力大于或等于1.6MPa第Ⅲ类压力容器、焊接接头系数取1.0的压力容器以及无法进行内外部检验或耐压试验的压力容器，其对接接头进行全部无损检测，当采用超声波检测时，其合格级别为Ⅰ级。对其他压力容器对接接头进行全部（100%）或局部（20%）超声波检测时，其合格级别为Ⅱ级。

3. 渗透检测

（1）渗透检测的原理　渗透检测的基本原理是，在被检工件的表面浸涂上渗透液，利用液体的毛细作用，使渗透液渗入孔隙中，然后去除表面上剩余的渗透液，再施加显像剂，经毛细作用，将孔隙中的渗透液吸附出来加以显示，从而可根据其痕迹情况来进行焊接接头表面开口缺欠的质量评定。

（2）渗透检测方法的分类　渗透检测包括着色法和荧光法。每种方法都有以下三种渗透剂供选择：

1）水洗型（自乳化型）渗透剂，是指渗透剂中含有适量的乳化剂，故渗透后不需再施加乳化剂，可直接用水清除多余的渗透剂。

2）后乳化型渗透剂，是指渗透后需施加乳化剂进行乳化，然后用水清洗干净。

3）溶剂去除型渗透剂，是指渗透后，用溶剂去除多余的渗透剂。

（3）渗透检测的一般步骤

1）预处理。渗透探伤前应对受检表面及附近25mm范围内进行清理，不得有污垢、锈蚀、焊渣、氧化皮等。当受检表面妨碍显示时，应打磨或抛光处理。

2）预清洗。使用丙酮或香蕉水干擦受检表面，去除脏物，然后用清洗剂洗净受检表面，并随后干燥。

3）渗透。根据被检工件的数量、尺寸、形状等情况，选用液浸法、喷洒法、涂刷法等将渗透剂施加于零件表面。渗透温度一般为10~50℃，如果探测细小的缺欠，可将工件预热到40~50℃，然后进行渗透。渗透时间不应少于10min，在整个渗透期间内，渗透剂必须润湿全部受检表面。采用喷涂法时，喷嘴距受检表面20~30mm为宜。

4）清洗。在施加的渗透剂达到规定的渗透时间后，用布将表面上多余的渗透剂擦去，然后用清洗剂清洗，但需注意不要把缺欠里的渗透剂洗掉。若采用水清洗渗透剂时，可用喷水法，喷嘴处的水压应不大于0.34MPa，水温在10~40℃；当采用荧光渗透剂时，对不宜在设备中清洗的大型零件，可用带软管的管子喷洗，且应由下往上进行，以避免留下一层难以去除的荧光薄膜；当采用后乳化型渗透剂时，应在渗透后清洗前用浸浴、刷涂或喷涂方法将乳化剂施加于受检表面，乳化剂的停留时间可根据受检表面的表面粗糙度及缺欠程度确定，一般为1~5min，然后用清水洗净；当采用溶剂去除型渗透剂时，需在受检表面喷涂溶剂，以除去多余的渗透剂，并用干净的布擦干。

5）显影。清洗后，在受检表面上刷涂或喷涂一层薄而均匀的显像剂，厚度为0.05~0.07mm，保持15~30min后进行观察。

6）检查。采用着色法：用肉眼观察，当受检表面有缺欠时，即可在白色的显像剂上显示出红色图像；采用荧光法：用黑光灯或紫外线灯在黑暗处进行照射，当有缺欠时，即显示出明亮的荧光图像，必要时可用5~10倍放大镜观察，以避免遗漏微细裂纹。

（4）缺欠痕迹的特征与评定　各种常见的焊接缺欠痕迹显示特征见表7-6。

表7-6　各种常见的焊接缺欠的痕迹显示特征

缺欠种类		显示痕迹特征
焊接气孔		呈圆形、椭圆形或长圆条形（红色色斑），并均匀向边缘减淡
焊接裂纹	热裂纹	一般略带曲折的波浪或锯齿状（红色细条纹）
	冷裂纹	呈直线（红色）、细条纹（黄绿色细高条纹）
	火口裂纹	呈星状，裂纹显示轮廓较分明，两端尖细，中间稍宽
未焊透		呈一条连续或断续的线条，根部未焊透的线条宽度较均匀，边缘未焊透的线条宽度不均匀
未熔合		呈直线状或椭圆状线条
夹渣		缺陷形状多种多样，不规则

（5）技术要求　根据《固定式压力容器安全技术监察规程》规定，检查结果不允许有任何裂纹、成排气孔、分层存在，并应符合 JB/T 4730.5—2005《承压设备无损检测 第5部分 渗透检测》标准中关于渗透检测的缺欠显示痕迹等级评定的Ⅰ级要求。

4. 磁粉检测

（1）磁粉检测的原理　若铁磁材料的表面存在缺欠，磁化时，将在该处形成一漏磁场，该磁场将吸附磁粉而形成磁痕，从而显示缺欠。检测时，可根据磁粉聚积的图形来判断缺欠的形状、大小和位置。

（2）焊件磁化方法　根据磁化磁场方向的不同，磁粉检测方法有如下几种：

1）周向磁化法。周向磁化时，磁力线的方向与电流方向垂直，同时通电导体产生的磁场就是周向磁场。周向磁场能发现与导体轴线平行的纵向缺欠。周向磁化法的示意图如图 7-8 所示。常见的周向磁化方法有下列几种：

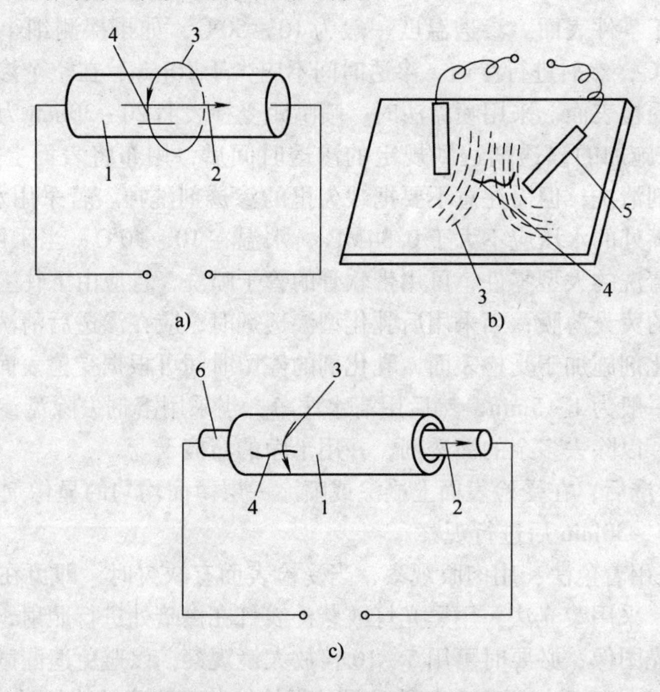

图 7-8　周向磁化方法示意图

a）轴向通电法　b）触头法　c）中心导体法

1—工件　2—电流　3—磁力线　4—缺欠　5—电极　6—心杆

① 两端接触法（轴向通电法）。将被检测工件夹持在探伤机的两极间，磁化电流沿轴向通过，形成周向磁场，用以发现纵向缺欠。

② 触头法（支杆法）。用两个电极触头将磁化电流导入被检工件进行局部磁化。它产生的磁场基本上是周向的，用于焊缝或大型部件的局部检测。

③ 中心导体法（心杆法）。将导体棒穿过空心零件，电流从导体上流过，并形成周向磁场，适合管状工件，主要发现轴向缺欠。

2）纵向磁化法。使零件内部获得与其轴线平行的磁场的磁化方法，可用于发现试件的横向（周向）缺欠。纵向磁化法的示意图，如图 7-9 所示。常用的纵向磁化法有以下几种。

① 磁化线圈法。工件放于通电线圈中或被通电电缆缠绕时被磁化，形成纵向磁场，用于发现与线圈轴线垂直的缺欠。

② 磁轭法（电磁铁法、极间法或通磁法）。将零件的全部或局部置于电磁线圈或永久磁铁的两极间进行磁化的方法。

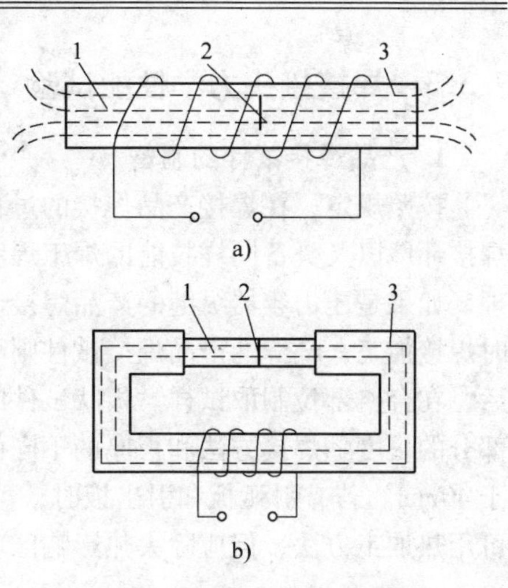

图7-9 纵向磁化方法示意图

a）磁化线圈法 b）磁轭法

1—工件 2—缺欠 3—磁力线

(3) 磁粉的类型 磁粉检测可用各种磁粉，如干磁粉（荧光或非荧光）、湿磁粉（荧光或非荧光）等。

(4) 磁粉检测的一般步骤

1）预清洗。磁粉检测前，应对焊缝及其附近的表面进行干燥和清洁处理，不得存在油垢、飞溅、铁锈和氧化皮等。

2）磁化。焊缝上每个受检部位应至少在相互垂直的两个方向上进行磁化，焊缝的磁粉检测一般采用连续法。连续法分为湿粉连续法和干粉连续法两种。湿粉连续法是指在磁化的同时施加磁悬液，每次磁化的通电时间为1～3s，磁化间歇时间不应超过1s，至少在停止施加磁悬液1s后才可停止磁化。干粉连续磁化法是先磁化后喷粉，待吹去多余的磁粉后才能停止磁化。磁化检测的操作方法除连续法外，还有剩磁法，即磁化停止后才施加磁粉。

3）观察。采用一般的磁粉探伤时，在白光下观察。采用荧光磁粉探伤时，应在白光强度不大于20lx的暗环境下用紫外线灯进行观察，观察可利用肉眼或放大镜进行。

4）磁痕记录。采用一种或几种方式记录磁痕：①绘制磁粉草图；②在磁痕上喷涂一层可剥离的薄膜，将磁痕粘在上面取下薄膜；③磁痕照相、胶带照相或可剥离的薄膜的复制；④记录磁痕的位置、长度和数目。

5）退磁。在某些情况下，工件需要退磁。如果存在剩磁，会给加工性能带来影响，影响使用寿命。另外，剩磁对周围的设备、仪器还会造成干扰。退磁的方式有交流退磁和直流退磁两种，其中，交流退磁是将被检测工件从交流磁化线圈中移开至距离线圈1.0m以外，然后断电；直流退磁是在需要退磁的被检工件上通以低频换向，不断递减至零值的直流电。

(5) 磁痕的观察和评定 可用2～10倍的放大镜来观察磁痕。裂纹的磁痕多呈弯曲状，两端细而尖锐、清晰，中间部位较粗。延迟裂纹比较平直；弧坑裂纹呈放射状；点状或片状夹渣及气孔的磁痕形状与其缺欠形状相类似。

线性显示是指长度大于3倍宽度的显示；圆形显示是指长度小于3倍宽度的圆形或椭圆形显示；成排气孔是4个或4个以上的气孔，其边缘之间的距离不大于1.6mm。

(6) 技术要求 根据《固定式压力容器技术监察规程》规定，检测结果不得有任何裂纹、成排气孔、分层，并应符合JB/T 4730.4—2005《承压设备无损检测 第4部分 磁粉检测》标准中关于磁粉检测的缺欠显示痕迹等级评定的Ⅰ级要求。

7.3.3 焊接接头力学性能试验

1. 产品焊接试件的制备

按照规定，在焊接产品焊接的过程中，用和产品相同的原材料、相同的工艺、相同的焊接环境以及具备同样技能的焊工焊制出产品焊接试件，并采用相同的热处理工艺进行处理。如果是压力容器纵缝的产品焊接试件，须在压力容器纵缝的延长部位，与容器纵缝同时焊接加工，环缝的产品焊接试件则可以独立焊接。产品焊接试件经外观检查和无损检测后，在合格部位制取试样。板状试件的尺寸和试样的截取如图 7 - 10 所示。试件两端舍去部分的长度随焊接方法和板厚的不同而不同，手工焊不小于 30mm；机动焊和自动焊不小于 40mm。若有引弧板和引出板时，可以舍弃或不舍弃。试样毛坯采用冷加工法切取，也可用热加工方法，但应除去热影响区。

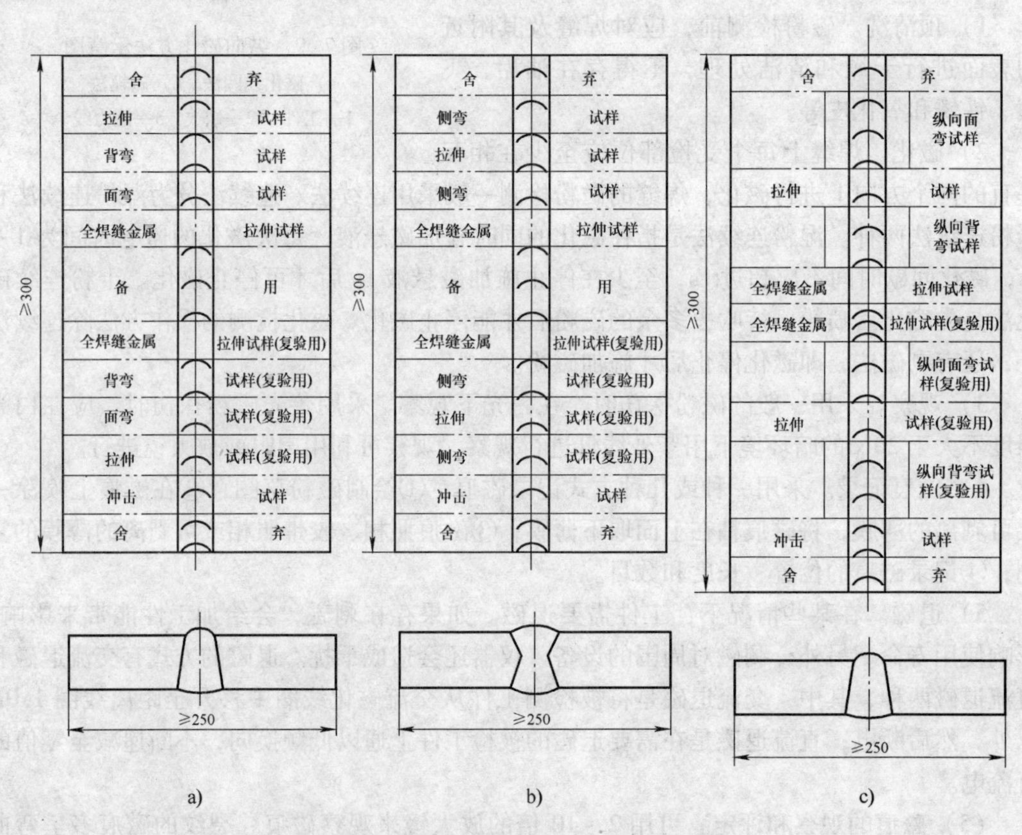

图 7 - 10 板状试件的尺寸和试样位置图
a）不取侧弯试样时 b）取侧弯试样时 c）取纵向弯曲试样时

2. 产品焊接试件的数量要求

凡符合以下条件之一的，有 A 类纵向焊接接头的容器，每台压力容器应制作产品焊接试件：①盛装毒性为极度或高度危害介质的容器；②材料标准抗拉强度 $R_m \geqslant 540$MPa 的低合金钢制容器；③碳钢、低合金钢制低温容器；④制造过程中，通过热处理改善或者恢复材料性能的钢制容器；⑤设计图样上或用户要求按台制作产品焊接试件的压力容器。除此之外，每台压力容器制备产品焊接试件的数量，由制造单位根据压力容器的材料、厚度、结构与焊接工艺，按照设计图样和相关标准要求确定。

3. 焊接接头的拉伸试验

(1) 试样的制备和尺寸　按图7-10截取两个拉伸试样，其中一个复验用，试样的尺寸如图7-11所示。拉伸试样应包括试件上每一种焊接方法（或焊接工艺）的焊缝金属和热影响区。拉伸试样上焊缝余高应采用冷加工法去除，使之与母材平齐。试样厚度小于或等于30mm的试件，采用全厚度试样进行试验，试样厚度应等于或接近试件母材厚度T。当因试验机能力限制不能进行全厚度的拉伸试验时，则可将试件在厚度方向上均匀分层取样，等分后制取试样厚度应接近试验机所能试验的最大厚度。等分后的两片或多片试样试验代替一个全厚度试样的试验。

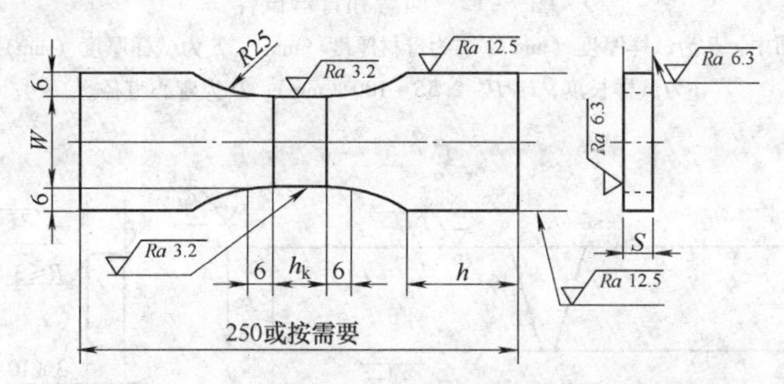

图7-11　紧凑型板接头带肩板型拉伸试样

注：S为试样厚度；W为试样受拉伸平行侧面宽度，大于或等于20mm；

h_k为S侧面焊缝中的最大宽度；h为夹持部分长度，根据试验机夹具而定。

(2) 试验方法　拉伸试验按GB/T 228.1—2010《金属材料 拉伸试验 第1部分：室温试验方法》的有关规定进行。

(3) 合格指标　试样母材为同一金属材料代号时，每个试样的抗拉强度应不低于标准规定的母材抗拉强度最低值；试样母材为两种金属材料代号时，每个试样的抗拉强度应不低于标准规定的两种母材抗拉强度最低值中的较小值；若规定使用室温抗拉强度低于母材的焊缝金属，则每个试样的抗拉强度应不低于焊缝金属规定的抗拉强度最低值。上述试样如果断在焊缝或熔合线以外的母材上，其抗拉强度值不低于标准规定的母材抗拉强度最低值的95%。

4. 焊接接头的弯曲试验

(1) 试样的制备和尺寸　弯曲试样的受拉面应包括每一种焊接方法（或焊接工艺）的焊缝金属和热影响区，试样的焊缝余高应采用冷加工法去除，面弯、背弯试样的拉伸表面应齐平，试样受拉伸表面不应有划痕和损伤。当试件厚度小于20mm时，取面弯和背弯试样各一个；当试件厚度大于等于20mm时，取侧弯2个；当试件厚度为10~20mm时，可用一个面弯、一个背弯，也可用两个侧弯试样代替面弯和背弯。面弯和背弯试样按图7-12所示制备，当试件厚度$T>10$mm时，取试样厚度$S=10$mm；当试件厚度$T\leqslant10$mm时，试样厚度S尽量接近T。

横向侧弯试样尺寸应符合图7-13。当试件厚度$10\leqslant T<38$mm时，试样宽度B接近或等于试件厚度。试件厚度分别为3mm和10mm。当试件厚度$T\geqslant38$mm时，允许沿试件厚度方向分层切成宽度为20~38mm等分的两片或多片试样的试验代替一个全厚度侧弯试样

的试验，或者试样在全厚度下弯曲。

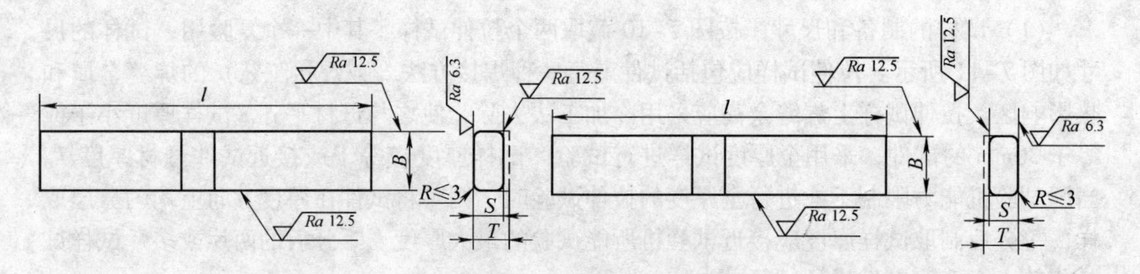

图 7-12　面弯和背弯试样

图中：B 为试样厚度（mm）；T 为母材厚度（mm）；S 为试样厚度（mm）；
l 为试样长度，$l \approx D + 2.5S + 100$（mm），D 为弯心直径。

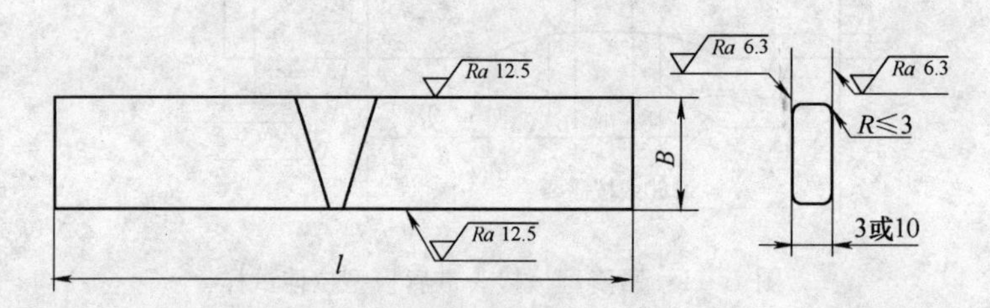

图 7-13　横向侧弯试样

图中：B 为试样宽度（mm），此时为试样厚度方向；l 为试样长度，l 等于或大于 150mm。

（2）试验方法　弯曲试验按 GB/T 2653—2008《焊接接头弯曲试验方法》的有关规定测试焊接接头的完好性和塑性。试样的焊缝中心应对准弯心轴线，侧弯试验时，若试样表面存在缺欠则以缺欠较严重侧作为拉伸面；弯曲角度应以试样承受载荷时测量为准；当断后伸长率标准规定值下限小于 20% 时，若弯曲试验不合格，而其实测值小于 20%，则允许加大弯心直径重新进行试验，此时弯心直径等于 $S(200-A)/2A$（A 为断后伸长率的规定值下限乘以 100），支座间距等于弯心直径加（$2S+3$mm）；横向试样弯曲试验时，焊缝金属和热影响区应完全位于试样的弯曲部分内。

（3）合格指标　试样弯曲到规定的角度后，其拉伸面上的焊缝和热影响区内，沿任何方向不得有单条长度大于 3mm 的开口缺欠，试样的棱角开口缺欠不计，但由于未熔合、夹渣或其他内部缺欠引起的棱角开口缺欠长度应计入。若采用两片或多片试样时，每片都应符合上述要求。

5. 焊接接头的冲击试验

（1）冲击试样的制备及尺寸　对每一种焊接方法（或焊接工艺）的焊缝和热影响区都要进行夏比 V 型缺口冲击试验。冲击试样的取样位置如图 7-14 所示，试样纵轴线应垂直于焊缝轴线，夏比 V 型缺口轴线垂直于母材表面。焊缝区冲击试样的缺口轴线应位于焊缝中心线上，热影响区冲击试样的缺口轴线至试样纵轴线与熔合线交点的距离 k 大于 0，且应尽可能多地通过热影响区，如图 7-15 所示，每组 3 个试样。

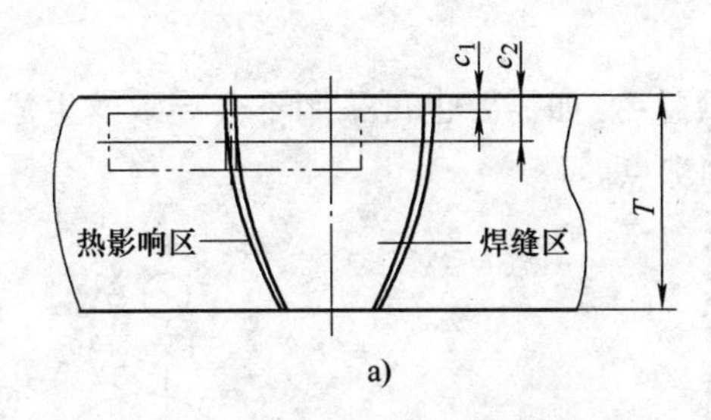

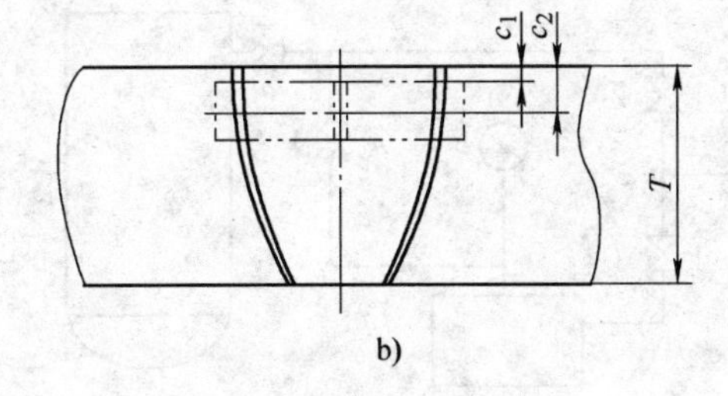

图7-14　冲击试样位置图

a）热影响区冲击试样位置　b）焊缝区冲击试样位置

图中：当 $T \leqslant 40$mm 时，则 $c_1 \approx 0.5 \sim 2$mm；当 $T > 40$mm 时，则 $c_2 = T/4$。双面焊时，c_2 从焊缝背面的材料表面测量。

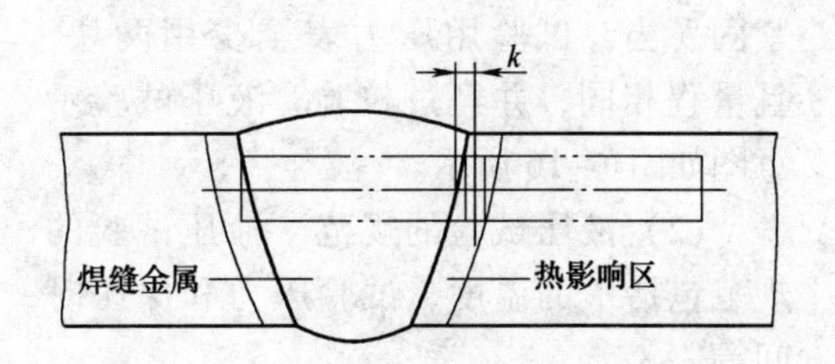

图7-15　热影响区冲击试样缺口轴线位置

（2）试验方法　试样的形状、尺寸和试验方法应符合 GB/T 229—2007《金属材料夏比摆锤冲击试验方法》的有关规定。当试件尺寸无法制备标准试样时，则依次制备宽度为7.5mm 或5mm 的小尺寸冲击试样。

（3）合格指标　钢质焊接接头每个区3个标准试样为一组的冲击吸收能量平均值应符合设计文件或相关文件规定，且不低于表7-7中的规定值，至多允许有一个试样的冲击吸收能量低于规定值，但不低于规定值的70%；宽度为7.5mm 或5mm 的小尺寸冲击试样的冲击吸收能量指标，分别为标准试样冲击吸收能量指标的75%或50%。

表7-7　钢材及奥氏体不锈钢焊缝的冲击吸收能量最低值

材料类别	钢材标准抗拉强度下限值 R_m/MPa	3个标准试样冲击吸收能量平均值 KV_2/J
碳钢和低合金钢	≤450	≥20
	>450～510	≥24
	>510～570	≥31
	>570～630	≥34
	>630～650	≥38
奥氏体不锈钢焊缝	—	≥31

7.3.4　耐压试验

耐压试验分为液压试验、气压试验以及气液组合压力试验，应按照设计文件规定的方法进行耐压试验。

1. 液压试验

液压试验一般采用水，故常称为“水压试验”。如需要也可采用不会导致发生危险的其他液体。试验时液体的温度应低于其闪点和沸点。

（1）液压试验前的准备　液压试验应在无损检测、焊后热处理及力学性能检查全部合格之后进行。试验前压力容器各连接部位的紧固螺栓必须装配齐全、紧固妥当，试验用压力表至少用两块，且量程相同，并经过校验。液压试验示意图如图7-16所示。

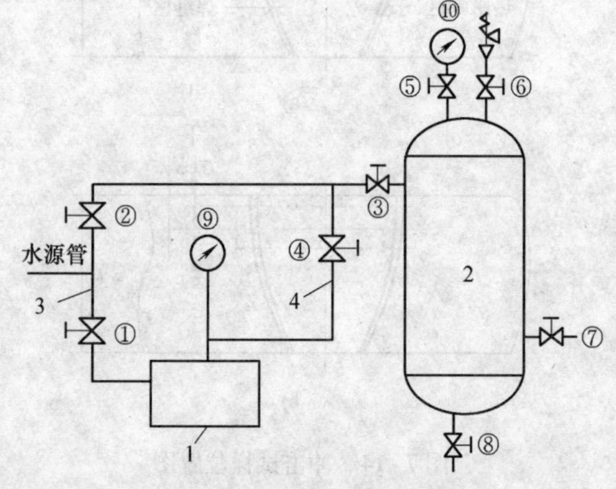

图7-16　液压试验示意图

1—试压泵　2—压力容器　3—供水管线　4—试压管线

①、②、③、④、⑤、⑥、⑦、⑧—阀门　⑨、⑩—压力表

（2）液压试验的规范　液压试验的规范包括水的温度、试验压力和保压时间等。

Q345R、Q370R、07MnMoVR制容器进行液压试验时，液体温度不得低于5℃；其他碳钢和低合金钢制容器进行液压试验时，液体温度不得低于15℃；低温容器液压试验时的液体温度应不低于壳体材料和焊接接头的冲击试验温度（取其高者）加20℃。如果由于板厚等原因造成材料无塑性转变温度升高，则需相应提高试验温度。当有试验数据支持时，可使用较低温度的液体进行试验，但试验时应保证试验温度比容器器壁金属无塑性转变温度至少高30℃。液体试验采用的压力除了应符合设计图样要求外，还要求不小于下式的计算值：

$$p_{\mathrm{T}} = 1.25p\frac{[\sigma]}{[\sigma]^{t}}$$

式中　p——压力容器的设计压力（MPa）；

p_{T}——耐压试验压力（MPa）；

$[\sigma]$——试验温度下材料的许用应力（MPa）；

$[\sigma]^{t}$——设计温度下材料的许用应力（MPa）。

（3）液压试验步骤　试验容器内的气体应当排净并充满液体，试验过程中应保持容器观察表面的干燥。当试验容器器壁金属温度与液体温度接近时，方可缓慢升压至设计压力，确认无泄漏后继续升压至规定的试验压力，保压时间一般不少于30min，然后降至设计压力，保压足够时间进行检查，检查期间压力保持不变。

（4）液压试验的合格标准　试验过程中，容器无泄漏，无可见的变形和异常声响。

2. 气压试验

气压试验所用的气体应为干燥洁净的空气、氮气或其他惰性气体。对于具有易燃介质的在用压力容器，必须进行彻底的清洗和置换，否则严禁用空气作为试验介质。

（1）气压试验前的准备　气压试验的危险性比水压试验大，因此，试验要有可靠的安全措施，其余与水压试验前的准备工作相同。

（2）气压试验规范　气压试验时，试验温度应比容器器壁金属无塑性转变温度高

30℃，如果由于板厚等因素造成材料无塑性转变温度升高，则需相应提高试验温度。气压试验的压力应符合设计图样要求，且不小于下式的计算值：

$$p_{\mathrm{T}} = 1.1p\frac{[\sigma]}{[\sigma]^t}$$

式中　p——压力容器的设计压力（MPa）；

p_{T}——耐压试验压力（MPa）；

$[\sigma]$——试验温度下材料的许用应力（MPa）；

$[\sigma]^t$——设计温度下材料的许用应力（MPa）。

（3）气压试验步骤　气压试验时，压力应缓慢上升，待达到规定试验压力的10%时，保压5min，并对所有焊缝和连接部位进行初次检查，如无泄漏可继续升压至规定试验压力的50%，如无异常现象，随后可按每级为规定试验压力的10%，逐级升到试验压力，保压10min。然后降至设计压力，保压足够时间进行检查，检查期间压力保持不变。

（4）气压试验的合格标准　气压试验过程中，压力容器应无异常响声，经肥皂液或其他检漏检查无漏气、无可见的变形即为合格。

7.3.5　泄漏试验

耐压试验合格后，对于介质毒性程度为极度、高度危害或设计上不允许有微量泄漏的压力容器，必须进行泄漏试验。泄漏试验根据介质的不同，分为气密性试验以及氨检漏试验、卤素检漏试验和氦检漏试验等。

1. 气密性试验

对气密性试验所用的气体要求与气压试验的要求相同。压力容器进行气密性试验时，安全附件应安装齐全。气密性试验示意图如图7-17所示。

（1）气密性试验规范　碳钢和低合金钢制压力容器，其试验用气体的温度应不低于15℃，其他材料制压力容器按设计图样规定。压力容器气密性试验压力为压力容器的设计压力。

（2）气密性试验步骤　试验时压力应缓慢上升，达到规定的试验压力后保持足够长的时间，并对所有焊接接头和连接部位进行泄漏检查。小型容器也可浸入水中检查。

（3）合格标准　经检查，无泄漏即为合格。

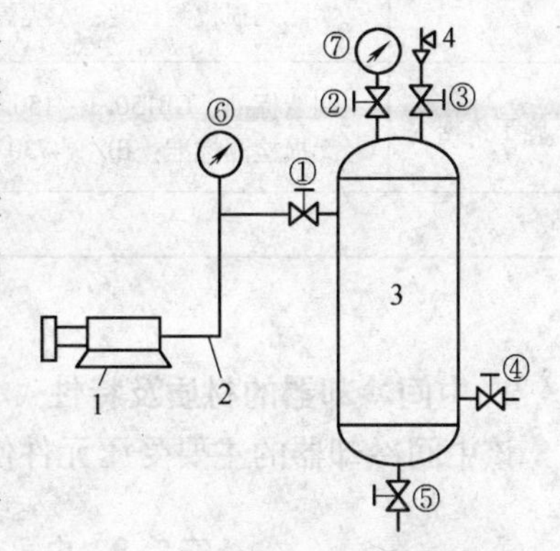

图7-17　气密性试验示意图
1—空气压缩机　2—试压管路
3—压力容器　4—安全阀
①、②、③、④、⑤—阀门
⑥、⑦—压力表

2. 其他泄漏试验

氨检漏试验可采用氨-空气法、氨-氮气法、100%氨气法等检漏方法，氨的浓度、试验压力、保压时间，由设计图样规定：卤素检漏试验时，容器内的真空度要求、采用卤素气体的种类、试验压力、保压时间以及试验操作程序，按设计图样的要求执行；氦检漏试验时，容器内的真空度要求、氦气的浓度、试验压力、保压时间以及试验操作程序，按设计图样的要求执行。

7.4 焊接产品质量检验综合试验工程应用实例

本工程实例是一个中间冷却器，由沈阳某厂设计、制造，并按规定进行了焊接产品的质量检验。

7.4.1 中间冷却器

1. 中间冷却器的技术特性

该中间冷却器的技术特性见表7-8。

表7-8 产品技术特性

技术参数	设计压力：壳程（壳体）0.3MPa　　管程（夹套）0.2MPa 设计温度：壳程（壳体）150 ℃　　管程（夹套）45 ℃ 工作介质：壳程（壳体）空气　　管程（夹套）水 换热面积 5.2m^2　容积 0.1m^3　　重量 190kg 规格：内径 ϕ318mm　壁厚 6mm　　总长 869mm
压力试验	耐压试验：壳程（壳体）0.45MPa，管程（夹套）0.35MPa
无损检验	无损检测方法：X 射线探伤 图样规定无损检测比例：20% 单条焊缝实际检测比例：20% 焊缝总长：A 类焊缝 805mm　B 类焊缝 2148mm 实际无损检测长度：A 类焊缝 160mm　B 类焊缝 430mm
施工依据	制造标准：GB150.1～150.4—2011 无损检测标准：JB/T 4730.3—2005
	××××年　××　月　×　日

2. 中间冷却器的材质及特性

该中间冷却器的主要受压元件使用材料的规格、化学成分和力学性能，见表7-9。

表7-9 中间冷却器主要受压元件使用材料一览表

序号	主要受压元件		主要受压元件使用材料					入厂材料标志	数据来源	化学成分（%）				
	名称	件号	牌号	规格	炉批号	生产单位	供货状态			w_C	w_{Mn}	w_{Si}	w_P	w_S
1	封头	3L-01	Q235	6mm				R-01	供应值	0.18	0.40	0.18	0.007	0.023
2	封头	3L-06							供应值	0.18	0.40	0.18	0.007	0.023
3	筒体	3L-02							供应值	0.18	0.40	0.18	0.007	0.023
4	接管	3L-05							供应值	0.18	0.40	0.18	0.007	0.023

（续）

序号	主要受压元件		力学性能							弯曲试验
	名称	件号	屈服强度 R_{eL}/MPa	抗拉强度 R_m/MPa	延伸率 A（%）	冲击试验（V）		硬度 HBW	弯曲角度	弯轴直径 $D=a$
						温度/℃	冲击吸收能量/J			
1	封头	3L-01	280	395	25		56			
2	封头	3L-06	280	395	25		56			
3	筒体	3L-02	280	395	25		56			
4	接管	3L-05	280	395	25		56			

审核人：×××　　填表人：×××　　××××年××月×日

3. 中间冷却器的结构

中间冷却器是由封头、筒体和接管等部分组成的，其结构如图7-18所示。

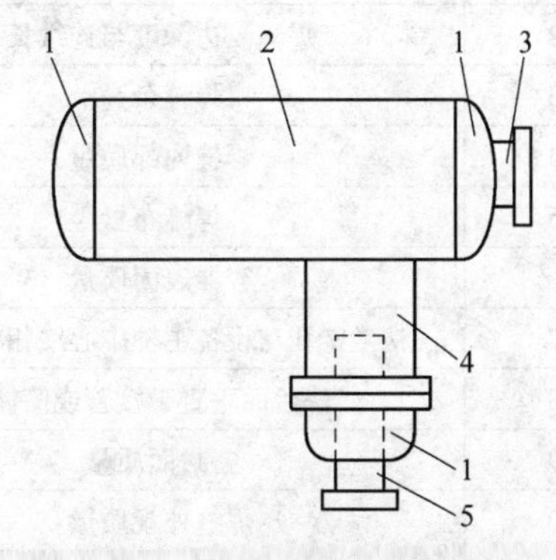

图7-18　中间冷却器的结构简图

1—封头　2—筒体　3—接管　4—接管　5—导管

4. 中间冷却器的焊接方法及焊接材料

中间冷却器的焊接方法为焊条电弧焊和埋弧焊，使用的焊接材料是：焊条电弧焊采用E4303焊条，直径为ϕ4mm；埋弧焊采用直径ϕ3.2mm的H08A焊丝，匹配HJ431焊剂。

7.4.2　中间冷却器质量检验综合试验

1. 检验依据

中间冷却器属于Ⅰ类压力容器，该产品焊后质量检验的依据为GB 150.1～150.4《压力容器》及《固定式压力容器安全监察规程》。X射线检测执行GB/T 3323—2005标准，拉伸试验执行GB/T 228.1—2010标准，冲击试验执行GB/T 229—2007标准，弯曲试验执行GB/T 2653—2008标准。

2. 中间冷却器焊后质量检验项目

中间冷却器焊后质量检验项目包括以下几个方面：

1）产品外观及几何尺寸检验。

2）产品焊缝X射线检测。

3）产品焊接试件焊接接头力学性能试验。

4）耐压试验。

3. 中间冷却器质量检验结果

中间冷却器的外观及几何尺寸检验报告，见表7-10。

表 7-10 中间冷却器的外观及几何尺寸检验报告

序号	检验项目	规定值/mm	实测值/mm
1	壳体内径	ϕ318	ϕ318
2	壳体长度	605 ±1	605
3	壳体直线度	≤1.2	1.2
4	筒体同一断面上最大最小直径差	≤2	1.0/0
5	壳体厚度	6.0	6.0
6	封头厚度	6.0	6.0
7	封头直边纵向皱折深度	≤2	1.0/1.0
8	A 类焊缝棱角量	≤2.6	1.0/1.5
9	B 类焊缝棱角量	≤2.6	1.0/1.0
10	A 类焊缝错变量	≤1.5	1.0/1.0
11	B 类焊缝错变量	≤1.5	1.0/1.0
12	焊缝咬边深度与连续长	≤0.5 / ≤125	无
13	焊缝余高	1.5≈1.5 / 3≈3	1.0/1.0
14	焊缝内部质量	对接焊缝无损检测结果符合图样及相应标准	
15	焊缝布置	符合图样及相应标准	
16	容器表面质量	符合相应标准	
17	法兰螺孔与设备主轴中心线相对位置	符合图样或跨中	
18	法兰面垂直于接管或筒体	符合图样及相应标准	
19	密封面质量	符合图样无径向贯穿伤痕	
20	焊缝外观质量	没有裂纹、气孔、夹渣、弧坑和飞溅物	
21	角焊缝质量	焊脚尺寸符合图样及相应标准	
22	铭牌	位置、内容符合图样及相应标准	

结论：　合　格

检验责任师：×××　检验员：×××　××××年 ×× 月 × 日

中间冷却器焊缝 X 射线探伤检测报告，见表 7-11。

表 7-11 中间冷却器的 X 射线探伤检测报告

照相质量分级	AB	检测方法	RT	检测部位	对接焊缝
工件	材料名称	Q235	材料厚度/mm	6	
	表面状况	合格	透照厚度/mm	10 ~ 14	
检测条件	使用仪器	XY2515	焦距/mm	700	
	射线源能量		管电压/kV	140 ~ 190	
	胶片类型及规格	Ⅲ	管电流/mA	10	
	透照方法	A 单影法，B 双壁单形	像质计	12/13	
	增感方法	铅箔	曝光时间/min	5	

（续）

照相质量分级	AB	检测方法	RT	检测部位	对接焊缝		
执行标准	GB/T 3323—2005		质量级别	A类焊缝：Ⅲ级 B类焊缝：Ⅲ级			
A类焊缝长/mm	$A_1=605$ $A_2=200$	A类焊缝	A_1拍2张 A_2拍1张	底片有效长度/mm	303 200	检测比例（%）	100 100
B类焊缝长/mm	1074×2	B类焊缝	6×2张	底片有效长度/mm	179	检测比例（%）	100
其中T字缝	2张	拍片数量	18张	缺欠长度/mm	40	一次合格率（%）	83

评定级别 评定结果	Ⅰ级片（张）		Ⅱ级片（张）		Ⅲ级片（张）		Ⅳ级片（张）	
	A类焊缝	B类焊缝	A类焊缝	B类焊缝	A类焊缝	B类焊缝	A类焊缝	B类焊缝
一次合格片	1	10	1	1			1	1
一次返修片				1			1	
二次返修片	1							
探伤结果	合 格							

报告人：×××	审核人：×××	无损检测专用章
××××年 ××月 ×日	××××年 ××月 ×日	××××年 ××月 ×日

中间冷却器产品焊接试件焊接接头力学性能检验报告，见表7-12。

表7-12 中间冷却器焊接试板的焊接接头力学性能检验报告

产品试板			母材		焊接材料			试板热处理状态
试件代表产品编号	试件编号	代表部位	牌号	厚度/mm	焊条牌号	焊剂牌号	焊丝牌号	
××	10-1/3	A	Q235	6	E4303	HJ431	H08A	—
××	10-2/3							—

产品试件			力学性能					弯曲试验			
试件代表产品编号	试件编号	代表部位	抗拉强度 R_m/MPa	拉伸试样断裂位置	延伸率 A（%）	冲击试验		面弯180°	背弯180°	侧弯	弯轴直径/mm
						温度/℃	冲击吸收能量/J				
××	10-1/3	A	459.6	母材	—	室温	21	合格	合格		18
××	10-2/3		478.5	母材	—	室温	30				

试验标准方法：GB/T 2653—2008《焊接接头弯曲试验方法》，GB/T 228.1—2010《金属材料 室温拉伸试验方法》，GB/T 229—2007《金属材料夏比摆锤冲击试验方法》

检验结论：符合NB/T 47016—2011标准。

责任师：××× 填表人：××× ×××年 ××月 ×日

中间冷却器耐压试验检验报告，见表 7 - 13。

经检验，中间冷却器的各项质量检验合格。由厂质量检验处签发产品合格证，证明该产品质量经检验符合《固定式压力容器安全技术监察规程》、设计图样和技术条件的要求，允许出厂。

表 7 - 13　耐压试验检验报告

试压部位	筒体	试验日期	×××	工艺卡编号	×××
压力表精度等级	1.5	压力表量程	0 ~ 2.5MPa	压力表检定日期	×××
压力表编号	0338	压力表盘直径/mm	ϕ100	试验介质	水
氯离子含量/（mg/L）	$\times 10^{-6}$	环境温度	8℃	介质温度	8℃
设计要求耐压试验曲线	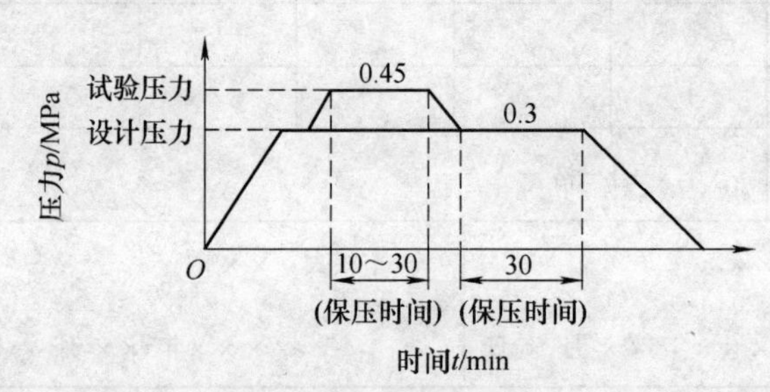				
实际耐压试验曲线	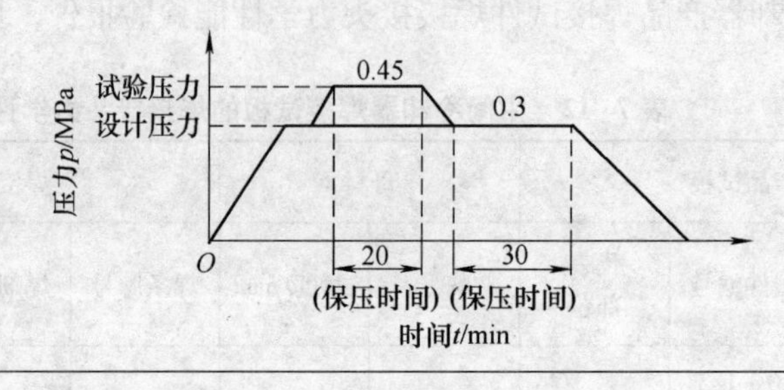				

结论：

本产品经 0.45MPa 试验，无泄漏，无可见的异常变形，无异常响声，试验结论合格。

监督员：×××　　检验责任师：×××　　检验员：×××　　××××年××月××日

思　考　题

1. 焊接产品质量检验综合试验的目的有哪些？
2. 焊接产品质量检验综合试验可能包括哪些试验内容？各自试验的目的是什么？
3. 压力容器质量检验综合试验包含哪些内容？
4. 生产中利用什么来检查焊接产品焊接接头的力学性能？为什么它能代表焊接接头的质量？
5. 压力试验包括哪两种？各自的试验目的是什么？
6. 为什么在一般情况下不做气压试验而做液压试验？
7. 试述压力容器液压试验、气压试验和气密性试验的试验准备、试验规范、试验步骤和技术要求。
8. 适于检测焊缝内部缺欠的无损检测方法有哪些？如何进行？
9. 适于检测焊缝表面缺欠的无损检测方法有哪些？如何进行？

参考文献

[1] 全国焊接标准化技术委员会. 中国机械工业标准汇编（焊接与切割卷）[M]. 北京：中国标准出版社，2006.

[2] 中国机械工程学会焊接学会. 焊接手册（1）[M]，3版. 北京：机械工业出版社，2008.

[3] 中国机械工程学会焊接学会. 焊接手册（2）[M]，3版. 北京：机械工业出版社，2008.

[4] 中国机械工程学会焊接学会. 焊接手册（3）[M]，3版. 北京：机械工业出版社，2008.

[5] 王宗杰. 焊接工程综合试验技术 [M]. 北京：机械工业出版社，1997.

[6]《自然辩证法讲义》编写组. 自然辩证法讲义 [M]. 北京：人民教育出版社，1982.

[7] 张文钺. 焊接冶金学：基本原理 [M]. 北京：机械工业出版社，1997.

[8] 顾钰熹，王宗杰. 焊接连续冷却转变图及其应用 [M]. 北京：机械工业出版社，1990.

[9] 陈祝年. 焊接设计简明手册 [M]. 北京：机械工业出版社，1997.

[10] 张文钺. 焊接物理冶金 [M]. 天津：天津大学出版社，1997.

[11] 王宗杰. 材料成型工程综合试验 [M]. 北京：中国科学文化出版社，2003.

[12] 王成文，等. 20MnMoNb钢的焊接性及大厚度高压蓄势水罐的焊接 [J]. 太原技术导报，1990（2）：30－36.

[13] 全国焊接标准化技术委员会. GB/T 19869.1—2005 钢、镍及镍合金的焊接工艺评定试验 [S]. 北京：中国标准出版社，2005.

[14] 全国焊接标准化技术委员会. GB/T 19866—2005 焊接工艺规程及评定的一般原则 [S]. 北京：中国标准出版社，2005.

[15] 全国焊接标准化技术委员会. GB/T 19868.1—2005 基于试验焊接材料的工艺评定 [S]. 北京：中国标准出版社，2005.

[16] 全国焊接标准化技术委员会. GB/T 19868.2—2005 基于焊接经验的工艺评定 [S]. 北京：中国标准出版社，2005.

[17] 全国焊接标准化技术委员会. GB/T 19868.3—2005 基于标准焊接规程的工艺评定 [S]. 北京：中国标准出版社，2005.

[18] 全国焊接标准化技术委员会. GB/T 19868.4—2005 基于预生产焊接试验的工艺评定 [S]. 北京：中国标准出版社，2005.

[19] 朱国纲，张亚军. 焊接工艺评定系列国家标准释疑 [EB/OL]. [2009－03－05]. http://www.hwcc.com.cn/pub/hwcc/wwgj/bgqy/hhpd/200903/t20090305_211398.html.

[20] 何少卿. 焊条、焊剂制造手册：工艺、检验与质量管理 [M]. 北京：化学工业出版社. 2010.

[21] 全国焊接标准化技术委员会. GB/T 25776—2010 焊接材料焊接工艺性能评定方法 [S]. 北京：中国标准出版社，2010.

[22] 全国焊接标准化技术委员会. GB/T 25777—2010 焊接材料熔敷金属化学分析试样制备方法 [S]. 北京：中国标准出版社，2010.

[23] 全国焊接标准化技术委员会. GB/T 25774.1—2010 焊接材料的检验 第1部分 钢、镍及镍合金熔敷金属力学性能试样的制备及检验 [S]. 北京：中国标准出版社，2010.

[24] 全国焊接标准化技术委员会. GB/T 25774.3—2010 焊接材料的检验 第3部分 T型接头角焊缝试样的制备及检验 [S]. 北京：中国标准出版社，2010.

[25] 全国焊接标准化技术委员会. GB/T 2653—2008 焊接接头弯曲试验方法 [S]. 北京：中国标

准出版社，2008.

［26］全国焊接标准化技术委员会．GB/T 17493—2008　低合金钢药芯焊丝［S］．北京：中国标准出版社，2008.

［27］林尚扬，陈善本，李成桐．焊接机器人及其应用［M］．北京：机械工业出版社，2000.

［28］霍华德 B 卡里，斯科特 C 黑尔策．现代焊接技术［M］．陈茂爱，王新洪，陈俊华，等译．北京：化学工业出版社，2010.

［29］成都电焊机研究所．焊接设备选用手册［M］．北京：机械工业出版社，2006.

［30］李荣雪．弧焊机器人操作与编程［M］．北京：机械工业出版社，2011.

［31］郭云曾．焊接机器人及系统介绍［J］．焊接技术，2000，29（z1）：8－11.

［32］库尔金 C A，等．焊接结构生产工艺、机械化与自动化图册［M］．北京：机械工业出版社，1995.

［33］王政、刘萍．焊接工装夹具及变位机械图册［M］．北京：机械工业出版社，1992.

［34］全国焊接标准化技术委员会．GB/T 2650—2008　焊接接头冲击试验方法［S］．北京：中国标准出版社，2008.

［35］张文钺，杜则裕，秦伯雄．焊接工艺与失效分析［M］．北京：机械工业出版社，1989.

［36］OTC 型 Almaga AⅡ系列工业机器人操作说明书．

［37］张炯，张百达，曹良裕．14MnMoCu（B）钢大型结构试验的层状撕裂及其原因分析（第七二五研究所内部资料），1980.

［38］陈裕川．现代焊接生产实用手册［M］．北京：机械工业出版社，2005.

［39］国家质量技术监督局．压力容器安全技术监察规程［M］．北京：中国劳动社会保障出版社，1999.

［40］张麦秋．焊接检验［M］．北京：化学工业出版社，2002.

［41］王立君．焊接质量管理与检验［M］．北京：机械工业出版社，1993.

［42］周达，沈一龙．焊接实验［M］．北京：国防工业出版社，1985.

［43］史耀武．焊接技术手册［M］．北京：化学工业出版社，2009.